"基础数学应用"丛书

湖北省工业与应用数学学会规划教材

科学出版社"十四五"普通高等教育本科规划教材

数学文化

主　编　沈婧芳　邹庭荣　常会敏
副主编　李　燕　陈秋剑　张四兰
　　　　池红梅　陈华锋　杨　芳

科学出版社图书类重大项目

科学出版社

北京

内 容 简 介

本书内容包括关于数学文化、数学美学欣赏、数论与数学文化、古希腊数学与人类文明、斐波那契数列与黄金比、奇妙的幻方、数学悖论与数学危机、数学魅力之文学欣赏、数学与艺术欣赏，以及数学问题、数学猜想与数学发展和变量数学的产生与发展、中国古代数学文化、分形艺术欣赏等. 本书以精彩的历史故事、丰富的插图、优美的叙述展现数学文化的魅力.

本书可作为高等学校本科生、研究生数学文化类课程的教材，也可作为大学生的课外读物，以及中小学教师的参考书，对于想开阔眼界、提高科学素养的社会公众，也是开卷有益的.

图书在版编目（CIP）数据

数学文化 / 沈婧芳，邹庭荣，常会敏主编. -- 北京：科学出版社，2025.3. （"基础数学应用"丛书）（湖北省工业与应用数学学会规划教材）（科学出版社"十四五"普通高等教育本科规划教材）. -- ISBN 978-7-03-081195-0

Ⅰ. O1-05

中国国家版本馆 CIP 数据核字第 2025EP2636 号

责任编辑：吉正霞　孙翠勤 / 责任校对：韩　杨
责任印制：彭　超 / 封面设计：苏　波

科学出版社 出版
北京东黄城根北街 16 号
邮政编码：100717
http://www.sciencep.com

武汉精一佳印刷有限公司 印刷
科学出版社发行　各地新华书店经销

*

2025 年 3 月第 一 版　　开本：787×1092　1/16
2025 年 3 月第一次印刷　　印张：13 3/4
字数：347 000

定价：59.00 元

（如有印装质量问题，我社负责调换）

"基础数学应用"丛书编委会

学术顾问： 张平文　中国科学院院士/武汉大学校长/中国工业与应用数学学会理事长

丛书主编： 杨志坚　武汉大学教授/湖北国家应用数学中心主任/武汉数学与智能研究院副院长/湖北省工业与应用数学学会理事长

副 主 编： 曾祥勇　湖北大学副校长/教授
　　　　　　吕锡亮　武汉大学数学与统计学院教授
　　　　　　柴振华　华中科技大学数学与统计学院教授
　　　　　　丁义明　武汉科技大学理学院教授

编　　委： （按姓氏拼音排序）
　　　　　　柴振华　华中科技大学数学与统计学院教授
　　　　　　戴祖旭　武汉工程大学数理学院教授
　　　　　　丁义明　武汉科技大学理学院教授
　　　　　　侯友良　武汉大学数学与统计学院教授
　　　　　　吕锡亮　武汉大学数学与统计学院教授
　　　　　　沈婧芳　华中农业大学信息学院教授
　　　　　　王茂发　武汉大学数学与统计学院教授
　　　　　　魏周超　中国地质大学（武汉）数学与物理学院教授
　　　　　　向　华　武汉大学数学与统计学院教授
　　　　　　杨志坚　武汉大学数学与统计学院教授
　　　　　　曾祥勇　湖北大学副校长/教授

丛书秘书： 胡新启　武汉大学数学与统计学院副教授

丛 书 序

数学本身就是生产力. 众所周知, 数学是一门重要的基础学科, 也是其他学科的重要基础, 几乎所有学科都依赖于数学的知识和理论, 几乎所有重大科技进展都离不开数学的支持. 数学也是一门关键的技术. 数学的思想和方法与计算技术的结合已经形成了一种关键性的、可实现的技术, 称为"数学技术". 在当代, 数学在航空航天、人工智能、生物医药、能源开发等领域发挥着关键性, 甚至决定性作用. 数学技术已成为高技术的突出标志和不可或缺的组成部分, 从而也可以直接地产生生产力. "高技术本质上是一种数学技术"的观点现已被越来越多的人认同.

人工智能(AI)时代是人类历史上最伟大的时代, 它已经对人们的生产、生活、思维方式产生深刻的影响. 在这个时代, 人工智能技术被广泛应用到人类生活的各个方面, 加速了各行各业的智能化进程, 同时也带来了许多挑战和机遇. 世界正飞速进入人工智能时代. 我们需要积极应对这一时代的挑战和机遇, 更好地发挥人工智能技术的优势, 推动人类社会的进步和发展.

在大数据技术和人工智能时代, 数学的作用更为突出. 一方面数学提供了人工智能算法和大模型的理论基础、工具和方法, 同时也为人工智能的思维方式和表达提供了一种规范和统一的描述方式. 另一方面, 人工智能的发展也对数学学科本身产生了深远的影响, 驱动了数学理论的创新, 加速了数学与其他学科的交叉融合, 为数学提供了新的研究方向和挑战. 数学与人工智能的深入结合给人工智能的发展和应用带来了更大的潜力和机遇.

为适应新形势, 满足高等数学教育对教学内容和教学方式的新需求, 湖北省工业与应用数学学会在各位同仁的共同努力下推出了这套系列教材. 本套教材中既有经典内容的新写法, 也有新的数学理论、思想和方法的呈现, 注重体系性与协调性统一, 注重理论与实践相结合, 具体生动、图文并茂、逻辑性强, 便于学生自主学习, 也便于教师使用.

作为一种新的尝试, 希望本套丛书能为湖北省乃至全国的数学教育贡献一点湖北力量.

杨志坚

2024 年 5 月

前　言

　　数学文化,古老又年轻的科学圣殿;数学文化,神秘又简洁的人类心音;从混沌天地、结绳记数,到文明初始、易之以书契,自然万物无时无处不激荡着洪荒天穹深邃的回声.一起感受数学的魅力,像欣赏文学作品、艺术作品一样欣赏数学.当您以全新的视角审视数学之时,您会惊奇地发现:数学原来是那么美妙!更让您惊奇的是:虽然人类历史长河源远流长,从盘古开天地、三皇五帝到如今,大自然以它那天工鬼斧的神力,将我们雕凿成不同的肤色,上千个民族在这太阳系存在智能生命的蓝色星球上,我们操持着形形色色的语言,使用着千姿百态的文字,创造了各领风骚的文明.数学语言是放之四海而皆准的真正的世界语言.斐波那契数列告诉您"大自然是按数学方式布局的",海王星的发现告诉您"宇宙是遵循数学法则的光辉典范",当我们面对满天繁星的迷幻夜空,我们的梦都化为一缕缕轻盈的风飘向那浩瀚无垠、神秘莫测的苍穹.宇宙从哪里来?宇宙到哪里去?自人类诞生灵智以来,两大问题牵绕着无数人的心,科学之王——数学为探索宇宙的奥秘,屡建奇功.

　　本书是为"数学文化欣赏"课程编写的教材(该课程已在爱课程网、中国大学 MOOC、学习强国平台上线),"数学文化欣赏"是面向所有专业大学生(本科生、专科生及研究生)和社会公众开放的素质教育通识课."数学素质"是普通大众尤其是高等院校大学生综合素质的重要组成部分,本课程旨在为大学生学完大学数学课程后进一步提高数学素质,让当代大学生和社会公众懂得数学不仅仅是科学的工具和语言,同时它也是一种十分重要的思维方式和文化精神,而对于一个大学生,这种精神和思维方式是十分基本的,而且是无法从其他途径获得的.学习"数学文化欣赏"课,对提高大学生综合素质有非常重要的实际意义.

　　本书的组织思路是:第一,以贯彻素质教育为准绳,既着眼于提高读者的数学素养,又着眼于提高文化素养和思想素养;第二,通过大量的数学史料和数学家轶事等,介绍数学的思想、精神和方法;第三,让读者在欣赏数学文化的同时了解数学的历史、现状和未来,开阔眼界,认识数学,热爱数学.所以,本书除作为高校本科生、研究生教材,对中学生也不失为一部素质训练的好教材或课外读物,对高校及中学教师也是一部好的教学参考书.

　　我们希望通过本书,给读者一个睿智的数学头脑,丰富大家理性思考世界的方式;给读者一个好奇的广阔心胸,点燃大家强烈求知的欲望;给读者一个全新的研究模式,指引大家探索世界奥秘的途径;给读者一个交叉的学科空间,带领大家寻求发明创造的乐土.

　　参加本书编写的有华中农业大学邹庭荣、沈婧芳、李燕、陈秋剑、张四兰、池红梅、陈华锋,国家开放大学常会敏、杨芳、乔海英、许宇翔等.在成书过程中,我们参考了许多相关史料,也得到一些朋友的帮助和鼓励,感谢李静、夏静波、王一尘等人为本书绘制或拍摄了精美

数学文化

的图片，在此谨向各位表示由衷的感谢. 科学出版社的编辑老师们为出版此书付出了辛勤的汗水，使本书得以顺利出版，在此一并致谢！由于我们水平有限，书中难免会有不妥或疏漏之处，期待广大读者批评指正.

沈婧芳　邹庭荣　常会敏
2024 年 12 月

目　　录

第 1 章　关于数学文化
　1.1　课程的指导思想 ··· 2
　1.2　对"数学文化"的探讨 ··· 2
　　　1.2.1　数学文化的哲学内涵与文明互鉴 ································· 2
　　　1.2.2　数学文化的外延价值 ··· 3
　　　1.2.3　"数学文化"的科学阐释 ·· 4
　1.3　数学教育与国民素质 ··· 5
　1.4　社会对数学素质要求举例 ··· 7
　　　复习与思考题 ··· 8

第 2 章　数学美学欣赏
　2.1　数字之美学欣赏 ··· 10
　　　2.1.1　平方运算的有趣现象 ··· 10
　　　2.1.2　数字轮换之美 ··· 11
　　　2.1.3　消失的"8" ··· 12
　　　2.1.4　"8"和"9"的奇妙现象 ··· 14
　　　2.1.5　金字塔内的神秘数字 ··· 15
　　　2.1.6　数字世界里的明珠 ··· 16
　2.2　函数图像之美学欣赏 ··· 17
　　　2.2.1　正弦曲线和余弦曲线 ··· 17
　　　2.2.2　螺线 ··· 18
　　　2.2.3　心形线 ··· 21
　　　2.2.4　叶形线 ··· 22
　2.3　黑洞数之谜 ··· 24
　　　2.3.1　卡普雷卡尔黑洞数 ··· 24
　　　2.3.2　自幂数黑洞 ··· 25
　　　2.3.3　123 黑洞 ··· 25
　2.4　数学之抽象美 ··· 26
　　　2.4.1　抽屉原理 ··· 26
　　　2.4.2　生活中的数学抽象 ··· 27
　2.5　数学与自然的和谐之美 ··· 28
　　　2.5.1　谷神星的发现 ··· 29
　　　2.5.2　正电子的发现 ··· 29

复习与思考题 ··· 29

第3章　数论与数学文化

3.1　数论预备知识 ·· 33
3.1.1　数的发展与四元数的产生 ··· 33
3.1.2　数论基本知识 ··· 34
3.2　亲和数的奇妙性质 ··· 35
3.3　完全数的奇妙性质 ··· 36
3.3.1　完全数(完美数) ·· 36
3.3.2　梅森数与梅森素数 ··· 37
3.4　素数定理及其应用 ··· 38
3.4.1　关于素数的有趣问题 ·· 38
3.4.2　素数在密码学中的应用——大数分解 ························· 39
3.4.3　待解决的素数问题 ··· 39
　　复习与思考题 ··· 40

第4章　古希腊数学与人类文明：从毕达哥拉斯到欧几里得

4.1　地中海的灿烂阳光——古希腊数学 ································ 42
4.1.1　古希腊数学 ··· 42
4.1.2　古希腊数学的发展阶段 ·· 42
4.1.3　雅典时期的数学 ··· 43
4.2　古希腊著名数学家及其数学成就 ··································· 45
4.2.1　泰勒斯及其发现的定理 ·· 45
4.2.2　毕达哥拉斯及其"万物皆数"的哲学 ························· 46
4.2.3　欧几里得及其《几何原本》 ···································· 48
4.2.4　阿波罗尼奥斯及其《圆锥曲线论》 ·························· 49
4.2.5　阿基米德及其数学成就 ·· 50
4.3　尺规作图问题 ·· 51
4.3.1　三大几何作图不可能问题 ······································· 51
4.3.2　正多边形作图问题(或等分圆周问题) ························ 52
4.4　毕达哥拉斯定理的证明及应用 ······································· 53
4.4.1　毕达哥拉斯定理 ··· 54
4.4.2　《几何原本》中的证明思想 ···································· 55
4.4.3　商高的证明思想 ··· 55
4.4.4　赵爽的证明思想 ··· 55
4.4.5　加菲尔德的证明思想 ··· 56
4.4.6　用七巧板证明毕达哥拉斯定理 ································· 57
4.4.7　毕达哥拉斯定理的应用 ·· 58
　　复习与思考题 ··· 61

第5章　斐波那契数列与黄金分割

5.1　斐波那契数列 ·· 64

  5.1.1 关于斐波那契 ·· 64
  5.1.2 斐波那契数列的由来——兔子繁殖问题 ··· 64
  5.1.3 斐波那契数列的性质 ·· 65
  5.1.4 斐波那契数列的自然应用 ··· 67
 5.2 黄金分割及其应用 ·· 68
  5.2.1 黄金分割 ··· 69
  5.2.2 黄金分割应用举例——优选法 ··· 69
  5.2.3 用纸折出黄金分割点 ·· 70
  5.2.4 小康型购物公式 ·· 70
  5.2.5 黄金矩形与"上帝之眼" ·· 71
 5.3 黄金分割与美学 ·· 71
 5.4 连分数及其分类 ·· 72
  5.4.1 连分数 ··· 72
  5.4.2 简单连分数 ·· 72
  5.4.3 连分数的类型 ··· 72
 复习与思考题 ··· 74

第 6 章 奇妙的幻方

 6.1 从龙马负图说起 ·· 76
  6.1.1 神奇的"河图""洛书" ·· 76
  6.1.2 "洛书"的奇妙性质 ·· 77
  6.1.3 "洛书"的构作方法 ·· 77
  6.1.4 "河图""洛书"与中国古代数学的本源 ·· 78
 6.2 幻方基本知识 ··· 78
  6.2.1 幻方基本概念 ··· 78
  6.2.2 和-积幻方 ·· 78
  6.2.3 二次幻方 ··· 79
  6.2.4 幻圆 ·· 79
  6.2.5 幻六边形 ··· 80
 6.3 幻方赏析 ··· 81
  6.3.1 再谈"河图""洛书" ··· 81
  6.3.2 杨辉的九九图 ··· 82
  6.3.3 素数幻方 ··· 83
  6.3.4 黑洞数幻方 ·· 83
  6.3.5 纪念幻方 ··· 84
 6.4 幻方的应用 ·· 86
  6.4.1 幻方对智力开发的重要作用 ·· 86
  6.4.2 幻方在科学技术中的应用 ··· 86
  6.4.3 幻方的平衡、协调思想在社会经济发展中的应用 ······························· 88
 复习与思考题 ··· 88

第7章 数学悖论与数学危机

7.1 毕达哥拉斯悖论与第一次数学危机 … 92
- 7.1.1 从"数学和谐"谈起 … 92
- 7.1.2 悖论与数学悖论 … 93
- 7.1.3 第一次数学危机 … 94

7.2 贝克莱悖论与第二次数学危机 … 95
- 7.2.1 英雄时代 … 95
- 7.2.2 第二次数学危机 … 97

7.3 罗素悖论与第三次数学危机 … 99
- 7.3.1 第三次数学危机产生的时代背景 … 99
- 7.3.2 第三次数学危机的产生 … 100
- 7.3.3 第三次数学危机的产物 … 101
- 7.3.4 数学危机往往是数学发展的先导 … 102

复习与思考题 … 102

第8章 数学魅力之文学欣赏

8.1 数学与文学难解难分 … 104
- 8.1.1 数学与文学的联系 … 104
- 8.1.2 数学与文学对应之谜 … 104
- 8.1.3 回文诗、回文对联与回文数 … 105

8.2 经典文学作品中的数学文化 … 107
- 8.2.1 《周易》中的数学文化 … 107
- 8.2.2 《西游记》中的数学文化 … 107
- 8.2.3 戏剧中的数学文化 … 108
- 8.2.4 《墨子》和《孟子》中的数学文化 … 109

8.3 诗词楹联中的数学文化 … 109
- 8.3.1 唐代的数字诗 … 109
- 8.3.2 宋代数字诗词 … 111
- 8.3.3 明代的数字诗 … 112
- 8.3.4 清代的数字诗 … 113
- 8.3.5 近现代的数字诗 … 115

8.4 引人入胜的数学诗 … 118
- 8.4.1 孙子定理 … 118
- 8.4.2 百羊问题 … 118
- 8.4.3 李白醉酒 … 119
- 8.4.4 寺内僧多少 … 119
- 8.4.5 民间数学诗 … 119

8.5 数学家的文学修养 … 122
- 8.5.1 国内数学家的文学修养 … 122
- 8.5.2 国外数学家的文学修养 … 123

复习与思考题 124

第 9 章 数学与艺术欣赏

9.1 数学与音乐 126
9.1.1 音乐与数学结合的历史 126
9.1.2 音乐声波中的数学 128
9.1.3 乐理中的数学 129
9.1.4 乐器中的数学 129

9.2 数学与绘画艺术 130
9.2.1 对称 130
9.2.2 透视 131
9.2.3 黄金分割 133

9.3 建筑中的数学思想与数学元素 134
9.3.1 对称在建筑设计中的应用 134
9.3.2 建筑设计中的三角形、矩形、多边形结构 137
9.3.3 建筑设计中的圆形、球面、椭圆面、曲面等结构 138

9.4 现代数学思想在建筑中的应用 141
9.4.1 拓扑等价 141
9.4.2 从数字建筑到未来建筑 142

9.5 摄影艺术中的数学文化 143
9.5.1 摄影技术中数学的身影"挥之不去" 143
9.5.2 从数学角度"欣赏"摄影艺术 144

复习与思考题 145

第 10 章 数学问题、数学猜想与数学发展

10.1 数学猜想的概念与特征 148
10.1.1 关于数学猜想 148
10.1.2 数学猜想的类型 148
10.1.3 数学猜想的特征 148

10.2 费马猜想 149
10.2.1 由费马猜想到费马大定理 149
10.2.2 费马猜想的意义 151

10.3 地图上的数学文化 152
10.3.1 四色问题的提出 152
10.3.2 四色猜想的证明一波三折 152
10.3.3 计算机帮助圆梦四色猜想的证明 153

10.4 哥德巴赫猜想 153
10.4.1 哥德巴赫猜想的内容 153
10.4.2 关于哥德巴赫猜想的研究 153

10.5 哥尼斯堡七桥问题——拓扑学的起源 154
10.5.1 走出来的数学文化 154

10.5.2　破解拓扑学世纪之谜——从欧拉到庞加莱 ⋯⋯⋯⋯⋯⋯⋯⋯⋯⋯⋯⋯⋯⋯⋯⋯⋯ 155
10.5.3　欧拉回路与中国邮递员问题 ⋯⋯⋯⋯⋯⋯⋯⋯⋯⋯⋯⋯⋯⋯⋯⋯⋯⋯⋯⋯⋯ 157
复习与思考题 ⋯⋯⋯⋯⋯⋯⋯⋯⋯⋯⋯⋯⋯⋯⋯⋯⋯⋯⋯⋯⋯⋯⋯⋯⋯⋯⋯⋯⋯⋯⋯⋯⋯⋯ 157

第 11 章　解析几何和微积分的产生与发展

11.1　变量数学应运而生 ⋯⋯⋯⋯⋯⋯⋯⋯⋯⋯⋯⋯⋯⋯⋯⋯⋯⋯⋯⋯⋯⋯⋯⋯⋯⋯⋯⋯⋯ 160
11.1.1　变量数学产生的原因 ⋯⋯⋯⋯⋯⋯⋯⋯⋯⋯⋯⋯⋯⋯⋯⋯⋯⋯⋯⋯⋯⋯⋯⋯ 160
11.1.2　数学发展进程中的必然走向 ⋯⋯⋯⋯⋯⋯⋯⋯⋯⋯⋯⋯⋯⋯⋯⋯⋯⋯⋯⋯⋯ 160
11.2　笛卡儿与解析几何 ⋯⋯⋯⋯⋯⋯⋯⋯⋯⋯⋯⋯⋯⋯⋯⋯⋯⋯⋯⋯⋯⋯⋯⋯⋯⋯⋯⋯⋯ 161
11.2.1　笛卡儿及其解析几何思想 ⋯⋯⋯⋯⋯⋯⋯⋯⋯⋯⋯⋯⋯⋯⋯⋯⋯⋯⋯⋯⋯⋯ 161
11.2.2　费马与解析几何 ⋯⋯⋯⋯⋯⋯⋯⋯⋯⋯⋯⋯⋯⋯⋯⋯⋯⋯⋯⋯⋯⋯⋯⋯⋯⋯ 163
11.2.3　解析几何的创立者 ⋯⋯⋯⋯⋯⋯⋯⋯⋯⋯⋯⋯⋯⋯⋯⋯⋯⋯⋯⋯⋯⋯⋯⋯⋯ 165
11.2.4　解析几何理论的主要意义 ⋯⋯⋯⋯⋯⋯⋯⋯⋯⋯⋯⋯⋯⋯⋯⋯⋯⋯⋯⋯⋯⋯ 165
11.3　近代微积分的创立 ⋯⋯⋯⋯⋯⋯⋯⋯⋯⋯⋯⋯⋯⋯⋯⋯⋯⋯⋯⋯⋯⋯⋯⋯⋯⋯⋯⋯⋯ 166
11.3.1　牛顿与微积分 ⋯⋯⋯⋯⋯⋯⋯⋯⋯⋯⋯⋯⋯⋯⋯⋯⋯⋯⋯⋯⋯⋯⋯⋯⋯⋯⋯ 167
11.3.2　莱布尼茨的微积分思想 ⋯⋯⋯⋯⋯⋯⋯⋯⋯⋯⋯⋯⋯⋯⋯⋯⋯⋯⋯⋯⋯⋯⋯ 170
11.3.3　两种微积分的关系 ⋯⋯⋯⋯⋯⋯⋯⋯⋯⋯⋯⋯⋯⋯⋯⋯⋯⋯⋯⋯⋯⋯⋯⋯⋯ 173
复习与思考题 ⋯⋯⋯⋯⋯⋯⋯⋯⋯⋯⋯⋯⋯⋯⋯⋯⋯⋯⋯⋯⋯⋯⋯⋯⋯⋯⋯⋯⋯⋯⋯⋯⋯⋯ 175

第 12 章　中国古典数学文化

12.1　中国古代数学的辉煌成就 ⋯⋯⋯⋯⋯⋯⋯⋯⋯⋯⋯⋯⋯⋯⋯⋯⋯⋯⋯⋯⋯⋯⋯⋯⋯⋯ 178
12.2　《九章算术》简介 ⋯⋯⋯⋯⋯⋯⋯⋯⋯⋯⋯⋯⋯⋯⋯⋯⋯⋯⋯⋯⋯⋯⋯⋯⋯⋯⋯⋯⋯ 180
12.2.1　经典数学原著《九章算术》 ⋯⋯⋯⋯⋯⋯⋯⋯⋯⋯⋯⋯⋯⋯⋯⋯⋯⋯⋯⋯⋯ 180
12.2.2　《九章算术》的基本内容 ⋯⋯⋯⋯⋯⋯⋯⋯⋯⋯⋯⋯⋯⋯⋯⋯⋯⋯⋯⋯⋯⋯ 181
12.2.3　《九章算术》的特点及历史地位 ⋯⋯⋯⋯⋯⋯⋯⋯⋯⋯⋯⋯⋯⋯⋯⋯⋯⋯⋯ 185
12.3　贾宪三角及其美学价值 ⋯⋯⋯⋯⋯⋯⋯⋯⋯⋯⋯⋯⋯⋯⋯⋯⋯⋯⋯⋯⋯⋯⋯⋯⋯⋯⋯ 186
12.3.1　贾宪三角 ⋯⋯⋯⋯⋯⋯⋯⋯⋯⋯⋯⋯⋯⋯⋯⋯⋯⋯⋯⋯⋯⋯⋯⋯⋯⋯⋯⋯⋯ 186
12.3.2　贾宪三角的数学美 ⋯⋯⋯⋯⋯⋯⋯⋯⋯⋯⋯⋯⋯⋯⋯⋯⋯⋯⋯⋯⋯⋯⋯⋯⋯ 188
12.4　"算经十书"的文化内涵 ⋯⋯⋯⋯⋯⋯⋯⋯⋯⋯⋯⋯⋯⋯⋯⋯⋯⋯⋯⋯⋯⋯⋯⋯⋯⋯ 189
12.4.1　《孙子算经》与中国剩余定理 ⋯⋯⋯⋯⋯⋯⋯⋯⋯⋯⋯⋯⋯⋯⋯⋯⋯⋯⋯⋯ 190
12.4.2　《张丘建算经》与"百鸡问题" ⋯⋯⋯⋯⋯⋯⋯⋯⋯⋯⋯⋯⋯⋯⋯⋯⋯⋯⋯ 192
复习与思考题 ⋯⋯⋯⋯⋯⋯⋯⋯⋯⋯⋯⋯⋯⋯⋯⋯⋯⋯⋯⋯⋯⋯⋯⋯⋯⋯⋯⋯⋯⋯⋯⋯⋯⋯ 194

第 13 章　分形艺术欣赏

13.1　从数学怪物谈起 ⋯⋯⋯⋯⋯⋯⋯⋯⋯⋯⋯⋯⋯⋯⋯⋯⋯⋯⋯⋯⋯⋯⋯⋯⋯⋯⋯⋯⋯⋯ 196
13.1.1　科赫曲线 ⋯⋯⋯⋯⋯⋯⋯⋯⋯⋯⋯⋯⋯⋯⋯⋯⋯⋯⋯⋯⋯⋯⋯⋯⋯⋯⋯⋯⋯ 196
13.1.2　康托尔集合 ⋯⋯⋯⋯⋯⋯⋯⋯⋯⋯⋯⋯⋯⋯⋯⋯⋯⋯⋯⋯⋯⋯⋯⋯⋯⋯⋯⋯ 196
13.1.3　希尔伯特曲线 ⋯⋯⋯⋯⋯⋯⋯⋯⋯⋯⋯⋯⋯⋯⋯⋯⋯⋯⋯⋯⋯⋯⋯⋯⋯⋯⋯ 197
13.1.4　谢尔宾斯基地毯 ⋯⋯⋯⋯⋯⋯⋯⋯⋯⋯⋯⋯⋯⋯⋯⋯⋯⋯⋯⋯⋯⋯⋯⋯⋯⋯ 197
13.2　分形几何学 ⋯⋯⋯⋯⋯⋯⋯⋯⋯⋯⋯⋯⋯⋯⋯⋯⋯⋯⋯⋯⋯⋯⋯⋯⋯⋯⋯⋯⋯⋯⋯⋯ 198
13.2.1　英国的海岸线有多长 ⋯⋯⋯⋯⋯⋯⋯⋯⋯⋯⋯⋯⋯⋯⋯⋯⋯⋯⋯⋯⋯⋯⋯⋯ 198
13.2.2　欧几里得几何的局限性 ⋯⋯⋯⋯⋯⋯⋯⋯⋯⋯⋯⋯⋯⋯⋯⋯⋯⋯⋯⋯⋯⋯⋯ 199

13.2.3　分形几何的产生 ·· 199
13.3　趣谈分形艺术 ·· 200
　13.3.1　分形是一门科学也是一门艺术 ································ 200
　13.3.2　分形几何的应用 ·· 200
　13.3.3　分形路漫漫 ·· 201
复习与思考题 ·· 201

参考文献

第 1 章

关于数学文化

浩瀚的宇宙中，数学以其精确而优雅的笔触，绘制万物的底色，点亮认知的星辰．我们站在知识的海洋边缘，凝视着那些由点、线、面构成的完美几何，聆听着数与形的和谐交响．此刻，数学文化向您敞开了它神秘而又宏伟的数学之门，邀请您一同踏上一场心智的文化之旅．数智时代，让我们共担人类心智的使命．

从古代文明到现代文明的繁荣，在这个孕育着智能生命的蓝色星球上，成千上万的民族，使用着各种语言，书写着形态各异的文字，缔造了各具特色的文明．

顾沛教授说："数学不仅是一门科学，也是一种文化，即数学文化．"数学中蕴含着无穷无尽的美，因此，也有人把数学比喻为一门艺术．艺术当然是可以欣赏的，当我们把数学当作一门艺术来欣赏时，我们自然就不会敬而远之，这就是本书取名"数学文化"的由来，主要是让大家欣赏数学、走近数学，希望有一天，大家能像享受音乐一样体验数学的魅力，深深地爱上数学．

第 1 章知识导图

> 数 学 文 化

1.1 课程的指导思想

本课程旨在传播数学的思想、精神和方法；提升学生数学素养，同时也提高学生文化素养和思想素养. 每一章内容，都是数学文化的一块拼图；每一个故事，都是一次人类智慧飞跃的历程.

数学，这个古老而永恒的话题，它不仅仅是一系列抽象的概念和理论，更是一种独特的思考方式，一种解读世界的视角，一种值得传承的文化精神. 它述说着，无论是宏观的星系还是微观的粒子，均遵循着相同的数学规律. 它启示着，生活中的每一次选择、每一个决策，都可以用数学的逻辑来分析和理解. 数学并不是冰冷的符号和公式，它是文化，是艺术，是哲学，是探索宇宙奥秘的不竭动力.

1.2 对"数学文化"的探讨

什么是数学文化？这是一个很值得研究的问题. 数学文化这些年受到了数学界广泛的关注，其中包括数学教育界、数学史界的关注，在此很有必要探讨一下.

数学文化的先驱学者，美国数学家、美国国家科学院院士怀尔德(Wilder)，在 1981 年出版了《作为文化体系的数学》，这本书第一次提到了"数学文化"这个词，当时没有阐述其具体的概念，实际上至今也没有公认的概念，数学文化还在不断地完善和发展之中. 怀尔德曾经受邀在国际数学家大会做报告，主题即是数学的文化基础.

我国数学家吴文俊先生也曾受邀在国际数学家大会上做报告，主题是中国数学的历史与成就. 这些均是数学文化发展中的重要事件.

在国家自然科学基金数学天元基金项目的资助下，中国数学会每年都会主办全国数学文化论坛，历届论坛围绕数学文化的本质、特征和功能，数学文化国内外研究进展，传播数学文化的策略、方法和意义，数学文化课程与教材建设等方面展开，推动了我国数学文化事业的蓬勃发展. 图 1.1 为笔者所在的数学文化团队在第十一届全国数学文化论坛上做报告，展示了团队近二十年的数学文化体系建设.

数学文化当前的发展状态是百家争鸣、百花齐放. 究竟什么是数学文化？从狭义上讲，数学文化是数学思想、数学方法、数学精神. 从广义上讲，数学文化上是一个内在自治而外在开放的体系，它具有鲜明的文化特点. 这种文化特质使数学成为连接抽象真理与具象实践的核心纽带，在"发现—发明"的辩证循环中持续扩展人类认知的边界.

1.2.1 数学文化的哲学内涵与文明互鉴

数学文化作为人类理性认知的结晶，其哲学本质体现为通过形式符号系统揭示宇宙秩序、思维规律与存在本质的永恒探索. 中西方文明以不同哲学传统为根基，形成了互补的数学认知体系，共同构成人类理性精神的完整图景.

1. 中国传统哲学与数学的内在关联

第一，"天人合一"的宇宙观与数学思维.

《周易》以阴阳爻变构建六十四卦体系，通过"数—像—理"三位一体的模式，开创中国特有的数理宇宙论范式. 汉代《九章算术》的"方田术""商功术"等算法设计，实质是对天地空结构的数学模拟. 张衡在《灵宪》中提出"数术穷天地，制作侔造化"，将数学定位为沟通天人关系的认知工具.

第二，儒家实用理性与算法传统.

儒家"经世致用"思想深推动中国数学形成"问题-算法-验证"的实用体系.《孙子算经》中的"物不知数"问题（中国剩余定理雏形）直接服务于军事后勤.《周髀算经》勾股测影技术支撑农业历法，体现数学与国家治理的深度耦合. 这种实践导向虽使中国在代数计算领域长期领先，但也导致公理化演绎体系的滞后.

第三，道家自然哲学与数学方法论.

"道法自然"的哲学启发了数学研究的直觉思维. 刘徽在《九章算术注》中提出"析理以辞，解体用图"，其"割圆术"以无限分割逼近圆周率的方法论，与庄子"一尺之棰"的极限思想构成哲学同构.

2. 中西数学哲学的范式比较

第一，逻辑范式的差异与互补.

古希腊《几何原本》建立"定义-公理-定理"的公理化体系，追求超越具象的纯粹式真理；中国数学则通过《九章算术》"问—答—术"的体例，聚焦具体问题的算法解构. 这种差异映射哲学根基：亚里士多德《工具论》强调三段论的形式必然性，《墨经》的"故—理—类"逻辑则侧重经验归纳与类比推理.

第二，数学真理观的殊途同归.

西方毕达哥拉斯学派将数视为宇宙本体，柏拉图主义数学观强调理念世界的超越性；中国《周易》提出"极数定象"，宋代理学家邵雍以"先天象数学"构建社会变迁模型，均体现对数学普适性的哲学确信. 两种传统在追求数学的普遍有效性上达成共识，只是西方更重形式证明，中国侧重实践效验.

3. 数学文化的现代哲学启示

吴文俊受《九章算术》算法思想启发，开创数学机械化方法，提出基于特征列算法的几何定理机器证明理论. 莱布尼茨受《周易》启发完善了二进制，揭示数学符号的"可通约性"价值. 李约瑟难题的实质在于，中西数学路径差异源于"实践归纳"与"公理演绎"的哲学预设不同，本质是真理探索的多元互补，非文明优劣之分.

数学文化对"秩序何以可能"的追问，在人工智能时代获得新维度：西方公理系统确保算法可靠性，中国构造性思维提升问题解决效率，二者共同构成数字文明的认知双翼. 正如《九章算术》序言所言："类万物之情"，数学真理的终极形态，正蕴藏在这种多元辩证的统一之中.

1.2.2 数学文化的外延价值

数学文化的外延价值体现为数学思维范式与工具理性对人类文明的多维度塑造，其通过东西方认知路径的互补性融合，持续驱动科技革命与认知边界拓展. 以下从实践性、理论性与融合性三个维度展开分析.

第一,东方实践理性:算法传统与技术转化.

南宋秦九韶《数书九章》将数学定义为"周天历度、工程赋役之枢机",其"大衍求一术"直接服务于天文测算与资源调配,奠定"寓理于算"的实用主义范式.这种实用主义思维在当代转化为强大的工程数学能力.华为极化码基于代数几何中的有限域理论,实现信道容量逼近香农极限,彰显东方算法思维的工程适配性;京东物流智能调度系统融合《九章算术》"方程术"思想与混合整数规划,将路径优化效率大幅提升.

第二,西方形式逻辑:公理化与科学革命.

古希腊《几何原本》开创的公理化传统,使数学成为"理念世界"的投影仪.牛顿将微积分与自然哲学结合,构建经典力学体系;哥德尔不完备定理颠覆数学确定性认知,为计算机科学奠基.这种抽象演绎能力推动西方在基础数学领域持续突破:佩雷尔曼运用里奇流方程证明庞加莱猜想,其衍生算法应用于癌症基因组拓扑数据分析.

第三,文化互鉴下的协同创新范式.

吴文俊数学机械化方法受《九章算术》算法构造性启发,结合法国学派符号计算,实现几何定理机器证明效率千倍提升. AlphaFold 生物计算革命:DeepMind 融合微分几何与卷积神经网络,破解蛋白质折叠难题,预测精度达原子级别.

由中国制造的九章光量子计算机,其命名致敬《九章算术》,其量子纠错码设计同步运用中国剩余定理与伽罗瓦域理论,实现 1200 万倍于超级计算机的采样速度.

数学文化的外延演进印证莱布尼茨"普遍符号语言"构想——不同文明的数学智慧通过硅基载体实现超域整合.在生成式 AI、量子计算等前沿领域,东西方数学传统正催化"范式共生",为人类认知宇宙提供新的罗盘坐标系.

1.2.3 "数学文化"的科学阐释

数学文化是人类在探索数量关系、空间形式与抽象结构过程中形成的认知范式、方法论体系与价值系统的统一体.它既包含数学知识本身的逻辑构造,更涵盖数学思维对文明形态的塑造以及数学工具对现实世界的重构能力.

数学文化以形式语言构建独立于经验世界的抽象模型.《周易》八卦以阴阳爻(—/--)编码自然现象的二元对立,其符号组合与布尔代数具有结构同源性.群论以公理化语言(封闭性、结合律、单位元)统一描述晶体对称性、粒子物理规范群等跨尺度现象.这种符号化能力使数学成为"超验世界的解码器",既能表达欧氏几何的直观空间(如勾股定理),也能定义希尔伯特空间中的量子叠加态(薛定谔方程).

柏拉图主义主张数学对象是理念世界的独立存在;中国"象数"传统强调数学源于"观物取象".现代数学哲学通过模型论证实,数学既是发现(如素数分布规律),也是发明(如非欧几何的创建),这种辩证性在人工智能大模型中得到具象化——神经网络架构 Transformer 既遵循概率统计法则,又依赖超参数设计.

数学文化既是刻录人类理性基因的"文化 DNA",也是文明互鉴的"非领土化空间".当《四元玉鉴》的天元术对话朗兰兹纲领,当筹算智慧注入量子比特,数学文化正以"最大公约数"姿态,重塑人类命运共同体的认知底座.

1.3　数学教育与国民素质

　　美国国家研究委员会(隶属美国国家科学院)在《人人关心的数学教育的未来》(1989 年)和《振兴美国数学: 90 年代的计划》(1990 年)中指出: 数学作为科学与技术的基础学科, 已成为美国教育改革的优先议题. 然而, 由于基础教育阶段数学能力培养不足, 大量高中毕业生难以满足职业需求中的问题解决能力要求, 工业界、高等院校及军队被迫投入大量资源开展数学补习教育. 报告进一步警告, 若放任数学教育水平持续下滑, 美国将面临几代学生因数学能力欠缺而被限制于社会边缘化地位的风险. 数学是打开科学大门的钥匙. 当代数学不仅作为科学的语言存在, 更以直接且基础的方式为商业、金融、健康医疗及国防等领域提供核心支持. 例如, 数学技术应用于宏观经济预测、银行风险评估、医疗影像分析(如 CT 扫描的数学原理)以及导弹弹道计算等关键领域. 美国学者林恩·斯蒂恩指出, 数学的应用边界已完全消失, 成为现代社会各行业不可或缺的工具.

　　2010 年, 欧洲科学基金会发布题为《数学与产业》的报告, 强调数学科学是学术界与产业界开拓新领域的关键驱动力. 2012 年, 英国工程与物理科学研究理事会委托的研究报告《数学科学研究: 促进英国经济增长》进一步量化了数学的经济贡献, 凸显数学对技术发展与产业竞争力的基础性作用. 美国国家研究委员会于 2013 年发布研究报告《推动创新与发现: 21 世纪的数学科学》, 报告以拓扑数据分析、随机微分方程、压缩感知理论等 13 个前沿数学领域为例, 阐释数学如何驱动跨领域突破性创新, 系统论证数学科学对国家安全、工业升级及公共治理的支撑作用.

　　由美国国家研究委员会(NRC)数学科学委员会编写的《2025 年的数学科学》报告是一份关于数学科学未来展望的权威文件. 该报告综合分析了数学科学研究的现状和未来趋势, 以及数学对社会各个方面的深远影响. 报告核心内容分为以下三个方面: 第一, 数学内部交叉与外部需求共同驱动前沿突破, 压缩传感、贝叶斯推断等新兴领域加速融合; 第二, 数学是技术创新、经济竞争力和国家安全(如军事优化、灾害预测)的底层支撑; 第三, 呼吁美国国家科学基金会优化资助策略, 平衡核心研究与交叉应用, 并强化产学合作生态.

　　数学实力深刻影响国家核心竞争力, 几乎所有的重大科技突破都与数学发展紧密相关. 数学已成为人工智能、航空航天、国防安全、生物医药、信息与通信、能源开发、海洋科学、先进制造等领域不可替代的基础性支撑. 2019 年 7 月, 我国科技部、教育部、中国科学院、自然科学基金委员会联合制定了《关于加强数学科学研究工作方案》. 该方案旨在加强基础数学研究、推动应用数学与交叉学科发展, 并支持建设基础数学中心与应用数学中心, 以提升数学对国家战略需求的支撑能力. 人民日报等媒体发布的《九图带你读懂数学到底有多重要》中提到, 人工智能是数学、算法理论与工程实践紧密结合的领域, 其核心在于算法, 涉及概率论、统计学等数学理论. 例如, 通过概率公式结合马尔可夫(Markov)假设, 可实现机器翻译与语音识别等基础功能. 人工智能的综合性体现为多学科融合, 包括机器学习、遗传算法、概率统计、数据科学及数值分析等方向, 而数学正是这些领域的基础, 使人工智能成为一门规范化的科学.

　　数学不仅是一门知识, 更是一种智慧. 作为人类共同财富, 算术、几何、代数、三角、统计与数据科学已成为基础教育核心主题. 从结绳记数到人工智能, 数学持续推动技术创新与社

数学文化

会发展. 强盛的民族与国家均将数学教育视为战略重点, 例如新加坡通过分层教学培养数据素养, 美国以跨学科实践强化批判性思维. 数学教育不仅是创新能力的基石, 更需应对数字化转型与公平性挑战, 帮助青少年在全球化竞争中做好准备.

历史表明, 重视数学与抽象思维能力的民族往往能涌现出大量思想家、科学家和发明家. 1957 年, 苏联成功发射人类首颗人造卫星"斯普特尼克 1 号", 这一里程碑事件直接触发了美国教育体系的深刻变革. 1958 年, 美国颁布《国防教育法》, 通过联邦政府拨款强化数学与科学教育, 改革课程体系并扩大研究生培养规模. 这一战略催生了美国科技创新能力的爆发式增长, 其成果包括 1969 年"阿波罗 11 号"登月壮举, 以及 1981 年"哥伦比亚号"航天飞机的首航.

数学核心领域已从传统的代数/几何/分析三大支柱, 扩展出代数几何、几何分析、拓扑学、组合数学、数论、概率统计和数学物理七大现代方向; 其应用渗透到量子计算、人工智能、密码学等前沿领域; 计算机与数学形成双向促进关系, 既推动计算数学发展, 又催生数学实验新范式.

牛顿(Newton)曾经谦虚地表示: "假如我比别人看得更远, 那是因为我站在巨人的肩膀上." 科学的宇宙群星璀璨, 毕达哥拉斯(Pythagoras)、欧几里得、阿基米德(Archimedes)、笛卡儿(Descartes)、牛顿、莱布尼茨(Leibniz)、欧拉(Euler)、高斯(Gauss)、罗巴切夫斯基(Lobachevsky)、庞加莱(Poincaré)、希尔伯特(Hilbert)、哥德尔(Gödel)等, 历代数学家们百折不挠、勤学苦思.

在世界文明史上, 中国数学经历了三次发展高峰: 两汉时期、魏晋南北朝时期和宋元时期. 约公元前 1 世纪成书的《周髀算经》记载了勾股定理(商高定理)的最早表述, 即"勾三股四弦五". 公元前 1 世纪至公元 1 世纪间成书的《九章算术》系统记载了负数概念、分数运算及线性方程组的"方程术"解法, 其中方程章首次提出正负数加减法则. 公元 3 世纪, 赵爽用"弦图"完成勾股定理的几何证明; 刘徽创立"割圆术"计算圆周率至 3.1416, 并提出极限思想的"不可分量原理". 公元 5 世纪祖冲之将圆周率精确到 3.1415926—3.1415927 之间, 并与其子祖暅提出"幂势既同则积不容异"的祖暅原理. 公元 11 世纪贾宪首创"开方作法本源图"(贾宪三角), 比帕斯卡三角早 600 年; 公元 13 世纪秦九韶建立解同余式组的"大衍求一术", 即中国剩余定理. 公元 13 至公元 14 世纪李冶发展"天元术"代数方法, 朱世杰在此基础上创"四元术"多元高次方程组解法. 现代数学家中, 华罗庚在解析数论、陈省身在微分几何、吴文俊在数学机械化领域取得开创性成果. 中国自 1985 年参加国际数学奥林匹克竞赛以来, 多次取得团队第一名和个人总分第一名的好成绩, 总体水平居于世界前列.

2002 年 8 月, 第二十四届国际数学家大会在北京召开, 这是该会议一百多年历史上首次在发展中国家举办, 也是中国首次承办这项被誉为"数学界奥林匹克"的顶级学术盛会. 此次盛会推动了中国与世界数学界的深度交流, 通过大众报告会、数学博览展等创新形式, 让数学文化在东方古国绽放出新的光芒.

数学作为人类文明的核心推动力, 其文化价值不仅体现于历史传承中对科学、艺术和哲学的深刻影响, 更以逻辑思维、创新能力和跨学科融合特性持续推动社会进步. 在我国现代化进程中, 需通过加强基础研究投入、深化教育改革以及促进数学与其他领域的交叉创新, 使数学发展成为国家战略的重要支柱, 为全球文明进程贡献中国智慧.

1.4 社会对数学素质要求举例

例 1.1 有四个人要在夜里穿过一条悬索桥回到宿营地,他们只有一支手电,电池只够再亮 17 min. 过桥必须要有手电,否则太危险. 桥最多只能承受两个人同时通过的重量. 这四个人的过桥速度都不一样:一个需要 1 min, 一个需要 2 min, 一个需要 5 min, 还有一个需要 10 min. 他们如何才能在 17 min 内全部安全过桥?

四个人中设 A 需要 1 min, B 需要 2 min, C 需要 5 min, D 需要 10 min. A 和 B 一起过(2 min), A 返回(3 min), C 和 D 一起过(13 min), B 返回(15 min), A 和 B 一起过(17 min). 全部安全过桥.

例 1.2 数学用于军事,古已有之. 例如,阿基米德设计出投石机、起重机等军用器械,帮助叙拉古抵御罗马舰队. 到了 20 世纪,科学发展促使武器进步,数学与军事有着更密切的联系,许多数学家的研究与空气动力学、弹道学、雷达及声纳、原子弹、密码及情报等有关. 海湾战争中由于运用了运筹学和优化技术,仅一个月就结束了,因此,人们说:第一次世界大战是化学战争(炸弹),第二次世界大战是物理战争(原子弹),而海湾战争是数学战争.

例 1.3 现在的年轻人经常说自己患有"选择困难症",很容易纠结,拿不定主意. 甚至还因此产生了"小孩子才选择,成年人都要"的网络梗. 两杯不同口味的饮料,可以都要;两件款式各异的衣服,也可以都要. 但如果你面对的选择是相亲或者租房呢?如何在继续挑选和立刻下手之间做出一个决定,以达成某种平衡,怎样能让我们的决定更加明智呢?经验告诉我们,如果观望期太短,达不到比较的效果;如果观望期太长,又会导致真正可选的余地不多. 因此,在观望与选择之间拿主意时,要讲究策略. 如何找到这个平衡点呢?

瑞士著名数学家欧拉早就解决了这一问题. 他告诉我们,这一理想的平衡点就是 1 除以自然常数 e(e 是一个无限不循环小数,也是一个超越数,值为 2.718 28…),约等于 0.37. 这也是 37%法则这一名称的由来. 以租房问题为例,先根据自己的规划,确定找房时间(假设为 30 天). 37%法则告诉我们,前 11 天应该处于观望期,在此期间只看房,不签约,但要记住看到的最好房源. 从第 12 天看房开始进入决策期,一旦遇到了比前面 11 天更好的房源,就立刻签约,并不再看房.

例 1.4 如果做一件事情成功的概率只有 1%,你会选择"躺平"还是"努力"?如果你坚持不断地重复努力 100 次尝试这一件事情,成功的概率还是 1%吗?数学中有理论告诉我们正确答案是 63.4%.

因为在实践中,我们经常需要尝试使用多种方案来解决问题,从而找到最佳方案. 然而,在这个过程中,每个方案都可能会成功或失败,也就是说,每次尝试都是一个随机试验,这个试验有两种基本结果:成功和失败. "重复努力 100 次"可以看作是独立重复试验,因而"重复努力 100 次,至少成功 1 次"可以用二项概型计算公式 $1-(1-1\%)^{100} = 1-(99\%)^{100} \approx 63.4\%$ 得到.

这告诉我们一个道理:即使你认为梦想成功的可能性很小,只要你坚持不懈地努力,就可能发生不可思议的质变.

谈到数学文化,许多人认为:数学属于比较枯燥的东西,文化又是那么丰富生动,这两者怎么可能联系起来?举一个例子,芒德布罗(Mandelbrot)图,是一个用 2 次复数迭代出来的图形,这样一个奇特的图形,从图上任何地方取一部分将其放大,会发现它和原图是相似的,在

数学文化

数学上称此性质为自相似性（第 13 章将有详细介绍），它将数学跟艺术联系在一起. 可见数学不仅是公式、定理，它跟我们的生活和欣赏习惯等都有着密切的联系.

综上所述，数学文化萌发于一个不易为人察觉的漫长的历史过程，古往今来的数学恰如高山巍峨，大海浩瀚，在历史的长河中逐步形成了一种数学思想、数学精神，即璀璨的数学文化，正如著名数学家克莱因(Klein)所述：数学是人类最高超的智力成就，也是人类心灵最独特的创作，音乐能激发情怀，绘画能赏心悦目，诗歌能动人心弦，哲学能使人获得智慧，科学能改变物质生活，而数学能给予以上的一切.

数学文化作为人类基本的文化活动之一，与人类整体文化血肉相连. 今天的数学，已经深入生活的各个角落，它不仅给我们带来了物质文明，也极大地影响了我们的思想、观念及生活方式，数学促成了现代的精神文明，促成了人类自信，促成了人类对世界对未来的希望. 所以，可以毫不夸张地说，数学文化是人类诸文化中最重要的文化之一.

复习与思考题

1. 请从广义和狭义两个角度谈一谈自己对"数学文化"的理解.
2. 请举例说明，数学为哪些科学领域的发展奠定了重要基础.
3. 请查找资料，给出中国古代数学中的"弦图".
4. 数学实力影响着国家实力，可以通过哪些途径提升国民的数学素养？

第 2 章

数学美学欣赏

人类对美的追求亘古不变,高山之巍峨,江河之奔放,森林之苍翠,花朵之娇艳,无不带给我们美的感受.庄子云:"天地有大美而不言,四时有明法而不议,万物有成理而不说."日复一日,年复一年,大自然按照它固有的规律周而复始,循环往复,在我们面前铺陈出一幅幅壮丽的图案,用它无与伦比的美无数次震撼着我们.

"白日依山尽,黄河入海流""江作青罗带,山如碧玉簪""落霞与孤鹜齐飞,秋水共长天一色",诗人笔下的短短几句,将祖国自然风光之壮丽表现得淋漓尽致.在我们感慨"大美天成"的同时,又深深折服于人类的语言之美、智慧之美.

人类在浩瀚的历史长河中,用自己的智慧创造了无数的物质财富和精神财富,而数学被誉为"人类智慧皇冠上最灿烂的明珠".

第 2 章知识导图

> **数 学 文 化**

数学，这样一门贴着理性标签的学科，却有着巨大的吸引力，令人们为之痴迷，欲罢不能，仿佛征服了数学就征服了世界. 那些拥有世界上最聪明大脑的数学家们，将自己毕生的精力献给了数学，推动了数学理论的发展，又将其广泛应用于各个领域，为人类的发展进步服务. 数学的魅力何以如此之大？华罗庚认为，数学"壮丽多彩，千姿百态，引人入胜". 罗素(Russell)说："数学不仅拥有真理，而且拥有至高的美，显示了极端的纯粹和只有伟大的艺术才能表现出来的严格的完美."数学总能给我们带来惊喜，它不单是人类思想层面最高级的游戏，它还是一座宝藏，能给予我们的，可能比我们能想象的还要多.

数学之美，是数、形、符号、公式带给我们的视觉之美，是严谨的逻辑呈现出来的智慧之美，是抽象理论和现实世界的融合之美. 数学之美，只有善于欣赏的眼睛才能看到它，只有充满智慧的头脑才能领略它.

2.1 数字之美学欣赏

2.1.1 平方运算的有趣现象

在数学运算中，一般来说，三个数的和与另外三个数的和相等，它们的平方和不一定相等. 例如：$1+3+7=2+4+5$，但$1^2+3^2+7^2=59$，$2^2+4^2+5^2=45$，即
$$1^2+3^2+7^2 \neq 2^2+4^2+5^2$$
二者并不相等，这样的例子随处可见，代表了大多数的情况. 即一般来说，当$a+b+c=d+e+f$时，$a^2+b^2+c^2 \neq d^2+e^2+f^2$. 但有人发现，有这样两组数，每组三个，它们的和相等，同时它们的平方和也相等：
$$123\,789+561\,945+642\,864=242\,868+323\,787+761\,943$$
$$123\,789^2+561\,945^2+642\,864^2=242\,868^2+323\,787^2+761\,943^2$$
而且，如果将上面等式中每个数的第一个数字抹去，等式仍然成立：
$$23\,789+61\,945+42\,864=42\,868+23\,787+61\,943$$
$$23\,789^2+61\,945^2+42\,864^2=42\,868^2+23\,787^2+61\,943^2$$
再次抹去上面等式中每个数的第一个数字，等式仍然成立：
$$3\,789+1\,945+2\,864=2\,868+3\,787+1\,943$$
$$3\,789^2+1\,945^2+2\,864^2=2\,868^2+3\,787^2+1\,943^2$$
重复上面的做法依然会有
$$789+945+864=868+787+943$$
$$789^2+945^2+864^2=868^2+787^2+943^2$$
继续操作，当每个数只剩下两位时，结论依然成立：
$$89+45+64=68+87+43$$
$$89^2+45^2+64^2=68^2+87^2+43^2$$
甚至是只剩最后一位了，还是具有相同的运算性质：
$$9+5+4=8+7+3$$

$$9^2 + 5^2 + 4^2 = 8^2 + 7^2 + 3^2$$

更令人惊奇的是,如果将操作改成将上面等式中每个数的最后一个数字依次抹去,结论也一样成立:

$$12\,378 + 56\,194 + 64\,286 = 24\,286 + 32\,378 + 76\,194$$
$$12\,378^2 + 56\,194^2 + 64\,286^2 = 24\,286^2 + 32\,378^2 + 76\,194^2$$
$$\cdots\cdots$$
$$12 + 56 + 64 = 24 + 32 + 76$$
$$12^2 + 56^2 + 64^2 = 24^2 + 32^2 + 76^2$$
$$1 + 5 + 6 = 2 + 3 + 7$$
$$1^2 + 5^2 + 6^2 = 2^2 + 3^2 + 7^2$$

像这样的数到底有多少组,我们还不得而知,有兴趣的读者可以试着去探索.

再来看看这一组数字现象:

$1 = 1^2$

$1 + 2 + 1 = 2^2$

$1 + 2 + 3 + 2 + 1 = 3^2$

$1 + 2 + 3 + 4 + 3 + 2 + 1 = 4^2$

$1 + 2 + 3 + 4 + 5 + 4 + 3 + 2 + 1 = 5^2$

$1 + 2 + 3 + 4 + 5 + 6 + 5 + 4 + 3 + 2 + 1 = 6^2$

$1 + 2 + 3 + 4 + 5 + 6 + 7 + 6 + 5 + 4 + 3 + 2 + 1 = 7^2$

$1 + 2 + 3 + 4 + 5 + 6 + 7 + 8 + 7 + 6 + 5 + 4 + 3 + 2 + 1 = 8^2$

$1 + 2 + 3 + 4 + 5 + 6 + 7 + 8 + 9 + 8 + 7 + 6 + 5 + 4 + 3 + 2 + 1 = 9^2$

$1 + 2 + 3 + 4 + 5 + 6 + 7 + 8 + 9 + 10 + 9 + 8 + 7 + 6 + 5 + 4 + 3 + 2 + 1 = 10^2$

$1 + 2 + 3 + 4 + 5 + 6 + 7 + 8 + 9 + 10 + 11 + 10 + 9 + 8 + 7 + 6 + 5 + 4 + 3 + 2 + 1 = 11^2$

……

这究竟是怎么回事呢?我们对比上下两个式子,找出差别,可以写出符合这个特征的一般结构:

$$1 + 2 + 3 + 4 + 5 + \cdots + (n-1) + n + (n-1) + \cdots + 5 + 4 + 3 + 2 + 1 = n^2$$

若在上式的左右两边分别加上 $[(n+1) + n]$,则有

$1 + 2 + 3 + 4 + 5 + \cdots + (n-1) + n + [(n+1) + n] + (n-1) + \cdots + 5 + 4 + 3 + 2 + 1$
$= n^2 + [(n+1) + n] = n^2 + 2n + 1 = (n+1)^2$

即

$$1 + 2 + 3 + 4 + 5 + \cdots + (n-1) + n + [(n+1) + n] + (n-1) + \cdots + 5 + 4 + 3 + 2 + 1 = (n+1)^2$$

所以出现上面的现象也就理所当然了.

2.1.2 数字轮换之美

我们来看一组数字运算:

$$37^2 = 1369, \quad 73^2 = 5329$$

数学文化

$$125^2 = 15\,625, \quad 521^2 = 271\,441$$

计算 37 的平方，再将这两个数字前后轮换，计算 73 的平方，发现 37 的平方和 73 的平方分别为 1 369 和 5 329，二者之间并无关联．计算 125 和 521 这两个数的平方，分别为 15 625 和 271 441，同样毫无关联．一般情况下，将数字的前后顺序轮换，两者的平方没有必然联系，但有一些数，当我们将它的前后数字进行轮换，发现其平方数也刚好前后轮换．例如：

$$12^2 = 144, \quad 21^2 = 441$$
$$102^2 = 10\,404, \quad 201^2 = 40\,401$$
$$112^2 = 12\,544, \quad 211^2 = 44\,521$$
$$122^2 = 14\,884, \quad 221^2 = 48\,841$$
$$113^2 = 12\,769, \quad 311^2 = 96\,721$$

读者可以试着找找，还有没有其他的数也具有这种特征．

另外，对于 $102^2 = 10\,404$ 和 $201^2 = 40\,401$ 这一组数，还发现一些类似的规律：

$$102^2 = 10\,404, \quad 201^2 = 40\,401$$
$$1\,002^2 = 1\,004\,004, \quad 2\,001^2 = 4\,004\,001$$
$$10\,002^2 = 100\,040\,004, \quad 20\,001^2 = 400\,040\,001$$
$$100\,002^2 = 10\,000\,400\,004, \quad 200\,001^2 = 40\,000\,400\,001$$
$$\cdots\cdots$$
$$100\cdots02^2 = 100\cdots0400\cdots04, \quad 200\cdots01^2 = 400\cdots0400\cdots01$$

这组计算结果让我们领略了数字轮换的神奇和美感，也可以帮助我们进行一些速算，具有这样类似规律的数究竟有多少，我们不得而知．

2.1.3 消失的"8"

在数学王国里，有一个神奇的数——12 345 679，它由 1、2、3、4、5、6、7、9 八个数字组成，唯独数字 8 不见踪影，因此它常被称为"无 8 数"．那么它有何与众不同呢？若将 12 345 679 与 9 相乘，得到 12 345 679×9 = 111 111 111，所得结果竟然是 9 个 1 组成的九位数，若将 12 345 679 乘以 9 的倍数（1～9 倍），将分别得到各位数字均相同的九位数：

$$12\,345\,679 \times 9 = 111\,111\,111$$
$$12\,345\,679 \times 18 = 222\,222\,222$$
$$12\,345\,679 \times 27 = 333\,333\,333$$
$$\cdots\cdots$$
$$12\,345\,679 \times 72 = 888\,888\,888$$
$$12\,345\,679 \times 81 = 999\,999\,999$$

当计算结果出来的瞬间一定令我们感到非常惊奇，但仔细观察不难理解，从第二行开始的每一个等式是在第一个等式的左右两边分别乘以 2, 3, …, 8, 9，那么 111 111 111 乘以相应的倍数自然也是各位都相等的九位数，当这个倍数大于等于 10 时，结论不再成立．

除此之外,"无8数"与3的倍数12,15,21,24,…(9的倍数除外)相乘,也有一些特别的效果:

$$12\ 345\ 679 \times 12 = 148\ 148\ 148$$
$$12\ 345\ 679 \times 15 = 185\ 185\ 185$$
$$12\ 345\ 679 \times 21 = 259\ 259\ 259$$
$$12\ 345\ 679 \times 24 = 296\ 296\ 296$$
$$12\ 345\ 679 \times 30 = 370\ 370\ 370$$
$$12\ 345\ 679 \times 33 = 407\ 407\ 407$$
$$\cdots\cdots$$
$$12\ 345\ 679 \times 75 = 925\ 925\ 925$$
$$12\ 345\ 679 \times 78 = 962\ 962\ 962$$

相乘的结果刚好都是由3个数字重复出现三次,这个结论当乘积的结果超过9位时被打破.还有更精彩的,"无8数"与一些特定的数相乘得到的结果刚好是由9个不同的数字组成的九位数:

$$12\ 345\ 679 \times 10 = 123\ 456\ 790 (结果不含数字 8)$$
$$12\ 345\ 679 \times 11 = 135\ 802\ 469 (结果不含数字 7)$$
$$12\ 345\ 679 \times 13 = 160\ 493\ 827 (结果不含数字 5)$$
$$12\ 345\ 679 \times 14 = 172\ 839\ 506 (结果不含数字 4)$$
$$12\ 345\ 679 \times 16 = 197\ 530\ 864 (结果不含数字 2)$$
$$12\ 345\ 679 \times 17 = 209\ 876\ 543 (结果不含数字 1)$$

除此之外,"无8数"与一个首项为10、公差为9的等差数列10,19,28,37,46,55,64,73中的各个数分别相乘,乘积中最高位上的数字依次是1,2,3,4,5,6,7,9,又刚好没有数字8,并且后面的数字是在123 456 790 123 456 790…的循环中按顺序截取9位:

$$12\ 345\ 679 \times 10 = 123\ 456\ 790$$
$$12\ 345\ 679 \times 19 = 234\ 567\ 901$$
$$12\ 345\ 679 \times 28 = 345\ 679\ 012$$
$$12\ 345\ 679 \times 37 = 456\ 790\ 123$$
$$12\ 345\ 679 \times 46 = 567\ 901\ 234$$
$$12\ 345\ 679 \times 55 = 679\ 012\ 345$$
$$12\ 345\ 679 \times 64 = 790\ 123\ 456$$
$$12\ 345\ 679 \times 73 = 901\ 234\ 567$$

"无8数"若与9,99,999,…,999 999 999相乘,其结果均为回文数(其各位数字若反向排列,所得结果与原数相同):

$$12\ 345\ 679 \times 9 = 111\ 111\ 111$$
$$12\ 345\ 679 \times 99 = 1\ 222\ 222\ 221$$
$$12\ 345\ 679 \times 999 = 12\ 333\ 333\ 321$$
$$12\ 345\ 679 \times 9\ 999 = 123\ 444\ 444\ 321$$

$$12\ 345\ 679 \times 99\ 999 = 1\ 234\ 555\ 554\ 321$$
$$12\ 345\ 679 \times 999\ 999 = 12\ 345\ 666\ 654\ 321$$
$$12\ 345\ 679 \times 9\ 999\ 999 = 123\ 456\ 777\ 654\ 321$$
$$12\ 345\ 679 \times 99\ 999\ 999 = 1\ 234\ 567\ 887\ 654\ 321$$
$$12\ 345\ 679 \times 999\ 999\ 999 = 12\ 345\ 678\ 987\ 654\ 321$$

"无 8 数"这些奇特的性质，引起了人们的浓厚兴趣．

2.1.4 "8"和"9"的奇妙现象

与"无 8 数"刚好相反，下面这组运算的奇特之处是由数字 8 带来的：

$$1 \times 8 + 1 = 9$$
$$12 \times 8 + 2 = 98$$
$$123 \times 8 + 3 = 987$$
$$1\ 234 \times 8 + 4 = 9\ 876$$
$$12\ 345 \times 8 + 5 = 98\ 765$$
$$123\ 456 \times 8 + 6 = 987\ 654$$
$$1\ 234\ 567 \times 8 + 7 = 9\ 876\ 543$$
$$12\ 345\ 678 \times 8 + 8 = 98\ 765\ 432$$
$$123\ 456\ 789 \times 8 + 9 = 987\ 654\ 321$$

在上面的运算中，第一个因数的各位数字从自然数 1 开始，按照从小到大的顺序依次增加位数，第二个因数都是 8，与之相加的数分别是 1，2，3，4，…，9，运算结果的各位数字从自然数 9 开始，按照从大到小的顺序依次增加位数，直到末位数字是 1 为止．

将上面运算中的第二个因数换成 9，计算结果如下：

$$0 \times 9 + 1 = 1$$
$$1 \times 9 + 2 = 11$$
$$12 \times 9 + 3 = 111$$
$$123 \times 9 + 4 = 1\ 111$$
$$1\ 234 \times 9 + 5 = 11\ 111$$
$$12\ 345 \times 9 + 6 = 111\ 111$$
$$123\ 456 \times 9 + 7 = 1\ 111\ 111$$
$$1\ 234\ 567 \times 9 + 8 = 11\ 111\ 111$$
$$12\ 345\ 678 \times 9 + 9 = 111\ 111\ 111$$
$$123\ 456\ 789 \times 9 + 10 = 1\ 111\ 111\ 111$$

如上所示，运算结果全部是只含有数字 1 的数．

这些运算的规律从上面数字的排列中一看就明，但发现这些规律的人，除了拥有发现美的眼睛，更有发现数学之美的智慧．

下面这组关于 9 的运算也非常有趣，第一个因数是以数字 9 开头，后面的数字依次减小，位数依次增加，第二个因数均为 9，与之相加的数从 7 开始依次减小，运算的结果是全部由数字 8 组成的数：

$$9 \times 9 + 7 = 88$$
$$98 \times 9 + 6 = 888$$
$$987 \times 9 + 5 = 8\ 888$$
$$9\ 876 \times 9 + 4 = 88\ 888$$
$$98\ 765 \times 9 + 3 = 888\ 888$$
$$987\ 654 \times 9 + 2 = 8\ 888\ 888$$
$$9\ 876\ 543 \times 9 + 1 = 88\ 888\ 888$$
$$98\ 765\ 432 \times 9 + 0 = 888\ 888\ 888$$

再看下面这一组数字现象，等号左边的乘法实际上是只含有数字 9 的数的平方，其计算结果非常有规律，每当因数中的数字 9 增加一个，其计算结果在 9801 的基础上，前面增加一个数字 9，同时在数字 1 前面增加一个数字 0：

$$9 \times 9 = 81$$
$$99 \times 99 = 9\ 801$$
$$999 \times 999 = 998\ 001$$
$$9\ 999 \times 9\ 999 = 99\ 980\ 001$$
$$99\ 999 \times 99\ 999 = 9\ 999\ 800\ 001$$
$$999\ 999 \times 999\ 999 = 999\ 998\ 000\ 001$$
$$9\ 999\ 999 \times 9\ 999\ 999 = 99\ 999\ 980\ 000\ 001$$

若将上面运算中等号左边的数字 9 均换成数字 1，又有令人惊喜的收获：

$$1 \times 1 = 1$$
$$11 \times 11 = 121$$
$$111 \times 111 = 12\ 321$$
$$1\ 111 \times 1\ 111 = 1\ 234\ 321$$
$$11\ 111 \times 11\ 111 = 123\ 454\ 321$$
$$111\ 111 \times 111\ 111 = 12\ 345\ 654\ 321$$
$$1\ 111\ 111 \times 1\ 111\ 111 = 1\ 234\ 567\ 654\ 321$$
$$11\ 111\ 111 \times 11\ 111\ 111 = 123\ 456\ 787\ 654\ 321$$
$$111\ 111\ 111 \times 111\ 111\ 111 = 12\ 345\ 678\ 987\ 654\ 321$$

等号左边的乘法实际上是只含有数字 1 的数的平方，等号右边的结果非常美观且有明显的规律，每个数都是从 1 开始依次增大，直到增大到左边因数的位数，再依次减小到 1，是非常漂亮的回文数.

2.1.5　金字塔内的神秘数字

据说，人们在神秘的金字塔内发现了一个数——142 857，让人不禁联想，这个数究竟有什

数学文化

么特殊的象征呢？古埃及人为何独独偏爱它而将其放在金字塔内呢？起初人们百思不得其解，并没有发现它有什么特殊之处，后来经过研究发现，142 857 确实有很多不可思议的地方：

$$142\,857 \times 1 = 142\,857$$
$$142\,857 \times 2 = 285\,714$$
$$142\,857 \times 3 = 428\,571$$
$$142\,857 \times 4 = 571\,428$$
$$142\,857 \times 5 = 714\,285$$
$$142\,857 \times 6 = 857\,142$$

你发现了什么规律？当 142 857 乘以不同的数时，其结果都是由 1，2，4，5，7，8 这几个数字不重复地组成的一个六位数，并且每次出现时都保持了它在 142 857 142 857…这个序列里的相对位置关系不变，只是开头的第一个数字不同，这个现象在倍数为 7 时中断。

仔细挖掘，还能发现 142 857 与最大的一位数 9 有着有趣的联系：

$$142\,857 \times 7 = 999\,999$$
$$142 + 857 = 999$$
$$14 + 28 + 57 = 99$$

除此之外，$142\,857 \times 142\,857 = 20\,408\,122\,449$，而 $20\,408 + 122\,449 = 142\,857$。

最后这个性质 $142\,857 \times 142\,857 = 20\,408\,122\,449$ 将 142 857 的神奇之处推向顶峰，一个数自乘之后从中间破开相加，其结果不多不少正好等于自身。读到这里，你一定被古人的智慧震惊了吧。

2.1.6 数字世界里的明珠

在数学和物理里常常用到一个常数——圆周率 π，π 是圆的周长与直径之比。公元前 1900 年左右，古巴比伦已经有了关于圆周率的不太精确的记载，那时人们已经意识到，圆的周长与直径之比是一个常数。一些证据显示，在古埃及和古印度也发现了对圆周率的一些描述和应用。

在这之后，人们不断尝试寻找圆周率的精确值。古希腊数学家阿基米德曾经用几何方法巧妙地推导出圆周率的上限和下限分别是 223/71 和 22/7，然后将二者的平均值作为圆周率的近似值，即 3.141 851。

中国古代的《周髀算经》（公元前 2 世纪至公元前 1 世纪）中对圆周率也有记录："径一而周三。"意思是说圆的周长是直径的 3 倍，即认为圆周率近似等于 3。公元 263 年，数学家刘徽用"割圆术"计算圆周率，他从圆的内接正六边形出发，逐渐增加正多边形的边数，到边数增加至 192 时，已经与圆非常接近。如他所说："割之弥细，所失弥少，割之又割，以至于不可割，则与圆周合体而无所失矣。"后经过多次改进，最终确认圆周率的近似值为 3.141 6。公元 480 年左右，数学家祖冲之进行了进一步研究，认为圆周率的值介于 3.141 592 6 和 3.141 592 7 之间，在当时测量工具非常局限的情况下，这个结果已经非常精确了。

之后若干年，在世界范围内，人们仍然对寻找圆周率的精确值孜孜不倦。随着数学的发展，微积分的诞生，以及各种先进测量工具和计算工具的发明，现在圆周率的精确位数已达到小数点后 60 万亿位，并且这一纪录还在不断被打破。几千年来，π 这个有着神奇魔力的常数仍然令数学家们兴趣浓厚，其魅力可见一斑。

在数学和物理中常常用到的另一个常数是自然常数 e,它由瑞士数学家欧拉命名,故也称为欧拉数. 常数 e 的诞生最早是为了解决复利问题. 若顾客和银行约定一年后给出本金的 100%作为利率,则一年后顾客可以拿到的总金额为本金的 $(1+100\%)^1 = 2$ 倍. 若银行改为每六个月支付利息,支付金额为本金的 50%,则一年后顾客拿到的总金额为本金的 $(1+50\%)^2 = 2.25$ 倍,这种算法显然对顾客更有利. 同样,若改为每个月支付一次利息,支付金额为本金的 $\frac{1}{12}$,则一年后顾客拿到的总金额为本金的 $\left(1+\frac{1}{12}\right)^{12} \approx 2.613$ 倍. 于是人们就想,是不是将支付利息的周期无限缩短,这个金额就会无限增长呢?也就是说 $\lim_{n\to\infty}\left(1+\frac{1}{n}\right)^n$ 会不会是无穷大呢?答案是:不会. 人们发现 $\lim_{n\to\infty}\left(1+\frac{1}{n}\right)^n$ 的值是一个常数,欧拉将这个常数用字母 e 来表示. 常数 e 的值在许多地方都有用途,科学计算器上显示它的近似值为 2.718 281 828 459 045 235 360 287 471 352 662 497 757 2…,以 e 为底的对数称为自然对数,以 e 为底的指数函数具有非常特别的性质,e^x 无论求多少次导数都等于它自身.

如果说 π 和 e 就像散落在数学世界里的两颗耀眼的明珠,那么欧拉就是那个将它们串连在一起的人. 著名的欧拉恒等式 $e^{i\pi}+1=0$ 是整个数学世界里最神奇的等式,在这个简短的等式中包含了数学中最重要的五个元素,除了常数 π 和 e,它还包含了数字单位 1、虚数单位 i 和表示"没有"的自然数 0. 貌似毫无关联的几个数,却被如此简洁、明了、美观地统一在了一个简短的等式中. 欧拉恒等式的发现让人们振奋不已,直到如今,这个恒等式仍然被认为是数学世界中的标杆,无法被超越. 人们震惊于数学世界的神奇,也感叹欧拉惊人的智慧.

2.2 函数图像之美学欣赏

从小学到大学,我们在数学课程中学习了非常多的函数,研究它们的定义域、值域、单调性、奇偶性、对称性、周期性等一系列的性质,而这些性质往往非常直观、清晰地反应在函数图像中. 这些图像给我们留下了深刻的印象. 数形结合的方法可以帮助我们更好地理解数学和运用数学.

2.2.1 正弦曲线和余弦曲线

正弦函数 $y = \sin x$ 的定义域为实数集 **R**,值域为[−1,1]. 正弦函数为奇函数,既有中心对称的特点又有轴对称的特点,且为周期函数.

正弦函数的这些特点直观地反映在图像上,如图 2.1(a)所示. 正弦曲线夹在 $y = -1$ 和 $y = 1$ 两条直线之间振荡,图像具有周期性,波峰、波谷交替出现,呈现出一种重复美,既中心对称又轴对称,并且对称中心和对称轴也交替出现,呈现出对称的美感.

类似地,余弦曲线可以看作正弦曲线向左或向右平移之后的图像,如图 2.1(b)所示.

数学文化

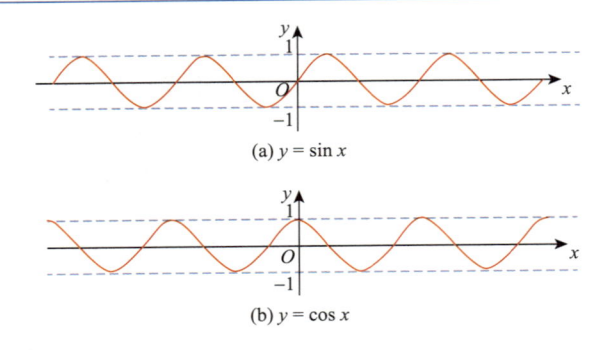

(a) $y = \sin x$

(b) $y = \cos x$

图 2.1　正弦曲线和余弦曲线(陈秋剑绘)

当我们在海边徜徉,看着海风吹着海水一浪一浪地拍打在沙滩上,海浪(图 2.2)所呈现出来的景象是否让你想起正弦曲线和余弦曲线呢?正弦曲线和余弦曲线常常和波动现象联系起来,如光波、声波、电磁波等,函数的图像之美也体现了物理学中的振动之美,掌握函数的性质,也便于我们更好地研究与之相关的一些物理现象.

图 2.2　海浪(曹云菲摄)

2.2.2　螺线

螺线,顾名思义,就是像海螺一样环绕的曲线.平面上的螺线是一个动点从某定点出发,向远离定点的方向移动,并同时围绕着定点旋转而形成的轨迹.若同时加上第三个维度上的位移,就会形成空间的螺线.螺线的形态是令人着迷的,同样是绕定点旋转,螺线不同于圆,在极坐标系下,圆的极径是不变的,旋转一周即形成一个封闭的图形,继续旋转则重复之前的图案;而螺线上的每个点,随着旋转角度增大,极径不断变大,它可以一直旋转下去,图形是开放的.从这个角度来说,螺线既是变化的又是不变的.变化的是它不断远离中心,越走越远,永无尽头;不变的是无论它走得多远,它的形状和性质都不会改变.

螺线是大自然的宠儿,各种各样的海螺、蜗牛的壳、一些贝壳上的图案、向日葵花盘上种子的排列方式(图2.3)、一些植物的藤蔓、海马的尾、蛇盘绕的形状,小到蜘蛛的网,大到银河系的旋臂都有着类似螺线的结构,就连代表生命密码的DNA也具有双螺旋结构.它令生命物质在一定时空范围内,用最少量的物质,高效地承载生命的全部遗传信息.

图 2.3　向日葵花盘上种子的排列方式(李庆摄)

数学家们也偏爱螺线,如阿基米德、费马(Fermat)、欧拉等都对螺线情有独钟,似乎找到一条与众不同的螺线,并冠以自己的名字是无上的荣耀.

阿基米德曾提出一种"等速螺线",即一个动点以匀速朝着远离某个定点的方向移动,同时又以固定的角速度绕着该定点转动,此动点的运动轨迹就像海螺的形状,称为阿基米德螺线. 阿基米德螺线可以用极坐标方程表示为 $r = r_0 + a\theta$,当参数 r_0 取为 0,a 取为 1 时,函数图像如图 2.4 所示.

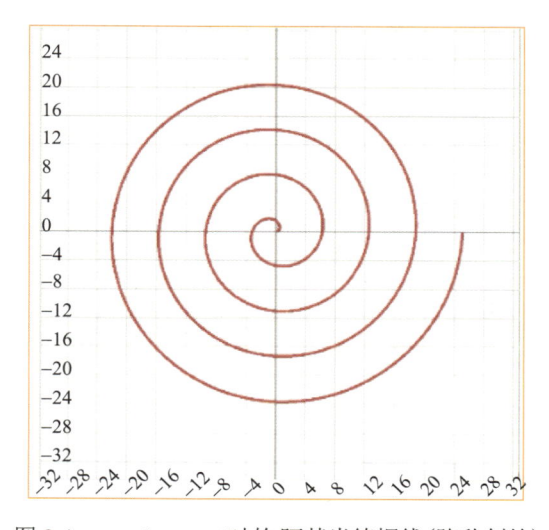

图 2.4　$r_0 = 0$,$a = 1$ 时的阿基米德螺线(陈秋剑绘)

阿基米德螺线形状规则,具有显著的螺旋结构,由于曲线轨迹形成的特有方式,在螺线上,每两圈之间是等距的. 若将 $r = \theta$ 和 $r = -\theta$ 的曲线画在一张图上,就形成如图 2.5 所示图形.

人们夏天使用的蚊香就是按照阿基米德螺线的形状制作的,如图 2.6 所示. 它最大限度地利用了空间,将蚊香做得更长,更耐用.

数 学 文 化

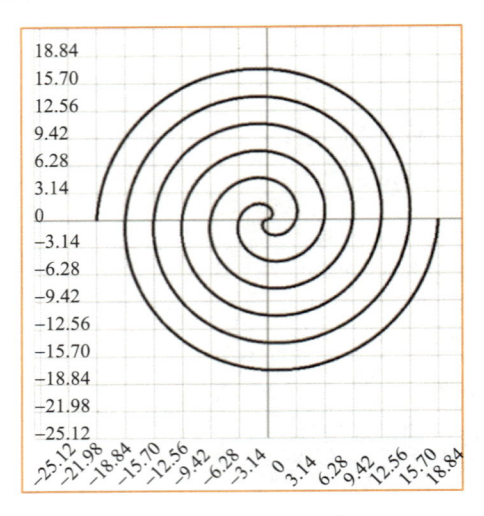

图 2.5　$r=\theta$ 和 $r=-\theta$ 时的阿基米德螺线
（陈秋剑绘）

图 2.6　按照阿基米德螺线的形状制作的蚊香
（陈秋剑摄）

另一个非常有名的螺线是费马螺线，它是法国业余数学家之王费马提出的一条曲线，它的解析式为 $r^2=a^2\theta$（$a>0$），两边开方，即得 $r=a\sqrt{\theta}$ 或 $r=-a\sqrt{\theta}$，若取 $a=\sqrt{2}$，形如图 2.7 所示.

费马螺线不同于阿基米德螺线，随着旋转角度的增加，螺线之间的间距是在减小的. 一般认为，向日葵花盘上种子的排列方式类似于费马螺线，是两簇等角螺线彼此镶嵌在一起.

还有一些等角螺线，函数形如 $r=a\cdot e^{b\theta}$，若设定参数 a 为 1，b 为 0.15，形如图 2.8 所示.

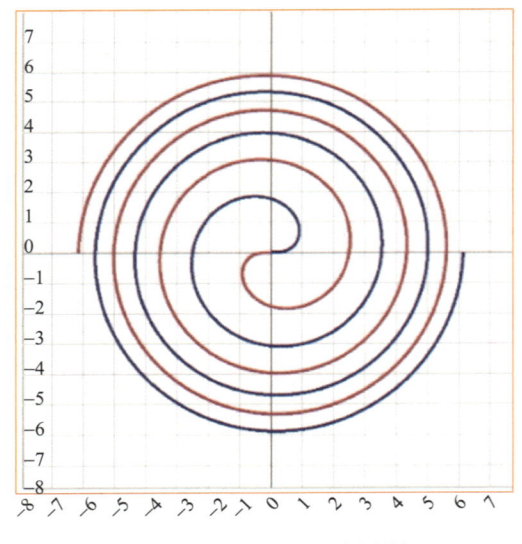

图 2.7　费马螺线（陈秋剑绘）

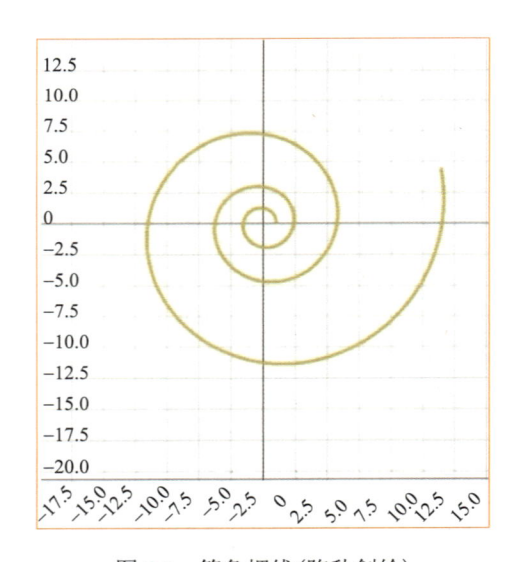

图 2.8　等角螺线（陈秋剑绘）

等角螺线在自然界中非常常见，如一些海螺、植物的藤蔓等. 图 2.9 中的羊角螺化石和太阳贝化石就是非常漂亮的等角螺线.

(a) 羊角螺化石　　　　　　　　(b) 太阳贝化石

图 2.9　羊角螺化石和太阳贝化石(陈秋剑摄)

将等角螺线的函数图像和海螺化石的图片对照，我们会惊叹于数学对大自然如此贴合的描述.

2.2.3　心形线

传说笛卡儿为了向心爱的人表达爱意，在书信中写下了一个极坐标方程 $r = a(1-\cos\theta)$，聪慧的克里斯蒂娜(Christina)顿时明白了爱人的心意. 此极坐标方程中，若令参数 $a = 4$，其图像如图 2.10 所示.

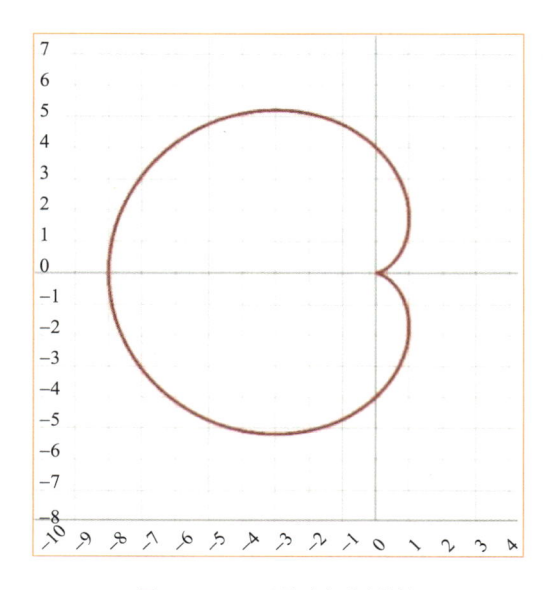

图 2.10　心形线(陈秋剑绘)

虽然他们的爱情没有得到祝福，但这段故事却被后世流传，它是属于数学家的特有的浪漫. 今天，有了现代计算机和优秀的绘图软件，我们能够很容易地利用复杂函数的图像绘制出更多

数学文化

美丽的图案. 例如, 将函数 $y=\sqrt{1-(|x|-1)^2}$ 和函数 $y=\arccos(1-|x|)-3$ 的图像叠加, 可以得到图 2.11 所示的心形图案; 而函数 $y=x^{\frac{2}{3}}+0.5\cdot\sqrt{33-x^2}\cdot\sin(30x)$ 则可以绘制出如图 2.12 所示的心形图案.

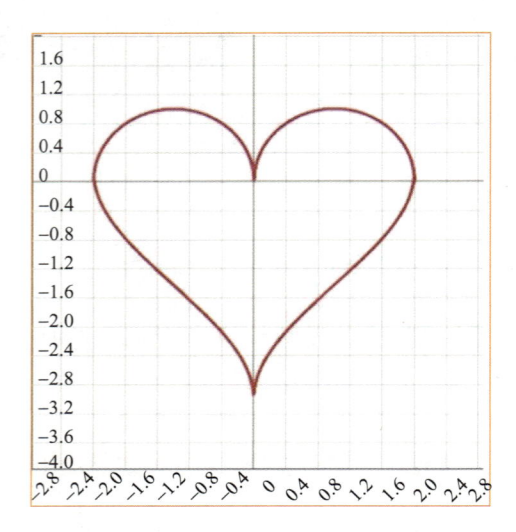

图 2.11　一种心形图案(陈秋剑绘)

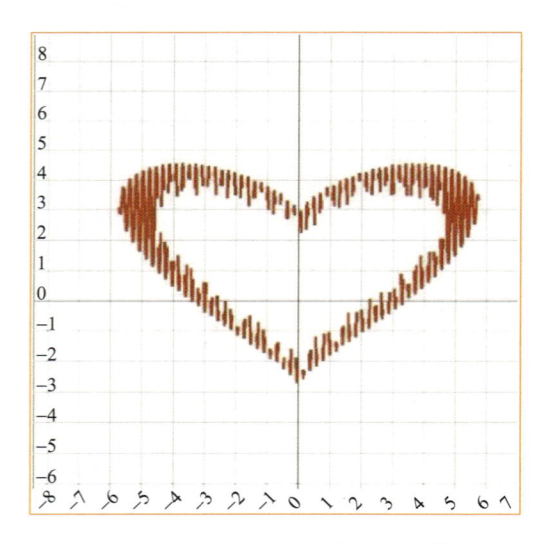

图 2.12　另一种心形图案(陈秋剑绘)

这些由不同函数所绘制出来的图案充满了美感, 形象生动.

2.2.4　叶形线

1638 年, 法国数学家笛卡儿首次提出了叶形线的方程式:

$$x^3 + y^3 - 3axy = 0$$

该方程对应的极坐标方程为

$$r = \frac{3a\sin\theta\cos\theta}{\sin^3\theta + \cos^3\theta}$$

由该方程绘出的曲线如图 2.13 所示, 图像中有一个结点, 在第一象限的部分既与 x 轴相切, 又与 y 轴相切, 勾勒出一片叶子的形状, 因此称为叶形线. 因为也像茉莉花瓣的形状, 如图 2.14 所示, 所以又称为茉莉花瓣曲线.

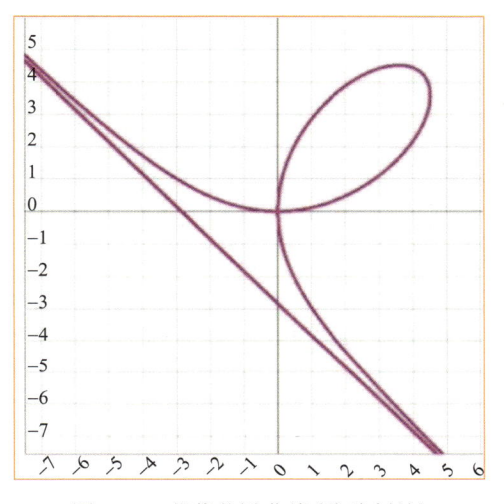

图 2.13　茉莉花瓣曲线(陈秋剑绘) 　　　　图 2.14　茉莉花瓣(陈秋剑用 AI 绘制)

除了上述的茉莉花瓣曲线, 函数图像还有很强大的表达功能, 例如, 可以用极坐标方程 $r = 4\left[1 + \cos(3\theta) + \sin^2(3\theta)\right]$ 绘制出三叶草的形状, 用 $r = 5\sin(4\theta)$ 绘制出花朵的形状, 分别如图 2.15(a) 和 (b) 所示.

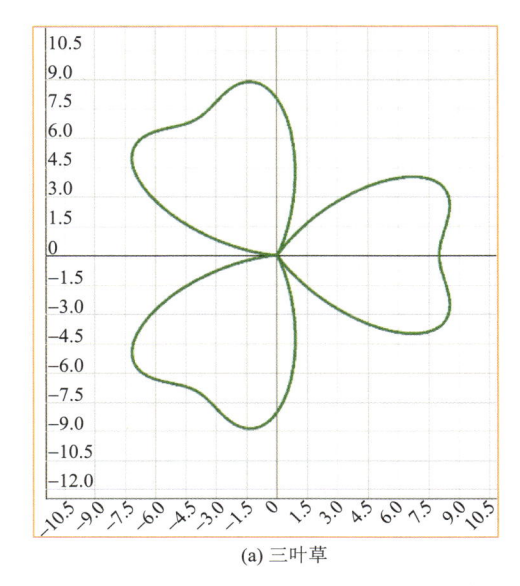

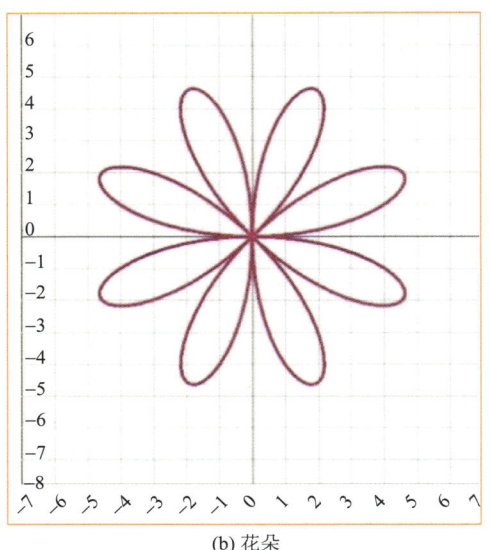

(a) 三叶草　　　　(b) 花朵

图 2.15　三叶草及花朵图案(陈秋剑绘)

> **数 学 文 化**

　　这些函数图像都能在自然界或是生活中找到一些对应的原型. 数学之美,除了数学公式、符号本身的形式美,更在于它令人惊叹的对大自然的直观、贴切的描述能力. 数学美更是激励创造、推动发现的力量之美. 自然界的许多物种都能以函数图像的形式表现出来,除了前面介绍的各种螺线、心形线、叶形线等,还有很多自然界中植物的形状也能找到合适的函数图像来进行表达. 读者可以自己去尝试,看看会有怎样的惊喜.

2.3　黑洞数之谜

　　在广阔无垠的宇宙中,存在着一种被称为"黑洞"的非常奇妙的天体,它物质密度特别高,而且有着很大的磁力,任何物质,即便是光线从它附近经过时,都会被它吸引进去,再也出不来,从此像消失了一样. 它不发光,就像一个神秘可怕的黑色洞穴,因此得名. 事实上,人类的肉眼是看不见黑洞的,光线经过黑洞时会发生弯曲现象,这给我们判断黑洞的存在提供了线索. 黑洞的研究是 21 世纪的一大科学难题,科学家们推断,银河系存在数百万甚至数亿个黑洞,但到目前被确认的只有那么有限的几个,如天鹅座 X-1、大麦哲伦云 X-3、AO602-00 等. 像黑洞一样神奇的还有数学中的"黑洞数"现象. 黑洞数也称为陷阱数,它似乎是一个逃离不了的怪圈.

2.3.1　卡普雷卡尔黑洞数

　　任给一个各位数字不全相同的整数,将其各个数位上的数字按从大到小的顺序重新排列,得到这几个数字组成的最大整数,再按从小到大的顺序排列,得到这几个数字组成的最小整数,用最大整数减去最小整数,生成一个新的整数. 将这个新的整数重复以上操作,如此反复,会发现最终的结果陷入同一个数再也不会改变,这个最终的结果就称为黑洞数. 奇怪的是,所有两位整数进行上面的操作,最终会得到同一个数,所有三位整数、四位整数,结果亦是如此. 这里需要说明一下,在最初的整数中,或者这个过程中,若有数字 0 出现,即使 0 在首位,我们约定暂且把它当作一个整数. 下面以两位数、三位数和四位数为例,来看看它们的黑洞数分别是多少.

　　随机选择一个两位数,如 93,这个数本身就是 3 和 9 按从大到小的顺序排列的,将其按从小到大的顺序排列,得到 39. 93－39＝54,将 54 重排,得到 45,而 54－45＝9,结果是一位数,无法继续进行下去. 下面重新选择一个两位数,如 26,62－26＝36,63－36＝27,72－27＝45,54－45＝9,虽然这次比刚才的过程多了几步,但最后结果还是 9,故两位数的黑洞数是 9. 读者可以任意选择其他的各位数字不同的两位数做以上尝试,看是否最后结果都是 9.

　　下面随机选择一个各位数字不全相同的三位数 427,先按从大到小的顺序排列得到 742,再按从小到大的顺序排列得到 247,742－247＝495. 继续上面的做法,954－459＝495,如果再往下做,将会重复刚才的运算,仍然是 954－459＝495,运算陷入了黑洞数 495,再也出不来. 重新选择一个各位数字不全相同的三位数 229,则有 922－229＝693,963－369＝594,954－459＝495,陷入黑洞数,运算终结.

　　再看四位数,如 3 305,重排后最大是 5 330,最小是 0 335,5 330－0 335＝4 995,9 954－4 599＝

5 355，5 553–3 555 = 1 998，9 981–1 899 = 8 082，8 820–0 288 = 8 532，8 532–2 358 = 6 174，7 641–1 467 = 6 174，陷入黑洞数，运算终止.

由此我们得出 9，495，6 174 为黑洞数，称为卡普雷卡尔（Kaprekar）黑洞数. 有兴趣的读者可以去探索五位数、六位数甚至更多位数的整数是否还存在黑洞数.

2.3.2 自幂数黑洞

先来观察一个例子，有一个三位数 153，将它的各个数位上的数字分别求三次幂作和得到 $1^3 + 5^3 + 3^3 = 153$，其结果刚好和原数相等. 注意，153 是一个三位数，且对每个数字求三次幂，我们将其称为 $n=3$ 的自幂数.

满足这样特点的数还有哪些呢？例如，一位数 4，将其求一次幂，得到 $4^1 = 4$，与原数相等，称一位数 4 是一个 $n=1$ 的自幂数. 由此，所有的一位整数 a 均有 $a^1 = a$，均可以称为 $n=1$ 的自幂数.

又如，四位数 1 634，对其每个数位上的数字分别求四次幂作和得到 $1^4 + 6^4 + 3^4 + 4^4 = 1 634$，因此 1 643 是一个 $n=4$ 的自幂数. 目前已发现的自幂数如表 2.1 所示.

表 2.1 目前已发现的自幂数

n	自幂数
1	0, 1, 2, 3, 4, 5, 6, 7, 8, 9
2	无
3	153, 370, 371, 407
4	1 634, 8 208, 9 474
5	54 748, 92 727, 93 084
6	548 834
7	1 741 725, 4 210 818, 9 800 817, 9 926 315
8	24 678 050, 24 678 051, 88 593 477
9	146 511 208, 472 335 975, 534 494 836, 912 985 153
10	4 679 307 774

2.3.3 123 黑洞

传说古希腊有一个暴君叫西西弗斯（Sisyphus），因作恶太多死后被惩罚去做苦力，要将一个巨石推上山. 暴君身体健硕，颇有些蛮力，根本不屑一顾，可是当他快要将巨石推上山顶时，石头却莫名其妙地滚落下来，再往上推，再次滚落……如此周而复始，看不到尽头.

后来，人们发现在数字中有这样一种奇怪的现象：一个多位数，将它的各个数位上的数字偶数的个数记为 a，奇数的个数记为 b，且这个多位数一共有 c 位，则构造一个三位数 abc，再将这个三位数做相同的处理得到下一个三位数，如此重复，无论原数是多少，最终都会以 123

> **数学文化**

收场，不再变化．这就像西西弗斯推上去的石头一次次地滚落，最终还是徒劳无功．这种现象称为 123 黑洞，也称为 123 西西弗斯黑洞数．下面来验证一下这个结论．

随机选取一个七位数 5 230 468，其各位数字中偶数 5 个（其中 0 是一个特殊的偶数），奇数 2 个，因此构造三位数 527．在 527 中偶数 1 个，奇数 2 个，得到下一个三位数是 123．在 123 中偶数 1 个，奇数 2 个，所以又得到 123，陷入黑洞，不再改变．再来看一个更大的数 314 750 269，这是一个九位数，其中各位数字中偶数 4 个，奇数 5 个，由上面的规则，得到三位数 459．在 459 中偶数 1 个，奇数 2 个，得到新的三位数是 123，还是逃不出 123 黑洞．

2.4 数学之抽象美

数学抽象一般可分成以下四个类型：一是弱抽象．弱抽象是从原型中发现并提炼出本质属性或特点加以抽象，使原型简单化，内容缩减，内涵弱化，外延扩大，抽象后的结论往往比原型的内涵更加广泛，从而将原型变成后者的一类特殊现象．二是强抽象．强抽象与弱抽象完全相反，它是在原型中注入了新的信息，使其内容扩大，结构加强，但外延减少，抽象后的结论往往要比原型的信息更加充实，是原型的特例．三是构想化抽象．即在某一数学结构系统中加入不能直接被现实原型提取的、完全理想化的、使之具有完备性的数学对象，并保证在这一结构系统中新的元素运算可行．四是公理化抽象．公理化抽象根据数学发展的需要，构建出一些新的公理，从而消除一些数学悖论，使整个数学理论体系更加和谐统一．

在人们的日常生活中，也有许多数学抽象的例子，例如，有些难以解决的实际问题经数学抽象后会变得容易．

2.4.1 抽屉原理

有这样一个问题：现有 3 个苹果，要把它们放进两个抽屉里，那么每个抽屉里的苹果个数是多少呢？若按照最不平均的分法，则一个抽屉放 0 个，另一个抽屉放 3 个，即最多的一个抽屉里有 3 个苹果；若按照最接近平均的分法，首先每个抽屉放入 1 个，然后将剩下的 1 个放在其中任意一个抽屉中，即 1 个和 2 个，则最多的一个抽屉里有 2 个苹果．总之无论怎么放，至少有一个抽屉里放的苹果数量大于等于 2．

将这个问题一般化：现有 $n+1$ 个元素，要将它们放到 n 个集合中去，则其中至少有一个集合里的元素个数大于等于 2．因为若按最不平均的分法，则其中一个集合中放入 $n+1$ 个元素，其余的集合中均放入 0 个元素，即元素最多的一个集合中包含 $n+1$ 个元素；若按最接近平均的分法，首先每个集合中放入 1 个元素，然后将剩下的 1 个元素放入其中任意一个集合中，则元素最多的一个集合中包含 2 个元素．最后的结果也是至少有一个集合中的元素个数大于等于 2．这一结论称为抽屉原理，它是组合数学中的一个重要原理．另外，由上面问题的解决方案不难领悟，若要让装有最多元素的集合所含的元素个数尽可能少，则要让分配的方式最大可能地接近平均．由此，还可以将问题进一步拓展，得到一些更普适的结论．

结论 1：若将 $n+a$ 个物体放入 n 个抽屉中，其中 n,a 为正整数，则至少有一个抽屉里的物体不少于 2 个．

结论 2：若将多于 $m \times n$ 个物体放入 n 个抽屉中，其中 m, n 为正整数，则至少有一个抽屉中的物体不少于 $m+1$ 个.

有了上面的基础，就不难理解以下结论.

结论 3：若将无穷多个物体放入 n 个抽屉中，其中 n 为正整数，则至少有一个抽屉中有无穷多个物体.

以上这些结论称为第一抽屉原理. 在这个过程中本来要解决的是苹果放入抽屉的问题，但将其抽象为元素与集合的问题，不仅解决了苹果放入抽屉的问题，还解决了与之相关的一系列问题，这就是数学的抽象之美.

关于抽屉原理有一个有趣的问题：已知有 $n+1$ 个正整数，每个数都小于等于 $2n$，要证明其中至少有一对互素的数.

匈牙利数学家波萨(Pósa)11 岁时，思考了不到半分钟就给出了正确答案. 波萨是这样考虑的：取 n 个方框，在第一个方框中放入 1 和 2，在第二个方框中放入 3 和 4，以此类推，在第 n 个方框中放入 $2n-1$ 和 $2n$. 当把已知的 $n+1$ 个正整数从这些方框里抽出来时，至少有一个方框里面的两个数同时被抽到，而这两个数是相邻的，一定互素，命题得证.

2.4.2 生活中的数学抽象

在生活中有些问题貌似很难解决或不易想象，但若将其抽象为数学问题，则能迎刃而解. 这样的例子不在少数，一起来看看下面的例子.

例 2.1 （高个穿绳）有一根很长的绳子，恰好可绕地球赤道一周，如果把绳子加长 15 m，绕着赤道一周悬浮在空中，一个身高 2.39 m 的人可否从绳子下的任何地方自由穿过？

这个问题貌似很抽象，地球之大也不是我们能够想象的，但若抽象成数学问题，可以转化为：绳子加长 15 m 之后围成的圆是否比之前的圆半径增加了 2.39 m，若确实增加了 2.39 m，就意味着这个 2.39 m 的人可以从绳子下方任何地方穿过. 这就成了一个非常简单的数学问题.

设地球的半径为 R，则绳子原长为 $2\pi R$，当绳子长度增加 15 m 时，围成的圆周长为 $2\pi R + 15$ m，新的圆半径为 $\dfrac{2\pi R + 15}{2\pi} = R + \dfrac{15}{2\pi} \approx R + 2.39$ m. 故而这个 2.39 m 的人可以从绳子下方任何地方穿过.

这个结果真是令人吃惊，15 m 对于地球赤道的周长来说几乎可以忽略不计，但确实能将其半径增加约 2.39 m. 而且只用了一个非常简单的数学运算就成功地解决了这个问题.

例 2.2 （国王的奖赏）传说古印度国王心情不好，大臣西塔发明了一个游戏，就是现在的国际象棋，西塔每天陪国王下棋，国王心情慢慢好起来，于是决定奖赏西塔，就问他要什么奖赏. 西塔说："我只要在棋盘上第一格放 1 粒麦子，第二格放 2 粒，第三格放 4 粒，第四格放 8 粒……直到把整个棋盘放满就行了." 国王不解，就要这么一点奖励吗？可细细一算，原来麦粒的总数是一个等比数列之和：$1 + 2 + 2^2 + 2^3 + \cdots + 2^{63} = 2^{64} - 1 = 1.8447 \times 10^{19}$，其数量之大超乎想象.

例 2.3 （折纸的厚度）假设有一张很大的薄纸，厚度为 0.01 mm，将其反复对折，问对折 30 次之后，纸叠有多厚？

听起来很容易实现，抽象成一个很简单的乘法问题，纸张每对折一次厚度乘 2，对折 30 次，乘

数学文化

30 个 2，所以最终纸张的厚度为 $0.01 \times 2^{30} / 1\,000 = 10\,737.418\,2(\text{m})$，比珠穆朗玛峰（8 848.86 m）还要高.

例 2.4 （梵塔和世界末日）传说在古印度北部的圣城贝拿勒斯城的一座神庙里的佛像前，一块黄色铜板上竖着三根宝石针 A, B, C，其中针 A 自下而上地插着从大到小的 64 片圆形金片，称为"梵塔"，如图 2.16 所示. 僧侣们昼夜不停地移动这些金片，每次移动一片，最终要将所有的金片移到另一根宝石针 B 上，且自下而上，从大到小排放. 在整个过程中，可以利用宝石针 C 帮助过渡，但无论哪根针上始终要保证大的金片在下面，小的金片在上面. 当这件事情完成的那一刻，就是世界末日的到来之时，届时整个世界灰飞烟灭，一切终结.

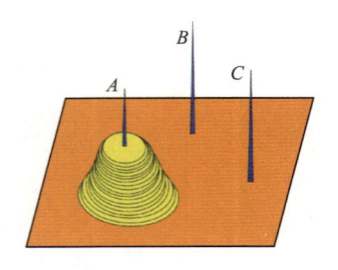

图 2.16　梵塔示意图（陈秋剑绘）

人们都在担心着这一天的到来，那么让我们来计算一下，世界末日还有多久到来. 先从金片数量 n 比较少的情况开始分析，设完成任务所需要移动的次数为 $S(n)$ 次.

若只有 1 片金片，移动 1 次即可，即 $S(1) = 1$.

若有 2 片金片，即 $n = 2$，应该先将针 A 上的小金片移到针 C 上，然后将针 A 上剩下的大金片移到针 2 上，最后将针 C 上的小金片移到针 B 上，一共移动 3 次，完成任务，所以 $S(2) = 3 = 2^2 - 1$.

若 $n = 3$，首先考虑将针 A 上面的 2 片金片移到针 C 上（此时不考虑最下面的那一片），完成这个步骤相当于 $n = 2$ 的整个过程，需要移动 3 次；然后将最下面那片最大的金片移到针 B 上，需要移动 1 次；最后针 C 上的 2 片金片移到针 B 上，这就又相当于 $n = 2$ 的情形，需要移动 3 次完成. 因此当 $n = 3$ 时，一共需要移动 7 次才能将 3 片金片全部移到针 B 上，即 $S(3) = 2 \times S(2) + 1 = 7 = 2^3 - 1$.

若 $n = 4$，先考虑将上面的 3 片金片移到针 C 上，根据 $n = 3$ 的情况的讨论，这需要移动 7 次；然后将第 4 片金片移到针 B 上，需要移动 1 次；最后将针 C 上的 3 片金片也移到针 B 上，又需要移动 7 次. 这样一共要移动的次数 $S(4) = 2 \times S(3) + 1 = 15 = 2^4 - 1$.

分析到这里，读者是否已经看出了它的规律呢？

不难看出，当金片数量为 n 时，完成任务共需移动金片的次数 $S(n) = 2 \times S(n-1) + 1 = 2^n - 1$，当 $n = 64$ 时，$S(64) = 2^{64} - 1 \approx 1.844\,7 \times 10^{19}$. 若僧侣们每秒钟可以移动金片一次，则移动完这些金片所需时间超过 5 849 亿年，看来我们是不用担心世界末日了.

2.5　数学与自然的和谐之美

英国物理学家狄拉克（Dirac）1956 年访问莫斯科大学时在黑板上写下"物理学定律必须具有数学美."（A physical law must possess mathematical beauty.）他认为，如果一个物理定律不具有数学上的美感，那么这个定律的正确性值得怀疑. 爱因斯坦（Einstein）也曾说过："自然律必须满足审美要求."自然界的很多规律似乎都与数学的和谐之美紧密相连.

2.5.1 谷神星的发现

矮行星谷神星的发现可以说是数学与自然的和谐之美的典型例子, 根据德国天文学家波德(Bode)的波德定律, 若设太阳与地球之间的距离为 10, 则行星到太阳的相对距离 x 如表 2.2 所示.

表 2.2 行星到太阳的相对距离

行星	水星	金星	地球	火星	木星	土星
到太阳的相对距离 x	4	7	10	15	52	95
$x-4$	0	3	6	11	48	91

表 2.2 中列出了 $x-4$ 的数值, 其中 3, 6, 11 呈现出一定的规律, 后项约是前项的 2 倍, 91 接近 48 的 2 倍. 于是天文学家们开始怀疑这是否就是行星排列的规律, 后来人们又发现了天王星, 其距离太阳的位置 $x=192$, $x-4=188$, 其所在的位置与上面的规律非常接近. 于是在火星和木星之间, 数据就显得有些异常了, 48 接近 11 的 4 倍, 若中间加入一个 24 左右的数, 那么在数学上就和谐了. 因此天文学家们怀疑在火星和木星之间是否还有一颗行星没被发现. 数学家高斯凭借自己卓越的数学才能很快计算出这颗未知的行星可能的运行轨道, 并指出它会在什么时间出现在什么地方. 经过天文学家们不断地观测, 最终意大利天文学家皮亚齐(Piazzi)发现了这颗行星, 并于 1801 年公之于众, 这就是谷神星, 它到太阳的相对距离 $x=28$, $x-4$ 刚好为 24.

2.5.2 正电子的发现

英国物理学家狄拉克认为, 对数学美的追求, 使他的许多研究成果得益. 1928 年, 他在研究量子力学的过程中, 推出了描述电子运动的方程——狄拉克方程, 在求解时开平方得到了正、负两个解, 也就是说, 它描述的不仅仅是人们已知的带负电荷的电子的运动, 还应该有一种粒子, 其结构和性质与电子相同, 只是所带电荷与电子正好相反, 只有这样才符合数学美. 于是狄拉克做出预言: "存在与电子质量相等而电荷相反的负能电子." 而这一预言最终在 1932 年被证实.

复习与思考题

1. 关于数字的平方运算有哪些有趣的现象? 请列举两个.
2. 什么是 "无 8 数"? 它有哪些特别的计算性质?
3. 金字塔内的神秘数字是什么? 它有什么神秘之处?
4. 中国数学家对圆周率的计算有哪些探索?
5. 自然界中哪些实物上有螺线的图案? 它们分别是哪种螺线?
6. 试用函数图像描绘出大自然中或生活中所见的某种物体的形状.

第 3 章

数论与数学文化

数学领域探究的课题基本上都是和数字紧密相连的,数字符号体现的众多美妙与独特的属性始终吸引着专业数学工作者以及业余爱好者对其进行探索,孕育出了一种特别的数学文化.

经过漫长的研究与积累,数学已演变成一个涉及数字、量度关系及几何空间的庞杂学问体系.其根基源于人类对自然界数目及形态的洞察.据考古专家考证,文字符号尚未问世之时,人们已有数的概念的雏形,原始社会的人借助石头、竹片、树枝、海贝等自然物件来记数,并逐渐进化为以打结的绳索来记数.我国古籍《周易》中便有记载,人们用结绳管理事务,后来的贤人才用文字记录契约.

第 3 章知识导图

数学文化

结绳的方法普遍存在于全球各个角落,其痕迹和实物遗存可考于古希腊、波斯、罗马、巴勒斯坦及伊斯兰国家之中,这一远古的记录方式直至 19 世纪仍在秘鲁的高原地带的印第安人群体中盛行. 随着结绳记事法的不便逐渐显现,新石器时代的人们开始在石头、木棍以及动物的骨骼上刻划标记作为替代,并最终发展演化出了众多古代文明特有的数字体系.

随着数字化浪潮与计算机科学的崛起,人类发展出二进制、十六进制等高效数制系统及分布式计算技术,以应对大数据时代的数据量级与实时处理需求,传统的手工计算和单机处理模式已无法满足现代需求. 在历史长河中,各种文化背景下的文明体系分别采纳了各异的记数基数,如二、五、六、十、十二、十六、二十、六十等. 为何这些数值会成为计数的基本进位单位,正是许多史学家潜心研究的课题. 中国古代和古埃及人民早已熟练运用十进制进行记数,亚里士多德(Aristotle)曾推断,十进制之所以流行可能是因为人手共有十指. 玛雅人使用二十进制、古巴比伦人偏爱六十进制的动机尚有多种解释与假说. 而二进制能在当代数码时代广泛普及,则是因为它与现阶段科技进步和社会发展紧密相关.

1679 年,德国数学家莱布尼茨发表了题为《二进制算术》的论文,奠定了他二进制体系发明者的身份. 此外,莱布尼茨还精心设计了一枚纪念章,呈献给对二进制抱有浓厚兴趣的奥古斯特(August)公爵,章面上以拉丁文铭刻:"无中生有,唯一为足!"

1689 年,莱布尼茨在罗马认识了刚自中国归来的教士白晋,获悉中国古籍《易经》中包含 64 卦,每卦均由称为阳爻(—)与阴爻(--)的两种符号通过不同的搭配形成. 这一发现令莱布尼茨兴奋不已,他认为从这部古老的东方典籍中发现的内容为二进制理论提供了强有力的佐证,并更加笃信所有数均能由 0 与 1 构建. 虽然在那个年代,二进制得到的关注寥寥无几,但它被稳固地传承了下来,随着计算机技术的广泛应用以及信息时代的剧变,二进制体现出了惊人的力量,并在全世界范围内广泛传播,使得莱布尼茨昔日的憧憬得以实现.

数字 0 作为占位符在位值记数体系中扮演着不可或缺的角色. 在古巴比伦的楔形文字记述与我国宋元时期的算筹记数系统中,空白的留置用以代表零,并未设立特定的标记. 公元前 300 年左右,古巴比伦文明便开始采用特定的记号来标注这些空位,而玛雅人在其二十进制体系中亦有用符号来表示空位. 古印度在记数时同样以空位代表零,后来则转变为使用点状符号,最终发展成我们现今所使用的数字 0.

公元 550 年,古印度天文学家瓦拉哈米希拉(Varahamihira)对零的加减规则进行了论述. 公元 628 年,婆罗摩笈多(Brahmagupta)在他所著的《婆罗摩历算书》中指出:"负数减去零依旧是负数,正数减去零照样是正数,而零与零相减仍然是什么都没有." 进入 8 世纪,这些数学观念逐渐由古印度流传至阿拉伯,并最终传至欧洲. 直到 1202 年,意大利数学家斐波那契(Fibonacci)在他编纂的《算盘书》中首次详尽介绍了源于古印度的九个数字标识 9, 8, 7, 6, 5, 4, 3, 2, 1,以及被阿拉伯人接纳并称之为"零"的符号 0. 他清晰表示,这组符号能够组合起来表示所有的数.

1642 年,法国数学家帕斯卡,制造了第一台能自动进行基础加减的装置. 1674 年,莱布尼茨在巴黎科学院公开演示了他的杰作——世界上第一台能自行处理四则运算的计算机. 1834 年,英国数学家巴贝奇(Babbage)设计出了进行算数操作的差分机和分析机.

20 世纪初,电子管科技的崛起,使计算机领域经历了一次重大的技术革命. 英国数学家图灵(Turing)在研究数学逻辑的基本命题时,针对相容性问题和数学问题机械可解性以及判断是否可计算,提出了理想的计算机应包含三个基本元件:一个划分为众多小格的长条磁带、一个能读写信息的读写头,以及一个控制系统. 图灵还构想了计算机进行数学运算的过程,从理论上预示了计算机进行自动计算的能力. 第二次世界大战期间,图灵成功研发出一台专门破解密码的电子管计算机.

1945 年 6 月,美国数学家冯·诺依曼(von Neumann)携手同事率先提出了一种全新的通用计算机构思:采用同一存储单元既存储数据又存储运算命令,从而实现整个运算过程的自动化,这一构思开启了计算机科技的全新篇章. 冯·诺依曼还参与了人类历史上首台通用电子计算机的开发,该计算机内置了 18 000 余只电子管,占地约 170 m^2,耗电功率高达 150 kW,它于 1946 年投入使用,主要执行弹道方面的计算任务.

20 世纪 50 年代,数学家霍普(Hopper)所开发的编程方法对电脑编程技术的发展产生了深远影响. 冯·诺依曼和气象学家首度利用电子计算机来做气象预报,标志着计算机技术在科学探索上所迈出的关键一步. 数学家们的孜孜以求以及数学的跃进推动了电子计算技术的问世,而电子计算机的持续突破亦极力推动了数学的腾飞. 从电子管到晶体管,再到集成电路以及超大规模集成电路,电子计算机经历了四个阶段的演变,不但实现了运算速度与智能化的快速提升,同时在缩小体积与降低成本上也取得重大成就,由此开拓了其在应用市场上无限的可能性.

伽利略(Galileo)说:"宇宙之书永远向世人敞开着,它是用数学的语言书写而成的,我们要了解宇宙的奥秘,必须要读懂它的语言,学会解释它的那些符号,才能洞察其深邃的真理." 十个数字——0,1,2,3,4,5,6,7,8,9,便是探索宇宙奥秘的钥匙,当我们的智慧与深奥的数学相碰撞,必将演奏出宏伟的交响乐.

3.1 数论预备知识

整数的属性探究归属于数学中的一个专业领域——数论,其内涵丰富,涉及诸多子领域,如初等数论、解析数论、代数数论、丢番图(Diophantus)逼近、超越数论等. 数论看似简单却内涵深奥,它在数学的文化体系中占据着极其重要的地位,并且在我们的日常生活中有着极为广泛的应用. 高斯曾说:"数学是科学的皇后,而数论是数学的皇后."

3.1.1 数的发展与四元数的产生

数的发展过程如图 3.1 所示.

自然数 ⟹ 整数 ⟹ 有理数 ⟹ 实数 ⟹ 复数 ⟹ 四元数

图 3.1 数的发展过程

复数概念被提出后,人们便开始追寻向超复数域的拓展,在这一过程中,哈密顿(Hamilton)探索了从复数即二元数出发,向三元数和四元数领域的延伸. 数学界渴望能够构建一种数域,这个数域至少要遵从"模法则". 以三元数为例,假设有两个三元数形如 $a+bi+cj$ 和 $x+yi+zj$,它们相乘得到一个新的三元数. 这个新数在三维空间中对应的向量长度,应该正好等于初始两个向量长度的乘积. 换言之,就是求出两向量长度平方,即 $a^2+b^2+c^2$ 和 $x^2+y^2+z^2$ 的乘积是

数学文化

否能表示成某个向量 (u,v,w) 的长度的平方 $u^2+v^2+w^2$. 勒让德(Legendre)通过反例阐释了模法则在三元数域中的不可实现性. 例如, $3=1^2+1^2+1^2$, $21=1^2+2^2+4^2$, 3 和 21 都可以分解为三个数的平方和, 但 3 与 21 的乘积 63 却无法用任何三个数的平方和来表示. 由此可见模法则不能推广到三元数.

那么有没有满足模法则的形如 $a+bi+cj+dk$ 的四元数呢？经过 15 年的探索, 哈密顿成功构建了一套创新的超复数域理论, 这一四元数结构能够实行加、减、乘、除运算, 与实数和复数相仿, 但唯独缺乏乘法交换律.

1943 年 10 月 16 日, 哈密顿与妻子在都柏林皇家运河旁散步时, 脑海中突然闪现出一个思路 $i^2+j^2+k^2=ijk=-1$. 他立刻将这个式子刻在附近的布鲁穆桥(即现在的金雀花桥)上. 这个方程式颠覆了传统的交换律. 当时, 这种观点显得非常激进, 因为向量与矩阵的概念尚未形成. 按照哈密顿的考虑, 四元数乘法规则如表 3.1 所示.

表 3.1 四元数乘法规则

	1	i	j	k
1	1	i	j	k
i	i	−1	k	−j
j	j	−k	−1	i
k	k	j	−i	−1

3.1.2 数论基本知识

(1) 当 b 除以非零数 a 后, 若所得余数为零, 即存在整数 q, 满足 $b=aq$, 则称 a 能够整除 b, 或者说 b 能够被 a 整除, 记为 $a|b$, 亦即 b 为 a 的整数倍, 同时 a 是 b 的因数.

(2) 大于 1 且除 1 和它自身外无其他因数的整数称为质数(或素数), 1 以外的非质数正整数称为合数.

(3) 将整数分解为一些质数的乘积, 称为该数的质因数分解.

(4) 整数 a,b 的公共因数称为 a,b 的公因数, 其中最大的公因数称为最大公因数, 记为 (a,b). 当 $(a,b)=1$ 时, 称 a,b 互素.

推广: 整数 $a_1,a_2,\cdots,a_n$ 的公共因数称为 $a_1,a_2,\cdots,a_n$ 的公因数, 其中最大的公因数称为最大公因数, 记为 $(a_1,a_2,\cdots,a_n)$.

(5) 整数 a,b 的公共倍数称为 a,b 的公倍数, 其中最小的正公倍数称为最小公倍数, 记为 $[a,b]$.

推广: 整数 $a_1,a_2,\cdots,a_n$ 的公共倍数称为 $a_1,a_2,\cdots,a_n$ 的公倍数, 其中最小的正公倍数称为最小公倍数, 记为 $[a_1,a_2,\cdots,a_n]$.

(6) 所有大于 1 的整数要么自身是质数, 要么是由若干质数相乘得到的合数, 并且合数分解为质因数相乘的分解方式唯一. 例如, 120 的分解:

$$120=15\times8=(3\times5)\times(2\times2\times2)=2\times2\times2\times3\times5$$
$$120=2\times60=2\times(6\times10)=2\times(2\times3\times2\times5)=2\times2\times2\times3\times5$$

这说明合数进行因数分解的路径可以是多种多样的, 特别对于较大的合数更是如此, 但无论分解的路径如何，因数排列的顺序如何，最终得到的全部质因数是相同的，且每个质因数出现的次数也是相同的.

(7) 设 m 为自然数，若整数 a,b 之差能够被 m 整除，即 $(a-b)|m$，则称 a 和 b 关于模 m 同余，记为 $a \equiv b \pmod{m}$.

(8) 设 a,b 为两个整数，且 $b>0$，则存在唯一一组的整数 q,r，使得 $a=bq+r$，$0 \leqslant r < b$ 成立.

3.2 亲和数的奇妙性质

说到亲和数就不得不说到以扫与雅各的故事.

哥哥以扫和弟弟雅各是一对双胞胎兄弟. 作为哥哥的以扫豪爽且性急，擅长狩猎. 而弟弟雅各则性情温和却极富智谋，甚至不乏狡黠，譬如他出生时便紧抓哥哥的足跟，以此来节省力气.

某日，雅各巧妙地篡取了家中的长子地位，并欺骗父亲获得了祝福. 以扫心中暗自发誓，父亲若是去世，必将杀死雅各以泄心头之恨. 因此，为避免悲剧，雅各遁走他乡，躲到舅舅家，并在那里默默耕耘了 20 年后，携眷属及牲口重返故里.

但雅各还是担心以扫会杀自己. 于是，为取悦以扫，雅各从自家养的牲畜中挑选出许多送给以扫. 这批牲畜包括 100 只母山羊和 42 只公山羊，100 只母绵羊和 42 只公绵羊，60 头怀孕的雌骆驼，80 头母牛和 20 头公牛，还有 40 头母驴与 20 头幼驴. 兄弟俩终于和好.

雅各送出的这些牲畜的数量有什么讲究呢？原来山羊与绵羊的数目一共是 $100+42+100+42=284$，而其他牲畜的总数为 $60+80+20+40+20=220$，284 与 220 代表雅各向其兄长发出的求和信号，想要唤起以扫对兄弟情谊的记忆.

284 和 220 这两个数有什么独特之处呢？将 284 分解因数，$284=1 \times 284=2 \times 142=4 \times 71$，由此看出，284 的所有因数，除了它本身之外，还有 $1,2,4,71,142$，而 $1+2+4+71+142=220$，也就是说 220 刚好是 284 的所有因数的和. 反之是否成立呢？$220=1 \times 220=2 \times 110=4 \times 55=5 \times 44=10 \times 22=20 \times 11$，除去它本身，220 的全部因数有 $1,2,4,5,10,11,20,22,44,55,110$，而 $1+2+4+5+10+11+20+22+44+55+110=284$，因此 284 刚好也是 220 的所有因数的和.

具有这种独特性质的数对并非孤例，它们在自然数中形成了一种特殊的数系，一个数的所有因数之和刚好等于另一个数，反之亦是如此，你中有我，我中有你，"相亲相爱"，人们将具备这种特征的数对称为亲和数(或相亲数).

这个特点激起了毕达哥拉斯的浓厚兴趣，他形容这样的数对恰如密切相依的伴侣、兄弟、朋友. 相传，某位弟子曾向毕达哥拉斯探询："在交友过程中，数是否扮演某种角色？"毕达哥拉斯答道："朋友乃是你心灵中的倒影，应如 220 与 284 般无间."

1636 年，法国数学家费马找到了第二对亲和数 17 296 与 18 416. 1638 年，法国数学家笛卡儿发现了第三对亲和数 9 363 548 与 9 437 056.

到 18 世纪中叶，瑞士数学家欧拉独自发现了 60 对亲和数，其中以 2 620, 2 924 为最小组合. 人们当时普遍误认为，在欧拉这样的杰出数学家的深入研究，且已经找出如此多对亲和数之后，再要找到新的亲和数对，肯定要到比他找到的这些数对更大的数中去找了.

> **数 学 文 化**

然而，出乎所有人的意料，100 多年后，意大利一名 16 岁的少年帕格尼尼 (Paganini) 发现了一对新的较小的亲和数，1 184 与 1 210，这对亲和数居然在欧拉的眼皮子底下溜过去了. 这件事使得原本已经冷却的寻找亲和数问题复燃. 直到 20 世纪初，人们确认了最小的五对亲和数：220 与 284、1 184 与 1 210、2 620 与 2 924、5 020 与 5 564、6 232 与 6 368，第一对由毕达哥拉斯找到，第二对由意大利少年帕格尼尼发现，剩余的三对是欧拉所列出的最小的几对亲和数.

目前，寻找亲和数的工作仍在继续，人们还希望能找到亲和数的表达公式. 迄今为止，已有超过 1 200 万对亲和数被发现，它们或同为奇数或同为偶数，那么有没有可能出现一对亲和数跨越奇偶呢？

有趣的是，研究者们揭示了另一种数之间的亲密联系：亲和数链. 当一串数中，第一个数的所有因子加总等于第二个数，而第二个数的所有因子加总又等于第三个数，如此下去，直至最后一个数所有因子加总又回到第一个数时，这便形成了一个循环. 这一组数称为一个亲和数链，例如，序列 2 115 324, 3 317 740, 3 649 556, 2 797 612 便构成了一个亲和数链. 如此，我们只要掌握了这个链条中的一环，知道其中一个数，就可以通过分析其因数得到下一个数，从而得到整个链条上的所有数. 例如，12 496 便与另外四个数共同缔结了五环之链，有兴趣的读者不妨一试，寻找出链中尚缺的另外四个数.

3.3 完全数的奇妙性质

3.3.1 完全数（完美数）

在整数范围内，若某数恰好与其所有正因数（不包含其本身）相加之和相等，则此数被定义为"完全数". 远在古希腊时期，毕达哥拉斯学派就从某些数中体察到一种"理想"的属性. 例如，6 的正约数包括 1, 2, 3，且 6 恰好等于 1+2+3，而且 6 还被视为极致完美的象征. 28 可以表示为 1, 2, 4, 7, 14 的和，496 和 8 128 亦是如此：

$$6 = 1+2+3$$
$$28 = 1+2+4+7+14$$
$$496 = 1+2+4+8+16+31+62+124+248$$
$$8128 = 1+2+4+8+16+32+64+127+254+508+1016+2032+4064$$

后来，通过不断地研究，人们又发现完全数还有一个奇特的性质，即所有完全数都可以表示为自然数 2 的连续整数次幂之和，如：

$$6 = 2^1 + 2^2$$
$$28 = 2^2 + 2^3 + 2^4$$
$$496 = 2^4 + 2^5 + \cdots + 2^8$$
$$8128 = 2^6 + 2^7 + \cdots + 2^{12}$$
$$33550336 = 2^{12} + 2^{13} + \cdots + 2^{24}$$

除 6 外，其他完全数还有一个令人惊奇的性质，它们均可以由一系列连续奇数的立方和构成：

$$28 = 1^3 + 3^3$$

$$496 = 1^3 + 3^3 + 5^3 + 7^3$$
$$8\,128 = 1^3 + 3^3 + 5^3 + 7^3 + \cdots + 15^3$$
$$33\,550\,336 = 1^3 + 3^3 + 5^3 + 7^3 + \cdots + 125^3 + 127^3$$

完全数的这些特性实属罕见,探索过程异常艰难,然而仍有人投入其中,到目前为止,人们已经发现了 51 个完全数.

欧几里得还发现,前 4 个完全数可表示为 $2^{n-1}(2^n-1)$ 的形式:

当 $n = 2$ 时, $2^1(2^2-1) = 6$;

当 $n = 3$ 时, $2^2(2^3-1) = 28$;

当 $n = 5$ 时, $2^4(2^5-1) = 496$;

当 $n = 7$ 时, $2^6(2^7-1) = 8\,128$.

欧几里得还发现, $2^2-1, 2^3-1, 2^5-1, 2^7-1$ 和 2, 3, 5, 7 一样,同为素数. 也就是说,若能确定 2^n-1 为素数,则 n 也为素数.

3.3.2 梅森数与梅森素数

若 2^n-1 为素数,则相应的完全数也就能迅速得以锁定. 笛卡儿的好友、来自法国的梅森(Mersenne)对这一问题非常感兴趣,做了很多探索,所以就将形如 $M_n = 2^n-1$ 的数称为梅森数,若此数还是一个素数,则称为梅森素数. 例如, $M_2 = 2^2-1 = 3$, $M_3 = 2^3-1 = 7$, $M_4 = 2^4-1 = 15$, $M_5 = 2^5-1 = 31$, ⋯ 都是梅森数,其中 3, 7, 31 是梅森素数.

1644 年,梅森在《物理数学随感》一书的序中提出了命题: 在 257 以内的 55 个素数中,只有当 $n = 2, 3, 5, 7, 13, 17, 19, 31, 67, 127, 257$ 时, 2^n-1 为素数,其他都是合数. 梅森验证了前 7 个数符合素数特性,其余 4 个由于计算量过大而未能完成验证. 直至 1772 年,欧拉确认了 $2^{31}-1$ 为素数. 1877 年,卢卡斯(Lucas)证实了 $2^{127}-1$ 为素数.

对于数值很大的数,要验证其是否为素数是非常复杂的. 1947 年,有了台式计算机后,人们确定了梅森猜想的五个错误, M_{67} 和 M_{257} 不是素数,而 M_{61}, M_{89} 和 M_{107} 是素数.

美国数学家科尔(Cole)于 1903 年 10 月在在美国数学会会议上递交了一篇名为《大数的因子分解》的研究论文,在他发表演讲的时候,他仅仅在黑板上写下了两行算式:

$$2^{67}-1 = 147\,573\,952\,589\,676\,412\,927$$
$$193\,707\,721 \times 761\,838\,257\,287 = 147\,573\,952\,589\,676\,412\,927$$

科尔回到座位上,一言不发,不一会儿,台下便响起雷鸣般的掌声,人们兴奋地欢呼,一道困扰了 200 多年的数学难题得到了解答,科尔验证了 $2^{67}-1$ 并非素数.

计算机的诞生为人类探索梅森素数提供了便利. 1971 年 3 月 4 日晚,电视台打断了日常的节目安排,报道了一则消息: 托克曼(Tuckerman)使用电子计算机证实 $2^{19\,937}-1$ 为素数,该数有 6 987 位. 美国数学家史洛温斯基(Slowinski)在同年成功发现了一个更为巨大的梅森素数 $2^{44\,497}-1$,此数有 13 395 位. 计算机的运用使得梅森素数的记录不断刷新,目前已知的梅森素数共有 52 个. 2024 年 10 月,美国人杜兰特(Durant)发现 $2^{136\,279\,841}-1$ 为梅森素数,这是目前发现的最大的梅森素数.

> 数学文化

3.4 素数定理及其应用

3.4.1 关于素数的有趣问题

问题 1：素数有多少个？

素数有无穷多个. 欧几里得用反证法证明了此结论.

假设一共有 n 个素数，分别为 $P_1, P_2, \cdots, P_n$，其中 n 为有限数，则数 $P_1 P_2 \cdots P_n + 1$ 不会被这些已知素数整除. 那么它要么是一个新的素数，要么含有与前述素数不同的素数因子，而后者与假设矛盾，故证明了结论. 这个证明简洁、优美，又极为深刻.

问题 2：相邻素数的间距有多大？

相邻素数的间距要多大就有多大.

例如，证明存在连续的 999 个自然数，并且这之中不包含任何一个素数.

这里关于存在性的证明，只需要找到一个例子就可以了. 注意下列这一组数：

$$1\,000! + 2, 1\,000! + 3, \cdots, 1\,000! + 1\,000$$

因为在 $1\,000!$ 中包含从 $1, 2, 3, \cdots, 1\,000$ 的所有因子，所以 $1\,000!$ 可以被 $2, 3, 4, \cdots, 1\,000$ 中的任何一个数整除，因此易得 $1\,000! + 2$ 可以被 2 整除，$1\,000! + 3$ 可以被 3 整除，$\cdots$，$1\,000! + 999$ 可以被 999 整除，$1\,000! + 1\,000$ 可以被 $1\,000$ 整除. 这就找到了连续的 999 个自然数，所有的数都不是素数. 这样就证明了存在两个素数之间的间隔大于 999.

同样的方法还可以用来证明存在任意大的间隔，其中不含有素数. 例如，想要证明存在两个素数之间的间隔超过 $100\,000$，则可以构造一组数：

$$100\,001! + 2, 100\,001! + 3, \cdots, 100\,001! + 100\,000, 100\,001! + 100\,001$$

其中第一个数能被 2 整除，第二个数能被 3 整除，$\cdots$，最后一个数能够被 $100\,001$ 整除，也就证明了存在连续 $100\,000$ 个数中没有一个素数.

问题 3：有多少对相邻的素数？

首先，2 是素数中唯一的偶数，其他的素数均为奇数. 奇数与奇数之差必为偶数. 所以除了 2 和 3 是一对相邻的素数，其他素数之差均为偶数.

若两素数之差为 2，则称它们为孪生素数，例如，3 和 5、5 和 7、11 和 13、17 和 19、29 和 31、41 和 43、59 和 61、71 和 73、101 和 103、107 和 109、137 和 139、3 389 和 3 391、4 967 和 4 969 均为孪生素数. 后来人们又陆续发现了一些非常大的孪生素数，如

$$99\,999\,999\,959 \text{ 和 } 99\,999\,999\,961$$

$$1\,000\,000\,009\,649 \text{ 和 } 1\,000\,000\,009\,651$$

$$25\,853\,525\,137\,439 \text{ 和 } 25\,853\,525\,137\,441$$

孪生素数到底有多少对，是有限的还是无限的，目前还没有定论. 已经知道，在小于 $100\,000$ 的数中找到了 $1\,000$ 多对孪生素数.

3.4.2 素数在密码学中的应用——大数分解

在密码学中许多新的加密和解密信息的方法都涉及"公共密匙"加密术,而在这项技术中数论中的素数理论充当了至关重要的角色.

"知彼知己,百战不殆","知天知地,胜乃可全".中国古代典籍《孙子兵法》中提出了一个普遍适用的原则——了解敌方的机密信息是获得军事胜利的关键.因此,加密技术和破解密码,信息保护与间谍活动,在人类纷争的历史长河中,构成了令人震撼而又跌宕起伏的篇章.密码的编制和破解离不开数学运算,更依赖于数学家的智慧头脑.随着军用密码技术的发展和完善,密码分析逐渐走向数学化和计算机化的进程,引领着计算机应用的新纪元,而数论则在密码编码的实践中发挥着重要作用.

2005 年,密码学领域发生了一件大事.由图灵奖得主及 RSA 加密算法的共同创始人、密码学权威莱维斯特(Rivest)开发的 MD5 加密算法以及由美国国家标准与技术研究院与美国国家安全局共同打造的 SHA-1 加密算法被破译.

MD5 与 SHA-1 是被国际社会普遍接纳的两种关键的加密技术,应用于数字身份验证及其他各类密码学应用中,特别是金融和电子交易等,在股票市场中尤为常见.自 1994 年起,SHA-1 就开始被美国政府正式采用,并在其计算机安全领域频繁出现.我国山东大学王小云教授团队自 20 世纪 90 年代末以来一直对 Hash 函数加以研究,将数论知识运用于密码学领域,实现了对上述加密算法的成功破译.美国著名杂志《新科学家》以"崩溃!密码学的危机"为题报道了王小云团队开创性的成果.她的突破性研究宣告了一度被认为坚不可摧的加密标准 MD5 的崩塌,掀起了密码学界的狂风暴雨."我们现在怎么办?MD5 已遭致命打击,即将被淘汰.SHA-1 尽管仍在使用,却已看到了它末日的到来.是时候开始替换 SHA-1 了."因为王小云的成果,美国国家标准与技术研究院不得不宣布,在未来 5 年之内,美国政府将弃用 SHA-1,转而采用更新的加密算法.

3.4.3 待解决的素数问题

素数是数论的主要研究对象,虽然素数理论已有了不少进展,但仍有许多问题有待解决.以下几个尚未解决的问题,有兴趣的读者可自行研究:

(1) 是否存在大于 2 的偶数,不能表示成任意两个素数之和?
(2) 是否存在大于 2 的偶数,不能表示成任意两个素数之差?
(3) 是否存在无穷多对孪生素数?
(4) 是否存在无穷多个梅森素数?
(5) 是否存在无穷多个费马素数(即 $2^{2^n}+1$ 型的素数)?
(6) 是否存在无穷多个素数具有 x^n+1 的形式?其中 x 为整数.
(7) 对任意正整数 n,在 n^2 和 $(n+1)^2$ 之间是否至少存在一个素数?
(8) 对任意正整数 $n>1$,在 n^2 和 n^2+n 之间是否至少存在一个素数?

数学文化

复习与思考题

1. 请查阅资料，谈谈二进制的由来.
2. 什么是四元数？试简述四元数的乘法运算规则.
3. 什么是质数？请列举 100 以内的全部质数.
4. 请举例说明什么是亲和数，并谈谈人们对亲和数赋予了哪些美好的含义.
5. 什么是完全数？完全数有哪些特殊的计算性质？
6. 相邻的素数之间的最大距离有多大？请简述其证明思路.

第 4 章

古希腊数学：从毕达哥拉斯到欧几里得

  古希腊文明的影响远远超越了现代希腊的国界，其文化和知识的辐射范围包含了现在的塞浦路斯、土耳其沿爱琴海的地区以及意大利的西西里岛等多个地区. 历史学家通常将古希腊的时代界定为从公元前776年举办的第一届奥林匹克运动会起，至公元前146年被罗马共和国吞并止.

  在这一长达六百多年的历史时段中，古希腊文明在科学和艺术领域都取得了惊人的成就. 古希腊科学家不但已经认识到地球是球形的，并且绕着太阳转动，还准确测量出了赤道的周长. 现代许多科学理论和观念都能追溯到古希腊，如物质由原子组成的理论、生物进化论等，这些观念至今仍然是科学探索的基石. 因此，古希腊文化在世界历史的舞台上占据着举足轻重的地位，为后世留下了无数宝贵的文化遗产. 其中哲学、逻辑学、力学、天文学、建筑学、音乐及艺术等领域与数学紧密相联，并且展现了其独特的民族文化特色.

第 4 章知识导图

数学文化

在谈论数学文化时，古希腊的数学无疑是值得我们重点记述的篇章. 古希腊的数学家，如毕达哥拉斯、欧几里得、亚里士多德、阿基米德等，他们的贡献，不仅推动了数学理论的发展和完善，也为现代科学的进步奠定了坚实的基础. 他们对数与形、量和空间的关系的探索，以及对数学美的追求，不仅反映了他们对宇宙和自然秩序的深深敬畏，也体现了古希腊文化对理性和逻辑的无限崇尚. 这些思想和成就，至今在数学文化的研究中仍占有不可替代的位置，是当之无愧的数学文化瑰宝.

4.1 地中海的灿烂阳光——古希腊数学

4.1.1 古希腊数学

古希腊数学是在一个漫长的历史时期内逐渐发展起来的，这一时期大约开始于公元前 6 世纪，绵延至公元 5 世纪左右. 具体的时间范围通常认为是从约公元前 600 年，即哲学家及数学家如泰勒斯(Thales)和毕达哥拉斯时期开始，直到公元 5 世纪末的亚历山大时期结束.

希波战争(公元前 499 年至公元前 449 年)之后，雅典成为古希腊城邦中的领导者，社会经济繁荣，文化艺术和科学迅速发展，这为数学的进步提供了肥沃的土壤. 古希腊文化的繁荣与从埃及和美索不达米亚地区的数学知识中汲取营养密不可分. 这些古代文明提供了关于几何和天文的基础知识，而古希腊数学家则在此基础上进行了进一步的抽象和理论化.

古希腊数学家不仅继承了前人的成果，还通过哲学的融合，创造了许多原创性的数学理论. 例如，毕达哥拉斯学派的数学家研究了数的性质，并提出了著名的毕达哥拉斯定理；欧几里得在其《几何原本》中总结了当时所有的几何知识，奠定了欧几里得几何学的基础；而阿基米德和阿波罗尼奥斯(Apollonius)等人在几何学、力学和天文学等领域做出了开创性的工作.

古希腊数学的一大特点是强调逻辑推理和证明，这一点在今天的数学研究中仍然是核心要素. 其通过严谨的逻辑推导，为数学提供了一种独特的思考和表达方式，成为数学发展史上不可磨灭的一部分.

4.1.2 古希腊数学的发展阶段

古希腊数学的演进历程可概括为三个不同的时期.

(1) 第一时期从公元前 700 年到公元前 323 年，即从泰勒斯的伊奥尼亚(Ionia)学派到柏拉图(Plato)学派止，称为古典时期或雅典时期，也称为黎明期.

这一时期根据希波战争又可以划分成两个不同的发展阶段.

①希波战争之前：以伊奥尼亚学派和毕达哥拉斯学派的贡献为典型. 位于小亚细亚西岸的伊奥尼亚地区，由于其地理位置优越，容易吸取古巴比伦与古埃及的知识与文化精髓. 伊奥尼亚的政治变革——商人阶层取代氏族贵族统治，也促进了思想的自由与大胆探索. 在古希腊，缺乏专制的祭司阶级和刻板教条，为科学与哲学的独立发展提供了肥沃土壤. 伊奥尼亚学派的哲学追求脱离宗教束缚，主张从自然现象探寻真知，其中泰勒斯被看作是该学派甚至"希腊七贤"中的领军人物. 毕达哥拉斯及其追随者继承了泰勒斯的学术火炬，他们不仅深信万物皆数，更将数学与几何紧密结合，通过发现著名的毕达哥拉斯定理及其对不可通约量的探索，为数学发展做出了重要贡献.

② 希波战争之后：以爱利亚学派（Eleatics）、原子论学派与柏拉图学派的成就凸显. 柏拉图在雅典创立的学园强调数学教育的重要性，其"不通几何，不得入内"的格言广为人知. 柏拉图偏重数学在智力训练方面的价值，而非其应用，他主张通过几何学习培养逻辑思维，借助具体图形体现抽象逻辑规则. 这一时期，孕育了许多数学家，如欧多克索斯（Eudoxus），他的比例论为后来的欧几里得提供了理论基础. 亚里士多德，作为柏拉图的学生，也在哲学领域留下了深远影响，他所奠定的形式逻辑基础，为后续的几何学整理提供了逻辑体系. 形式逻辑的创始人德谟克利特（Demokritos）及其原子论学派，则提出了物质结构的原子论假说，尽管逻辑上不够严谨，但这种方法为古代数学家提供了探索新知的重要线索.

此外，芝诺（Zeno）的爱利亚学派以其悖论闻名，包括二分悖论、阿基琉斯（Achilles）与乌龟、飞箭不动，以及运动场问题等，这些悖论挑战了学术界的传统认知，引发了深刻的哲学与数学思考.

(2) 第二时期是亚历山大前期，从公元前 323 年起到公元前 30 年希腊陷于罗马止.

(3) 第三时期是亚历山大后期，从公元前 30 年到公元 600 年，即罗马人统治时期.

4.1.3 雅典时期的数学

雅典时期（公元前 480—336 年）是古希腊哲学与数学的繁荣期，亚里士多德在这一时期所著的《工具论》（特别是《前分析篇》）中创立了系统的直言三段论体系，并提出科学理论的公理化方法论.

1. 初等数学时期

进入公元前 4 世纪以后，数学开始从哲学和天文学中分离出来，进而形成了一个独立的学科. 随着这一转变，数学历史开启了新篇章，称为初等数学时期.

这一时期数学的显著特征是：数学（尤其是几何学）已经构建了自己的系统理论. 数学的研究方法从依赖实验和观察的经验科学理论转变为基于演绎的科学理论. 在这种方法论下，数学从一些基本的公理出发，通过逻辑推演，形成了一系列的定理. 这种以公理为基础的发展方式成为古希腊数学的核心特征. 在这一时期，初等几何、算术、初等代数等已经基本形成独立的学科领域. 与解析几何和微积分等后来的数学领域相比较，这一时期的数学研究内容比较基础，因此称为初等数学时期.

亚历山大城在古埃及成为重要的文化交流中心，得益于其地理位置以及托勒密王的有力管理，它逐步超越古希腊本土，成为古希腊新的文化中心. 几何学起初在古埃及萌芽，后在伊奥尼亚、意大利和雅典等地发展繁荣，最终又回到了其起源地. 经过这样一番培育和发展，几何学已经成长为一棵结实、丰满的大树.

2. 亚历山大前期

公元前 4 世纪至公元前 146 年，随着古希腊的消亡和罗马对地中海地区的统治确立，古希腊数学经历了一段黄金时期. 古希腊数学以亚历山大新成立的图书馆为中心，经历了它的黄金时代，这一时期也称为古希腊科学文化的时代. 这里的庞大图书馆和学术氛围吸引了众多学者，他们在此聚集交流思想，进行教学和研究. 这个时期最杰出的贡献者是欧几里得、阿基米德和阿波罗尼奥斯，这三位数学家成为古希腊数学史上最具影响力的人物. 正是因为他们的工作，一套系统化且严格演绎的数学体系才得以确立,让数学作为一门学科开始独立发展.除了这三位数学巨匠外,埃拉托色尼(Eratosthenes)以其对地球大小的测量和他命名的"筛法"闻名;天文学家喜帕恰斯(Hipparchus)编纂的"弦表"也为后来三角学的发展打下了坚实的基础.公元前146年,随着罗马的统治,亚历山大图书馆的学者们保持着对前辈知识的传承和拓展,新的科学创新不断涌现,海伦(Heron)、梅涅劳斯(Menelaus)和帕普斯(Pappus)都做出了重要贡献,而天文学家托勒密(Ptolemaeus)则通过对喜帕恰斯工作的整理和发展,为三角学的建立奠定了坚实的基础.

3. 亚历山大后期

古希腊数学的第三个时期,即亚历山大后期,从公元前30年开始,一直持续到公元641年亚历山大里亚被阿拉伯人占领.这一时期在罗马人的统治之下,古希腊数学逐渐呈现出衰退的态势.造成这种衰退的原因是多方面的,其中一个主要原因是罗马人偏重实用主义而忽视了数学理论的深入发展.此外,政治体制的变迁也对学术研究的活力产生了不利影响.尽管古希腊文化传统得以保留,学者们依旧可以进行研究,但他们的工作已不再具有之前时期的宏伟气势和创新精神.总的来说,亚历山大后期的数学虽未完全中断,但相较于之前的全盛时期,无论在数量还是质量上,都有显著的下降.

4. 晚期

在古希腊数学晚期,即罗马统治时期,虽然整体上数学研究的创新精神有所减退,但仍有一些学者在算术和代数领域做出了显著的贡献.代表性的学者包括海伦、托勒密、丢番图、帕普斯、梅涅劳斯、尼可马霍斯(Nicomachus)和普罗克劳斯(Proclus).

尼可马霍斯是算术学领域的重要数学家,其著作《算术入门》(*Introduction to Arithmetic*)对数的理论进行了系统化的整理.丢番图的《算术》(*Arithmetica*)是一部专注于数的理论的著作,其内容主要涉及解决代数方程和不定方程,可以视为代数学领域的一部里程碑作品,并在古希腊数学史上占有特殊地位,对后世产生深远的影响,仅次于欧几里得的《几何原本》.

海伦以其工程学著作和对几何学及力学的贡献而著称.托勒密作为天文学家,通过《天文学大成》(*Almagest*)对三角学产生了巨大影响.梅涅劳斯的工作在球面几何领域尤其突出.而帕普斯的《数学汇编》(*Mathematical Collections*),不仅总结了先前学者的成果,还补充了许多新的发现.

普罗克劳斯则是后期新柏拉图学派的代表,他的著述主要是对早期哲学和数学作品的评论,其中对数学尤其是几何学的历史和理论进行了深入的探讨.

公元325年,罗马皇帝君士坦丁大帝(Constantine the Great)开始将基督教纳入国家治理的核心,进而使得各学科逐渐受到教会教义的影响和限制.

公元330年,罗马的政治中心东迁至拜占庭,这座城市随后也被重新命名为君士坦丁堡.

公元392年,基督教成为官方宗教,异教的活动受到限制,许多古希腊宗教场所的文献被毁.

公元395年,罗马帝国一分为二,古希腊地区成了东罗马帝国的一部分.随着这些变化,亚历山大里亚的学术机构逐步没落.

公元415年,女数学家、新柏拉图学派的领袖希帕蒂娅(Hypatia)遇害,这位女性学者的去世被看作是古希腊文明衰落的标志.

公元 529 年，查士丁尼一世(Justinian I)颁布法令关闭雅典的柏拉图学园和其他学术机构，禁止数学等非宗教学科的教学，导致许多学者流亡至叙利亚和波斯.

公元 641 年，随着亚历山大城落入阿拉伯人之手，那里的图书馆又一次遭到破坏，这标志着古希腊数学一个时代的结束.

古希腊数学文化，这段辉煌的历史不仅孕育了无数优美的数学定理，其更深远的意义在于它培养了人类追求理性的文化，这种文化精神及其衍生的思想对后续科学和文化的发展产生了深远的影响.

4.2 古希腊著名数学家及其数学成就

在古希腊时期，涌现出一批杰出的数学家，他们的贡献对后世产生了深远的影响.

- 泰勒斯，首次将几何命题从经验归纳提升为演绎证明，开启了数学探究之门.
- 毕达哥拉斯，学派发现完全数(如6)、亲和数(220 与 284)，并研究音乐与数学的比例关系(如琴弦长度与音高)，对数字的神秘性有着深刻见解.
- 芝诺，四个悖论揭示了连续性与离散性的矛盾，推动了对无穷小和逻辑的哲学思考.
- 柏拉图，不仅在哲学领域做出了巨大贡献，而且在数学的理想形式探讨方面也取得了卓越成就.
- 欧多克索斯，以比例理论和天文学模型闻名.
- 亚里士多德，其逻辑学为数学提供了推理的基础.
- 欧几里得，以《几何原本》闻名，奠定了几何学的基础.
- 托勒密，对天文学和数学进行了融合.
- 阿基米德，其"穷竭法"不仅用于体积计算，还蕴含微积分思想；《论螺线》中提出的等距螺线被刻于墓碑，成为科学精神的象征.
- 埃拉托色尼，首次计算地球周长，误差仅 1%.
- 阿波罗尼奥斯，《圆锥曲线论》系统化研究了椭圆、抛物线和双曲线的性质，为 17 世纪解析几何奠定基础.
- 德谟克利特，原子论学派代表，提出几何体积由"不可分原子"构成，首次计算锥体体积为柱体三分之一.
- 梅内克缪斯，发现圆锥曲线(椭圆、抛物线、双曲线)，用于解决倍立方问题.
- 希波克拉底，首次将月牙形面积转化为三角形(月牙定理)，推动化圆为方问题的研究.

4.2.1 泰勒斯及其发现的定理

泰勒斯是出生于古希腊伊奥尼亚的米利都的著名人物. 他不仅是一位深刻的思想家、科学家、哲学家，更被尊称为"科学和哲学之父". 作为古希腊历史上已知的首位数学家和哲学家，他所创立的伊奥尼亚学派，对后世的数学和哲学思想有着不可磨灭的影响.

在几何学领域，泰勒斯的发现具有里程碑意义，以下几个定理尤其突出，并且被后人广泛认可和应用.

(1) 圆被任一直径二等分——这表明直径将圆划分为两个相等的半圆.

数学文化

(2) 等腰三角形的两底角相等——这意味着在一个等腰三角形中，等边对等角.

(3) 两条直线相交，对顶角相等——当两条直线交叉时，形成的相对角是等量的.

(4) 如果两个三角形的两个角及其夹边对应相等，那么这两个三角形全等——这是三角形全等的条件之一.

(5) 半圆所对的圆周角是直角——这一发现是几何学中的一个重要的性质，后来也成为泰勒斯定理的一部分.

古希腊几何学的鼻祖泰勒斯发现了角边角定理. 普罗克劳斯说："欧得姆斯(Eudemus)在其《几何学史》中将该定理归于泰勒斯，因为他说，泰勒斯证明了如何求出海上轮船到海岸的距离，其方法中必须用到该定理."

上述测量方法广泛使用于文艺复兴时期. 拿破仑的部队在行进中遇到了河流阻挡，一位伴随的工程师利用泰勒斯定理迅速地测量出了河宽，并因此赢得了拿破仑的称赞. 这个故事说明，从古希腊时期开始，角边角定理在测量中一直扮演着重要角色.

然而，泰勒斯工作的意义不仅仅在于发现了命题，而是开创了对命题的证明.

像其他伟人一样，关于泰勒斯也有许多有趣的传说. 在埃及时，他通过简单的几何原理测量了金字塔的高度，具体方法是：当一根直立的杆子的长度与它的阴影长度相同时，他就以此类推来计算金字塔的高度，即利用杆子的影长与金字塔的影长的比例相同，也就是，金字塔的高度与金字塔的影长相同. 此外，在巴比伦，泰勒斯接触了那里的天文表和测量仪器，并预报了公元前585年的一次日食.

历史学家在他的坟墓上刻有题词："这位天文学家之王的坟墓多少小了一些，但他在星辰领域中的光荣是颇为伟大的."

4.2.2 毕达哥拉斯及其"万物皆数"的哲学

毕达哥拉斯(图4.1)，这位古希腊哲学家与数学家，生活在公元前6世纪. 他从小表现出对学习的热情和杰出的才智. 在青年时期，毕达哥拉斯有幸成为泰勒斯和阿那克西曼德(Anaximander)这样的杰出学者的学生，向他们学习了几何学、自然科学及哲学等领域的知识. 他的教育背景对他后来的哲学和数学贡献，包括著名的毕达哥拉斯定理，产生了深远的影响.

被东方哲学和知识的光芒所吸引，毕达哥拉斯克服重重困难，远赴当时的两大文明古国——古巴比伦和古印度，深入研究和吸纳了这两个地区高度发展的文化. 对于他是否曾经到过埃及，学界有不同的看法，这部分历史存在一定的争议.

之后，他移居到意大利南部，在那里，他不仅传播数学知识，还倡导其哲学理念，并与一群追随者共同建立了一个既是政治也是宗教性质的团体，即后世所称的毕达哥拉斯学派. 这个团体对数学、音乐、天文学、哲学等领域的发展产生了深远的影响.

图4.1　毕达哥拉斯(季静绘)

在毕达哥拉斯及其追随者的研究之下，数学不仅得到了提升，还与深奥的哲学观念相结合. 他们提出了关于数的一整套神秘主义理论，并将其视为宇宙的根本. 他们相信, 数不仅构成了现实的框架, 而且是宇宙秩序与严密性的基石, 掌管着自然界中永恒不变的规律.

在毕达哥拉斯学派的眼中, 数是探索宇宙的钥匙, 它们不仅决定着生命与死亡, 还是塑造所有事物存在条件的要素. 一切事物的本质都在模仿数的结构来构造, 简而言之, 他们捕捉到了一个基本的宇宙法则——"万物皆数".

毕达哥拉斯学派的思想重点在于数的纯粹本质, 他们对数的价值和意义的探索超越了日常的应用需求. 对于他们而言, 特定的数具有特殊的含义: 4 是 "正义数", 5 是 "婚姻数", 6 是 "创造数" 等. 在这种数的神秘体系中, 10 被赋予了极高的地位, 它不仅是一个数, 还是整个宇宙的象征, 代表着完整和协调.

毕达哥拉斯学派还提出了完美数和亲和数的概念. 这些都体现了他们对数背后更深层次的理解和崇敬.

1. 形数

人们常提到的一类形数是三角形数、正方形数和多边形数, 不难发现以下关系式.

(1) 三角形数是通过将自然数相加得到的数, 其图形表示为三角形(图 4.2). 第 n 个三角形数可以由以下公式计算:

$$T_n = 1 + 2 + 3 + 4 + \cdots + n = \frac{n(n+1)}{2}$$

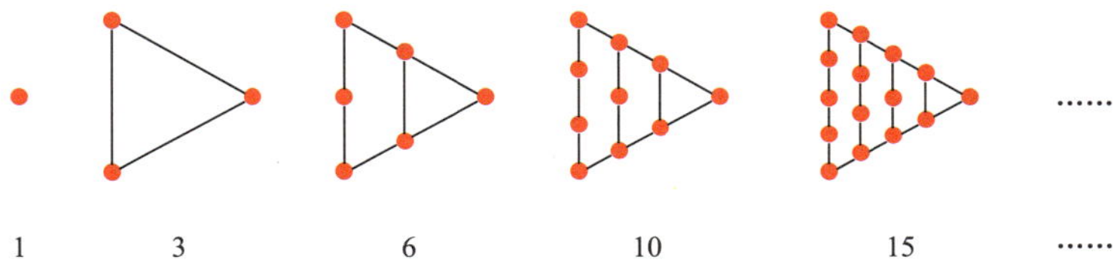

1　　　3　　　6　　　10　　　15　　　……

图 4.2　三角形数(郭晓歌绘)

(2) 正方形数是自然数的平方, 其图形表示为正方形(图 4.3). 第 n 个正方形数可以由以下公式计算:

$$S_n = 1 + 3 + 5 + \cdots + (2n-1) = n^2$$

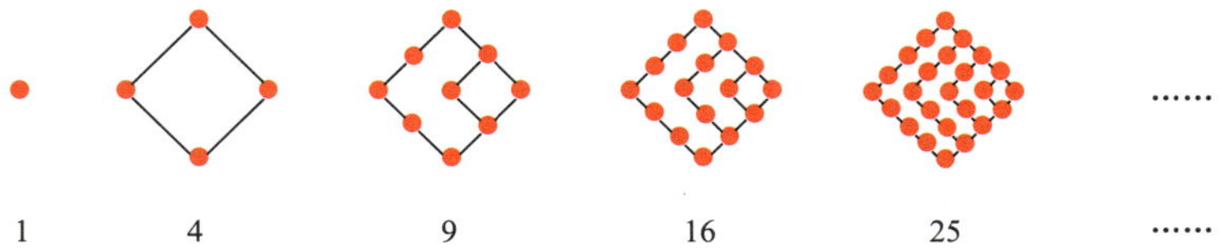

1　　　4　　　9　　　16　　　25　　　……

图 4.3　四边形数(郭晓歌绘)

(3) 多边形数是更一般化的概念, 表示可以用多边形排列的点的数量. 第 n 个 k 边形数可以用以下公式计算:

$$P(n,k) = \frac{n[(k-2)n - (k-4)]}{2}$$

数学文化

2. 两个数 p 和 q 的三种平均数

(1) 算术平均数：

$$A = \frac{p+q}{2}$$

(2) 几何平均数：

$$G = \sqrt{pq}$$

(3) 调和平均数：

$$H = \frac{2pq}{p+q}$$

其中算术平均数、几何平均数与算术级数、几何级数相关联，调和平均数是在音乐理论的过程中提出的. 毕达哥拉斯发现，当三根弦的长度之比为 3∶4∶6 时，就得到谐音，而 4 恰好是 3 和 6 的调和平均数.

3. 不可公度比

在一个单位正方形上画一条对角线，就可以得到等腰直角三角形，此对角线就是直角三角形的斜边. 由毕达哥拉斯定理，我们知道单位正方形的对角线长度等于 $\sqrt{2}$.

这种长度不能用两个整数的比表示出来，现代数学认为，不可公度线段的发现，是毕达哥拉斯的一大功绩，但他们却不这么认为，因为如果承认不可公度线段的存在，就会摧毁他们神圣的信条，即宇宙一切事物的基础皆是整数或整数间的比. 为了保卫他们神圣的信条，他们保持沉默，把它称为对角线的不可公度性（incommensurability）.

据说，希帕索斯（Hippasus）对毕达哥拉斯学派之外的人泄漏了这个秘密，真相终于传出.

4.2.3　欧几里得及其《几何原本》

《几何原本》被誉为数学巅峰之作，它是雅典数学家欧几里得（图4.4）的杰作. 欧几里得曾在柏拉图学园接受教育，后于公元前 300 年，受托勒密一世之邀，在亚历山大大学开展研究和教育工作. 他对科学的尊重可见于他所言："几何中没有王者之路."这彰显了他即使面对帝王权威亦不妥协的科学态度.

欧几里得还以卓越的组织能力和逻辑推理能力著称，他将当时已知的数学知识整理为 13 册系列著作. 这些著作中，9 册深入探讨了平面几何和立体几何，3 册专注于数论，还有 1 册特别讨论了如何处理数学中的一个难题——对角线的不可公度问题，这是古希腊数学家一直在研究的课题.

图 4.4　欧几里得（季静绘）

欧几里得在《几何原本》的开篇就确立了多个数学定义，并明确了一些基本的公设和公理——5 个公设和 5 个公理. 公设是关于几何空间的基本假设，而公理则是更广泛的逻辑起点，适用于所有的数学理论. 尽管现代逻辑学家可能会对公设和公理之间的区分持怀疑态度，认为它们都是一些无须证明、被广泛接受的基本事实，但在欧几里得的时代，这种区分被视为有其特定的意义.

利用这些定义、公设及公理，欧几里得运用严密的逻辑推理，推导出了整个欧几里得几何体系的定理. 这样的逻辑结构是空前的，其影响力极其广泛，使得《几何原本》成为历经时间考验的经典之作，其版本繁多，被无数数学家和学者所研究. 它不仅是学习几何的必备教材，甚至被认为是科学思维的范例，故有"数学圣经"之称. 《几何原本》的方法和结构一直是科学和数学教育的标杆，对逻辑推理和严谨思维的强调对后世产生了深远的影响.

《几何原本》的杰出成就反映了古希腊数学的卓越贡献，并且证实了基于公理系统的推理方法的强大效力. 它从一组精简的基本假设出发，细致地构建了庞大的定理网络，因此被作为数学教育的根基而受到推崇. 通过该著作，人们深刻理解了数学的本质、严谨证明的过程，以及公理化方法所带来的逻辑美感和说服力. 对于那些热爱数学的人士，该著作是他们教育路径上不可或缺的一部分，他们借此获得了宝贵的知识和灵感，并不断探索. 此外，公理化的理念也超越了数学领域的界限，影响了其他多个学科的理论架构. 《几何原本》对数学界，乃至整个思想界产生了持久而广泛的影响.

4.2.4 阿波罗尼奥斯及其《圆锥曲线论》

阿波罗尼奥斯(图 4.5)生于小亚细亚西北部的柏加，他的一生大部分时间在埃及的亚历山大城度过. 在那里，他不仅深入研究科学，还创作了多部数学论著，其中以《圆锥曲线论》最为人所知. 该著作系统地总结了先前关于圆锥曲线的研究，并融入了阿波罗尼奥斯自己的原创见解，被认为是古代数学史上的一部巨著.

《圆锥曲线论》不仅延续了《几何原本》的学术传统，还在几何学的领域内做出了突破性的贡献. 阿波罗尼奥斯凭借这些贡献，被誉为"伟大的几何学家". 在古希腊时期，流传至今的两大数学经典著作《几何原本》和《圆锥曲线论》，共同构成了古代数学的宝贵遗产.

《圆锥曲线论》是阿波罗尼奥斯的重要作品，该著作原本包含八卷，但遗憾的是并非全部卷册都传承至今. 在现存的版本中，该著作概述了圆锥曲线的一般理论，并对这一领域的研究做出了深刻的贡献.

图 4.5 阿波罗尼奥斯(季静绘)

第一卷给出了圆锥曲线的定义及基本属性，为整个理论奠定基础. 阿波罗尼奥斯首次系统地描述了如何通过改变截面的角度从一个直的或者斜的对顶圆锥得到不同种类的圆锥曲线. 特别是，他发现了双曲线的两个分支.

第二卷探讨了如何构造双曲线的渐近线、双曲线的渐近线的属性，以及共轭双曲线的特性；还介绍了圆锥曲线的直径和轴的求法，提出了有心圆锥曲线中心的概念，并研究了如何构造满足某些条件的圆锥曲线的切线.

第三卷延伸了以上概念，分析了切线与直径围成图形的面积，以及椭圆和双曲线的焦点的属性.

第四卷讨论了极点和极线进一步的性质.

数学文化

第五卷提出了独特的观点,讨论了从一点到圆锥曲线可以作出的最长和最短线段.
第六卷集中在圆锥曲线的等量问题、相似性,以及圆锥曲线弓形的性质和作图方法.
第七卷讨论了有心圆锥曲线的共轭直径性质.
这些都体现了阿波罗尼奥斯在这一数学分支上的深厚造诣.

4.2.5 阿基米德及其数学成就

阿基米德(图 4.6)是古希腊时期的一位多才多艺的学者,涉猎领域包括哲学、数学、物理学、天文学.

阿基米德将理论知识与工程实践相融合,在具体应用中洞悉了自然法则的核心,他以精确的逻辑将经验转化为普适的原理.他的研究触及力学,进而延伸到计算几何形状面积与体积的技巧,这预示了积分学的早期概念.

阿基米德留下了众多的学术成果,流传至今的主要数学作品包括:

(1)《圆的度量》(Measurement of Circle),提出了圆周率数值的估计方法和相关不等式;

(2)《抛物线的求积法》(Quadrature of the Parabola),揭示了确定抛物线切割区域面积的创造性方法;

(3)《论螺线》(On Spirals),详细阐述了他自己描述的螺线的多种性质;

图 4.6 阿基米德(季静绘)

(4)《论球和圆柱》(On the Sphere and the Cylinder),证明了球与其外接圆柱体积的比例关系;

(5)《论劈锥曲面和回转椭圆体》(On Conoids and Spheroids),拓宽了对各类曲面和立体体积计算的理解.

据罗马史学家记载:在罗马将军马库斯(Marcus)指挥的围攻中,将军很想见这位大名鼎鼎的希腊人,就派遣士兵去搜捕阿基米德.当士兵走到他面前时,他正在聚精会神地思考着几何图形,阿基米德对罗马士兵说:"别碰沙盘上的几何图形!"然后依然回到他心爱的图形中,罗马士兵觉得受到了污辱,就拔剑刺死了阿基米德,一位伟大的数学家就这样牺牲了.罗马主将马赛库斯知道此事后下令为阿基米德建墓,在阿基米德的墓碑上,刻上了死者最引以为豪的象征数学发现的图形——球及其外切圆柱.

阿基米德在《论球和圆柱》一书中不仅探讨了几何体的性质,而且巧妙地研究了三次方程,这表明了他在代数领域的深刻见解.他还巧妙利用螺线特性解决了古代数学中的两个著名难题:任意角的三等分问题和化圆为方问题,即圆的正方形化.这些问题长期以来一直是数学家们所关注的难题,而阿基米德的方法展现了他解决复杂数学问题的非凡才能.

阿基米德的创新和对数学发展的巨大贡献,使其被并誉为历史上最伟大的数学家之一.他的成就不仅在于解决了当时的数学难题,更在于其开创性方法和理念对后世数学家的深远影响.

第 4 章　古希腊数学：从毕达哥拉斯到欧几里得

4.3　尺规作图问题

4.3.1　三大几何作图不可能问题

古希腊数学中，尺规作图问题因"三大挑战"而闻名遐迩，这些问题要求仅使用无刻度的直尺和圆规来完成以下构图任务(简称为尺规作图问题).

(1) 立方体体积加倍问题：寻找一种方法，仅通过几何作图来构造一个新立方体，其体积恰好是已知立方体体积的两倍.

(2) 角的三等分问题：在不借助其他计量工具的前提下，将任意给定角分割为三个角度完全相同的小角.

(3) 化圆为方问题：通过几何作图，求作一个面积与指定圆面积相等的正方形.

这些问题在古代被认为是几何学中的顶级问题，它们激发了后世数学家对作图法则和数学理论的深入探索. 然而，这些问题涉及不能通过古希腊几何法则解决的数学概念，如无理数和超越数，因此直到现代数学框架确立之后，这些问题才被证明在原有条件下无解.

在数学的早期阶段，对尺规作图的严格要求——仅使用无刻度直尺和圆规，实际上是对数学纯粹性的一种追求. 直尺和圆规，这两件看似简单的工具，在许多几何构造中表现得游刃有余，然而在面对这三个特定问题时，它们却显得力不从心，无法给出绝对精确的解.

对这三个几何难题的探究极大地促进了古希腊几何学的发展，催生了众多重要的数学发现. 例如，圆锥曲线的研究，多种二次、三次以及更复杂的曲线被揭示，同时也为超曲线的理解奠定了基础. 随着时间的推移，数学领域出现了有理数和代数数的概念，还有群论和方程论的各个分支. 从理论角度，数学家得出了这样的结论：如果所求线段不能通过已知线段的有限次加、减、乘、除、乘方和开方运算得到，那么它不能用圆规和直尺作出. 反过来，如果可以通过这些运算得到，那么它就可以用直尺和圆规作出. 这一理论论证了上述古希腊数学家设定的限制不仅有其合理性，而且对数学理论的发展有着深远的影响.

数学界常常对那些能够用极简单的工具攻克难题的方法给予高度评价. 因此，使用尺规构造多样的几何图形，对他们来说颇具吸引力，可视为对智力的一次试炼. 确实，将一些特定的角度分成三个相等的部分是相对简单的，如将 90°角或 135°角进行三等分. 然而，当涉及任意角度时，情况就大为不同了. 你可能对分割一个 60°角抱有浓厚的兴趣并想要尝试，但理论上已经证明，这样的角已不能三等分.

现在取单位圆作代表，其面积为 π，那么化圆为方的问题相当于用尺规作出长度为 $\sqrt{\pi}$ 的线段，有办法在已知单位长的线段后作出长为 $\sqrt{\pi}$ 的线段吗？

立方体体积加倍的问题相当于用尺规作出一条长度为 $\sqrt[3]{2}$ 的线段，这可能吗？

在古希腊，将圆转变为同面积的正方形被视为一个极具挑战性的任务，引发了众多学者的探究. 这类研究工作虽未达成将圆转化为正方形的目的，却极大地推动了对圆面积估算方法的完善，并催生了对极限概念的初始理解. 尽管另外两个著名难题并未找到解决方案，它们的研究过程仍旧为其他数学问题的探索提供了宝贵的启示.

尺规作图的实质在于限制只使用两种工具的条件下通过有限步骤完成作图，已知长度为 1

数学文化

的线段,可以通过有限步骤作出一条长度为有理数 q/p 的任何线段. 已知长度为 1 的线段,容易通过有限步骤作出一长度为 $\sqrt{2}$ 的线段,也容易作出长度为 $\sqrt{3}$ 的线段等. 一般说来,可通过有限步骤作出长度为任一有理数平方根的线段.

那些通过有限次使用直尺和圆规就能够作出的线段或者度量值称为"可构造几何量". 证明显示,可构造几何量仅限于那些可以通过有限次的加、减、乘、除以及开平方运算从有理数导出的数值. 与此相对的是"不可构造几何量",它们不能通过上述有限步骤得到.

在很长一段时间里,在三项著名的尺规作图挑战上,无数研究者耗费了大量心血. 直至 19 世纪,数学家才从理论上严谨地证明了这些问题仅凭直尺和圆规是无解的. 1637 年笛卡儿引入解析几何,开启了解决这些尺规作图难题的新途径. 1837 年,旺策尔(Wantzel)确立了角三等分和立方体体积加倍问题在几何作图中的不可解性;至于化圆为方,它等同于用尺规构造圆周率 π 的精确值. 1882 年,冯·林德曼(von Lindemann)通过证明 π 为一个超越数,彻底封闭了化圆为方问题的不可能性之门.

解锁三大作图难题的真正钥匙,实际上并非几何学本身,而是代数学的进步. 在代数学达到一定成熟度之前,这些难题是无法攻克的. 然而,正是对这些棘手问题的探索,促进了数学的飞速发展. 在这个过程中,这三大挑战吸引了众多数学家的关注,促成了对希腊几何学的深刻影响,并诞生了无数的数学创新. 例如,众多的二次和三次曲线,还有若干种超越曲线都是在此过程中被发现的,随后促进了有理数、代数数、超越数理论,以及群论等数学分支的发展. 特别是在探索化圆为方问题的过程中,穷竭法的演进成为后来微积分学发展的雏形.

4.3.2 正多边形作图问题(或等分圆周问题)

尺规作图中,正多边形尤其受到关注. 构造一个正三角形相当直接,而正方形就稍显复杂;正六边形的作法同样直观,与之相比,正五边形的构造则显得更复杂. 那么正七边形呢?这一谜题悬而未解,持续了超过 2 000 年. 直到 19 世纪,德国数学家高斯(图 4.7)解答了一个长期未决的数学难题,这在当时的数学界产生了巨大的影响.

17 世纪,被誉为"业余数学大师"的法国数学家费马,曾提出了一个著名猜想: $F_n = 2^{2^n} + 1$ 当 $n = 1, 2, 3, 4, \cdots$ 时都是素数.

他是在验证了 $F_0 = 3$,$F_1 = 5$,$F_2 = 17$,$F_3 = 257$,$F_4 = 65\ 537$ 都是素数之后,提出这个猜想的.

百年之后,瑞士数学家欧拉只向前走了一步,证明了

$$F_5 = 2^{2^5} + 1 = 2^{32} + 1 = 641 \times 6\ 700\ 417$$

图 4.7 高斯(季静绘)

从而推翻了费马猜想. 有趣的是,尽管经过漫长的时间,人们至今都未能发现第 6 个费马素数,数学界甚至普遍认为可能不会有新的费马素数出现. 尽管研究似乎已经告一段落,但在数学历史上,高斯在 20 岁时的发现再次掀起了重大的学术浪潮. 他观察到费马素数与正多边形的构图存在密切的联系,具体来说,当一个正多边形的边数是费马素数时,它可以通过尺规作图的方式被

准确地绘制出来. 高斯进一步揭示了一个更为广泛的原则：正 n 边形可以用尺规作图的充分必要条件是

$$n = 2^k \times P_1 \times P_2 \times \cdots \times P_n \times \cdots$$

式中：$k = 0, 1, 2, 3, \cdots; P_1, P_2, \cdots P_n$ 为彼此不同的费马素数.

目前只知道存在 5 个费马素数，因此，对于奇数 n，只有 31 个可能的取值（$C_5^1 + C_5^2 + C_5^3 + C_5^4 + C_5^5 = 31$）使得正 n 边形可以用尺规作图.

根据这个结论，100 以内的奇数，只有 $n = 3, 5, 15, 17, 51, 85$ 这 6 种情形，可以用尺规作图，而 $n = 19, 21, \cdots, 49, 53, \cdots, 83, 87, \cdots, 99$ 等情形都不能用尺规作图.

高斯不仅证明了关于正多边形可用尺规作图的定理，还将这个理论付诸实践，用直尺和圆规构造了一个正十七边形. 这一成就标志着尺规作图理论的一个重要突破. 继高斯之后，依据他的理论，一位德国哥廷根大学的教授成功地作出了正二百五十七边形，这进一步证实了高斯关于尺规作图的深刻见解.

因此，一个迟迟未有定论的古老问题终于迎来了答案，其解决之道不可思议地与一个未被正确预见的猜想产生了联系.

毫无疑问，使用尺规构造正多边形的过程与分割圆周的行为本质上是相同的. 这意味着，当尺规完成了一个正十七边形的构造时，实际上也就实现了对圆的 17 等分，这样的图形无疑具有高度的对称与审美价值. 对于高斯而言，这项通过直尺和圆规完成的正十七边形的创造，不仅仅是一项技术上的壮举，更是一首美学上的赞歌. 正是这项成就促使他坚定地迈入了数学的领域. 他甚至在他的遗嘱中提出在自己的墓碑上刻上正十七边形. 这足以显示这位数学巨人对此项工作的深厚情感.

根据高斯定理，我们知道了正三边形和正五边形为什么可以尺规作图，因为 3 和 5 是费马素数（$3 = F_0$，$5 = F_1$），而正七边形不能作出，因 7 不是费马素数. 同理正十一边形和正十三边形也不能作出. 另外，正四边形和正六边形能用尺规作出，因为 $4 = 2^2$，$6 = 2^1 \times 3$，而 $3 = F_0$，符合高斯定理条件.

4.4 毕达哥拉斯定理的证明及应用

古希腊数学的极盛期可追溯至欧几里得的《几何原本》，该著作长久以来被世界各地尊为数学教学的经典之作，超过了 2 000 年的历史. 特别是其第一卷中第 47 个命题——毕达哥拉斯定理，更是被誉为"整个宇宙中最为关键的定理".

在自然科学诸如数学、物理和化学等领域中，存在一系列的核心原则和理论，包括物质守恒定律、能量守恒定律、阿基米德关于浮力的法则，以及牛顿三大定律等. 在这些众多的原理中，有一个在数学界被尊崇为最根本、最关键的理论，那就是著名的毕达哥拉斯定理，该定理阐述了在直角三角形中，斜边长度的平方总是等于两个直角边长度的平方和.

国际学界普遍将该定理归功于毕达哥拉斯，毕达哥拉斯定理由此得名. 然而，真正的历史证据并不充分，无法确切证明是毕达哥拉斯本人发现或证明了这一数学原理. 实际上，关于他亲自从事该定理证明的直接记录是缺失的.

在中国，这一数学原理被称为"勾股定理"或"商高定理"，后者得名于古代中国数学家

数学文化

商高.《中国数学》杂志在 1951 年将其定名为"勾股定理". 中国对这一理论的认识可以追溯到战国至西汉时期的数学文献《周髀算经》, 书中提到了商高向周公解释的一句话:"……故折矩, 勾广三, 股修四, 径隅五."这句话揭示了直角三角形两直角边与斜边之间的关系, 即当短边边长为 3、长边边长为 4 时, 斜边边长就为 5. 这段经典的对话后来被简化为"勾三股四弦五", 这就是我们今天所熟知的勾股定理.

古代中国人根据这个原理, 已经掌握了使用边长分别为 3、4 和 5 的三角形来确定直角的技巧; 同时, 古埃及人应用这一理论来规划他们宏伟的金字塔; 古巴比伦文明也对这一数学定理有所理解, 这一点从考古学家发掘出的几块泥板上可以得到证实, 这些泥板可以追溯到公元前约 2 000 年. 专家分析其中一块泥板上的题目揭示了勾股定理的应用, 内容是: 假设有一根长度为 30 个单位的棒子垂直立于墙边, 当顶端滑落 6 个单位时, 求棒子底部到墙角的距离.

现存最早的勾股定理的证明, 出自欧几里得的著作《几何原本》. 尽管如此, 我们不能完全排除在欧几里得之前, 人们就已经了解了勾股定理的证明. 但这种可能性很低, 因为其证明过程密切依赖于《几何原本》中提到的第五条公理, 即著名的平行公理. 该公理提出, 在一个平面上, 对于给定的一条直线和一个不在该直线上的点, 只存在一条与给定直线不相交的直线. 这个公理在欧几里得时代受到广泛质疑, 很多人曾试图将其作为一个可证明的命题, 而非基础假设. 这种争议一直持续到了 19 世纪, 甚至数学家高斯也曾表示对第五公理的理解并不深刻. 有意思的是, 从勾股定理出发, 可以较为简易地推导出第五公理的成立. 因此, 如果勾股定理及其证明在古代已深入人心, 那么对第五公理的质疑或许就不会存在了.

毕达哥拉斯又是怎么样证明毕达哥拉斯定理的呢? 史无明文, 无从考证了. 实际上, 许多研究数学历史的学者相信, 所谓的毕达哥拉斯定理可能并非由毕达哥拉斯本人最早发现或证明, 将其称为毕达哥拉斯定理, 不过是一场历史的误会. 虽然我国称之为"勾股定理"或"商高定理", 但是为了便于叙述和与国际接轨, 这里还是称此定理为毕达哥拉斯定理. 其重要性至少在以下几个层面得到了体现.

(1) 它的证明是论证数学的发端.

(2) 它是历史上第一个把数与形联系起来的定理.

(3) 它导致了无理数的发现, 从而激发了史上首次数学领域的重大危机 (后文叙述), 并由此极大地促进了数的概念被进一步深化和丰富.

(4) 它是历史上第一个给出了完全解答的不定方程, 并引出了费马大定理 (后文叙述).

(5) 它是欧几里得几何的基本定理, 并有巨大的实用价值.

因为这个定理的重要和著名, 所以研究的人特别多, 或许在整个数学中还找不到另一个定理, 其证明方法之多超过毕达哥拉斯定理. 卢米斯 (Loomis) 在其《毕达哥拉斯定理》一书的第二版中收集了这个定理的 370 种证明方法, 并分了类.

为了给出毕达哥拉斯定理的证明思想, 先回顾毕达哥拉斯定理.

4.4.1 毕达哥拉斯定理

如图 4.8 所示, 设直角三角形的两条直角边边长分别为 a, b, 斜边边长为 c, 则有 $c^2 = a^2 + b^2$.

4.4.2 《几何原本》中的证明思想

如图 4.9 所示,设有一个直角三角形,其中 a,b 分别为直角边,c 为斜边. 分别以 a,b,c 为一边向外作正方形,证明以 a 和 b 为边的两个正方形的面积之和等于以 c 为边的正方形的面积.

图 4.9 的样子像风车,所以人们称它为"风车定理".

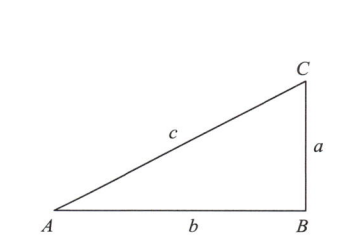

图 4.8 毕达哥拉斯定理(郭晓歌绘)

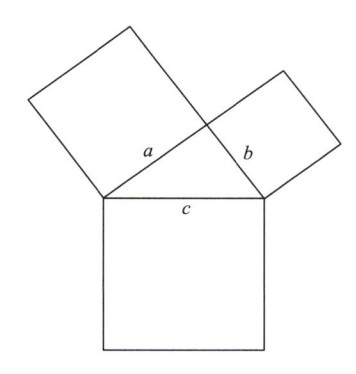

图 4.9 《几何原本》中的证明思想(郭晓歌绘)

4.4.3 商高的证明思想

为了便于理解,这里用现代数学语言表述,如图 4.10 所示,把矩形 $ADBC$ 用对角线 AB 分成两个直角三角形,在直角三角形 ABC 中,$BC=a=3$,$CA=b=4$,$AB=c=5$. 然后以 AB 的边长作正方形 $BMNA$,再用与直角三角形 BAD 相同的三角形把这个正方形围成一个新的正方形 $DEFG$,其面积为 $(3+4)^2=49$,而矩形 $ADBC$ 的面积为 $3\times 4=12$,所以,正方形 $ABMN$ 的面积等于正方形 $DEFG$ 的面积减去 2 个矩形 $ADBC$ 的面积,即 $49-2\times 12=25=5^2=3^2+4^2$. 也就是"勾的平方加股的平方等于弦的平方".

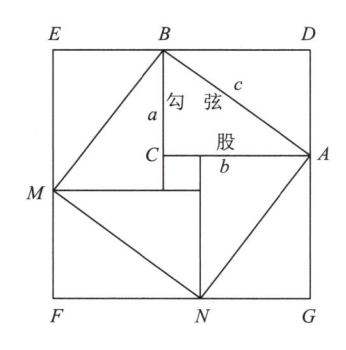

图 4.10 商高的证明思想(郭晓歌绘)

4.4.4 赵爽的证明思想

用现代数学表述,如图 4.11 所示,以 a,b,c 分别表示勾、股、弦,那么 ab 表示"弦实"中两块"朱实"的面积,$2ab$ 表示四块"朱实"的面积,$(b-a)^2$ 表示"中黄实"的面积,于是,从图中可明显看出,四块"朱实"的面积加上一块"中黄实"的面积就等于以 c 为边长的正方形"弦实"的面积,即 $c^2=(b-a)^2+2ab=b^2-2ab+a^2+2ab=a^2+b^2$. 这就是勾股定理的一般表达式.

数学文化

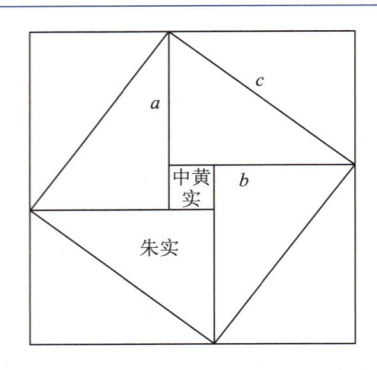

图 4.11 赵爽的证明思想(郭晓歌绘)

赵爽为勾股定理提供的证明因其明晰性和直观性而受到全球数学界的广泛赞誉. 他的高超思维和机智方法让这一证明被视为对勾股定理解析中最卓越的贡献, 被誉为世界上"勾股定理证明之最".

4.4.5 加菲尔德的证明思想

在美国总统中, 有许多总统与数学有联系, 其中最有创造性的是第 20 任总统加菲尔德 (Garfield), 他在中学时代就显示出对数学的浓厚兴趣和卓越才华, 1876 年 4 月《新英格兰教育日志》发表了他关于勾股定理的新的证明方法.

如图 4.12 所示, 在 Rt△ADE 的斜边上, 作等腰 Rt△DEC, 过点 C 作 AE 的垂线交 AE 的延长线于点 B.

那么, 在 △ADE 和 △BEC 中, ∠ADE = ∠BEC, ED = EC, ∠A = ∠B = 90°, △ADE ≅ △BEC, 所以

$$S_{\triangle ADE} = S_{\triangle BEC} = \frac{1}{2}ab$$

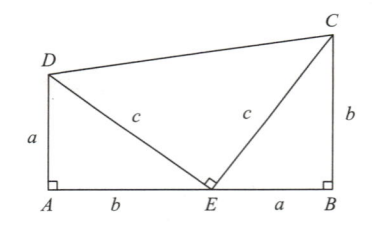

图 4.12 加菲尔德的证明思想(郭晓歌绘)

又

$$S_{\triangle DEC} = \frac{1}{2}c^2$$

$$S_{梯形ABCD} = \frac{1}{2}(a+b)(a+b)$$

因为梯形 ABCD 的面积等于 △ADE、△DEC、△BEC 三个面积之和, 即

$$\frac{1}{2}(a+b)(a+b) = \frac{1}{2}c^2 + \frac{1}{2}ab + \frac{1}{2}ab$$

化简得

$$a^2 + b^2 = c^2$$

4.4.6 用七巧板证明毕达哥拉斯定理

1. 七巧板的起源及传播

在北宋时期，黄伯思对几何形状有着浓厚的兴趣. 他发明了一种六块小桌拼接的独特家具，被称为"宴几"，给宾客用餐时使用. 随后，有创新者将其设计改良，增加到七块桌板，使之能够灵活变换形状以适应不同人数用餐. 例如，三人可将桌子拼成三角形，四人可拼成正方形，而六人则可拼成六边形等. 这种设计既实用又能增添用餐时的趣味.

后来，"宴几"发展成一种拼图玩具. 由于这种玩具极具巧思并且颇为有趣，大家便将其昵称为"七巧板".

明代，七巧板传播到了日本.

明末清初，七巧板在我国皇宫中备受青睐，经常被用作庆祝节日和宫廷娱乐. 它能拼出许多富有吉祥意义的图案和文字. 如今，故宫博物院仍收藏着那时期的七巧板.

随后，七巧板传播到了欧洲，并迅速激发了欧洲人极大的兴趣. 他们将其称为"唐图"，一些人甚至沉迷于这款游戏，夜以继日地研究其变化. 如今，在英国剑桥大学的图书馆内，还保存着一本珍贵的《七巧新谱》.

到了 19 世纪，七巧板更是声名远播，成为多位杰出人物的嗜好. 例如，法国的拿破仑（Napoléon）酷爱玩这种拼图游戏. 即使在被流放期间，七巧板也是他消磨时间的游戏之一.

2. 七巧板的组成

由七片独特形状的板材构成了七巧板，其完备的拼合形态是一个正方形，包含五个等腰直角三角形（其中小号两片、中号一片、大号两片）一个小正方形和一个平行四边形，如图 4.13 所示.

这些板块可以多种方式排列组合，形成各式各样的图形与图案，如桥梁、船只、房屋等静态物体，以及跑动、摔倒、嬉戏、跳跃的人物等动态图像.

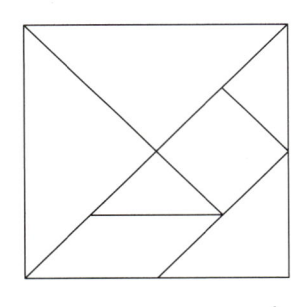

图 4.13 七巧板（郭晓歌绘）

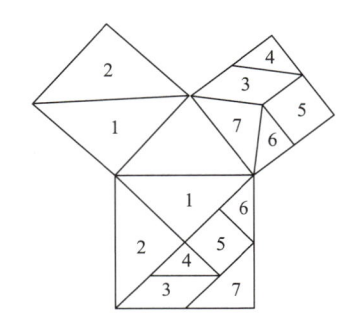

图 4.14 七巧板与毕达哥拉斯定理之间的联系（郭晓歌绘）

3. 七巧板的数学研究

操作七巧板不仅是一种愉悦的智力游戏，也是一项激发发散思维的活动，有助于培养观察能力、集中力、想象力以及创新能力. 这项活动揭示了几何学中的核心理念，尤其是古代数学中的"相互补充原理". 正因为其既有趣味性又富有教育意义，七巧板被广泛应用于数学的教育过程中.

七巧板的用途不止于娱乐与教育，它还能直观地展示毕达哥拉斯定理的真理. 例如，在图 4.14 中，我们可以看到使用两组尺寸相同的七巧板，能够拼凑出三个正方形：一个正方形平放于下方，另外两个较小的正方形则斜放于上方，中间形成一个直角三角形. 在这个直角三角形中，最长边（即斜边）所对的正方形的

> 数 学 文 化

面积刚好等于另外两个较短的直角边对应的正方形面积之和. 据此, 我们可以清晰地得出毕达哥拉斯定理的结论: 一个直角三角形的斜边的平方, 等于其两个直角边的平方和.

4.4.7 毕达哥拉斯定理的应用

1. "荡秋千"问题

在明朝程大位的著作《算法统宗》里, 有这样一道趣题, 题目是"荡秋千":

平地秋千未起, 踏板一尺离地,
送行二步与人齐, 五尺人高曾记.
仕女佳人争蹴, 终朝笑语欢嬉,
良工高士素好奇, 算出索长有几?

题目的大意是: 一架秋千当它静止不动时, 踏板离地 1 尺, 将它向前推 2 步(古人将 1 步算作 5 尺)即 10 尺, 秋千的踏板就和人一样高, 此人身高 5 尺, 如果这时秋千的绳索拉得很直, 请问绳索有多长?

将其译成数学题目, 如图 4.15 所示, 假设 OA 为静止时秋千绳索的长度, $AC=1$, $BD=5$, $BF=10$, 求 OA.

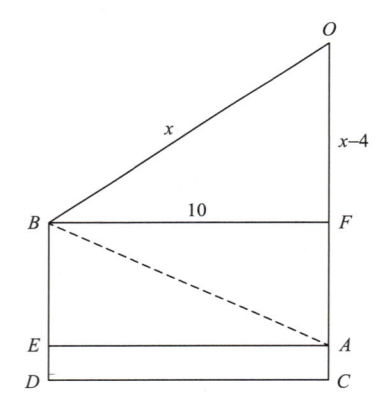

图 4.15 荡秋千题目示意图(郭晓歌绘)

设 $OA=x$, 则 $OB=OA=x$, 由题意得 $FA=FC-AC=BD-AC=5-1=4$.

所以, $OF=OA-FA=x-4$, 在 Rt△OBF 中, 根据勾股定理得
$$(x-4)^2+10^2=x^2$$

解得 $x=14.5$. 所以, 秋千的长度为 14.5 尺.

这一问题在世界数学史上很有影响. 古印度数学家婆什迦罗(Bhāskara)在其《丽罗瓦提》一书中有按这一问题改编的"风动红莲":

平平湖水清可鉴, 面上半尺生红莲;
出泥不染亭亭立, 忽被强风吹一边;
渔人观看忙向前, 花离原位二尺远;
能算诸君请解题, 湖水如何知深浅?

阿拉伯数学家阿尔·卡西(al-Kāshī)的《算术之钥》也有类似的"池中长茅"问题；欧洲《十六世纪的算术》一书中也有"圆池芦苇"问题.

2. 毕达哥拉斯定理在初等数学中的应用

毕达哥拉斯定理是数学史上的一个里程碑，它在数学的各个分支，从基础的初等数学到高级的高等数学，乃至现代数学的发展中，都扮演着核心角色. 它对整个自然科学的贡献不容小觑，正如自然数对于理解自然界和人类社会中数量关系的基础性作用一样. 缺少了这一定理，我们对图形的理解，包括它们的长度、宽度和曲直程度，将会大打折扣. 可以说，毕达哥拉斯定理的存在，为数学乃至自然科学的精确性奠定了基础. 一句话，没有毕达哥拉斯定理就没有数学，从而便没有自然科学的精密化.

毕达哥拉斯定理在初等数学中的余弦定理及其推广：如图 4.16 所示，设 △ABC 三边长分别为 a，b，c，BC 边上的高为 AD.

由毕达哥拉斯定理得 $c^2 = AD^2 + BD^2$.

其中 $AD = b\sin C$，$BD = a - b\cos C$，代入后得到
$$c^2 = a^2 + b^2 - 2ab\cos C$$

其中涉及公式：$\sin^2 C + \cos^2 C = 1$. 这是对斜边长为 c 的等腰直角三角形施用毕达哥拉斯定理的直接结果.

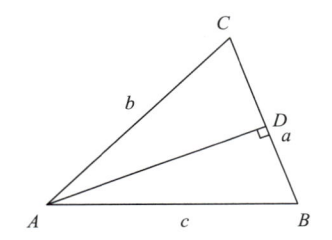

图 4.16　毕达哥拉斯定理在初等数学中的余弦定理（郭晓歌绘）

余弦定理的一个直接推广是平行四边形对角线的平方和等于四条边的平方和.

如图 4.17 所示，设对角线分别为 c，d，边长分别为 a，b，由余弦定理得
$$c^2 = a^2 + b^2 - 2ab\cos\alpha$$
$$d^2 = a^2 + b^2 - 2ab\cos(\pi - \alpha)$$

两式相加，便得 $c^2 + d^2 = 2(a^2 + b^2)$.

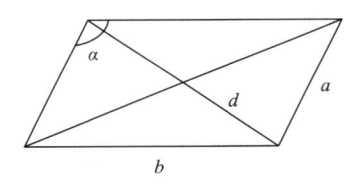

图 4.17　平行四边形（郭晓歌绘）

把毕达哥拉斯定理推广到空间，我们便得到如下重要定理：直角四面体底面积的平方和等于三个侧面面积的平方和.

直角四面体是指其中一个顶点的三个面角都是直角的四面体，它类似于平面图形中的直角三角形，在这里，毕达哥拉斯定理中的边长换成三角形的面积.

如图 4.18 所示，设 $V - ABC$ 为直角四面体，其中 $VA = a$, $VB = b$, $VC = c$，过点 V 的三个面角都是直角，过点 C 引 AB 的垂线 CD 交 AB 于 D.

因为 $VC \perp VA$，$VC \perp VB$（假设），所以 $VC \perp \triangle VAB$（垂直于该平面的两条相交直线），于是 $\triangle VDC \perp \triangle VAB$（含垂线的平面）. 故 $VD \perp AB$.

由三角形面积公式得到

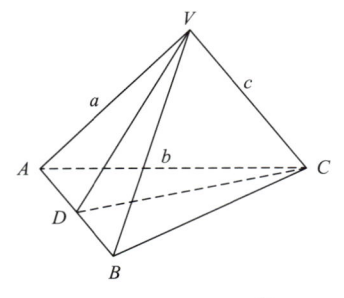

图 4.18　直角四面体 $V - ABC$（郭晓歌绘）

$$ab = 2S_{\triangle VAB} = VD \times AB$$

由此可知

$$VD = \frac{ab}{AB}$$

又

$$AB \times CD = 2S_{\triangle ABC}$$

由毕达哥拉斯定理得

$$CD^2 = VD^2 + VC^2$$
$$AB^2 = VA^2 + VB^2 = a^2 + b^2$$

于是

$$(S_{\triangle ABC})^2 = \frac{1}{4}AB^2 \times CD^2 = \frac{1}{4}(a^2 + b^2)(VD^2 + VC^2)$$
$$= \frac{1}{4}(a^2 + b^2)\left[(a^2b^2)/(a^2 + b^2) + c^2\right] = (S_{\triangle VAB})^2 + (S_{\triangle VBC})^2 + (S_{\triangle VCA})^2$$

本例展示了毕达哥拉斯定理的重要作用. 其实, 几何学中多数重要的定理, 特别是涉及长度和角度的定理都与毕达哥拉斯定理有着深刻的联系.

3. 毕达哥拉斯定理与地外文明探索

多位研究者曾提出, 在搜寻地外文明时, 关键是要先确定一种可用于与外星生命交流的共同语言. 他们自然而然地想到了数学, 作为一种普适语言, 它的候选之一便是毕达哥拉斯定理. 正如已故数学家华罗庚曾指出, 如果预期与不同星球的生命进行信息交换, 理想的策略可能是将两种图形带入太空——一种表示数字的洛书以及一种表示数与形关系的勾股定理图. 这是因为毕达哥拉斯定理揭示了简单且普遍的数形关系, 任何具备理智的生命形式都应能理解其意义. 一种传达毕达哥拉斯定理的方法是在地球上的平坦地带, 如撒哈拉沙漠, 构建一个巨大的直角三角形, 并在三边外侧各自构建一个正方形, 这种原始形式的表现可能会吸引外星生命的注意, 并促使它们向地球发回相应信号. 但至今仍未明确, 宇宙哪些角落孕育了智慧生命, 它们是否能够真正解读毕达哥拉斯定理.

实际上, 在搜寻地外文明的过程中, 科学家们已经派遣太空探测器深入太阳系的各个角落, 重点观察了火星和土星的卫星泰坦(土卫六), 寻找可能的生命迹象. 然而, 至今尚未在这些天体上找到明确的生命证据. 在寻找地球以外的智慧生命时, 首先需要识别出具有地球般条件的行星系统. 据天文学家预测, 银河系中可能拥有数十亿个这样的行星, 但它们与我们相距甚远.

总结上述内容, 我们可以明确地认识到, 古希腊对数学领域的杰出贡献以及古希腊数学对全人类文化发展的深远影响. 古希腊学者们将数学提升为抽象的推理学科, 从而为现代数学的形成打下了重要的基石. 数学的发展与历史的流转息息相关, 在历史的长河中, 古希腊文明的迅速崛起无疑是最让人惊叹的篇章之一.

数学家罗素曾说: 古希腊人屹立于我们大部分学术的最前端, 他们的思想至今影响着我们, 他们的问题经过延展仍然是我们需要解决的问题.

复习与思考题

1. 请简述阿基米德的主要贡献.
2. 请概括古希腊数学演进历程的三个时期.
3. 请列举古希腊著名数学家及其数学成就(至少 6 位).
4. 完美数和亲和数分别是什么?
5. 毕达哥拉斯学派对不可公度比的发现,采取了什么态度?
6. 请简述毕达哥拉斯定理的证明思路.

第 5 章

斐波那契数列与黄金分割

　　斐波那契数列,这一经典的数学序列,以其独特的构造和广泛的应用在数学、计算机科学乃至自然界中都占有举足轻重的地位. 斐波那契数列不仅具有优美的数学美感,还蕴含丰富的数学性质. 斐波那契数列不仅是一个迷人的数学现象,更是连接数学、计算机科学乃至自然界的桥梁,其独特的美感和广泛的应用价值值得我们深入探索和研究.

　　黄金比与斐波那契数列紧密相连,斐波那契数列中相邻两项的比值随着项数的增加逐渐趋近于黄金比,这一特性使得黄金比在自然界中广泛存在,如植物的叶子排列、贝壳的螺旋生长,甚至人类面部的比例等,都巧妙地体现了黄金比的和谐与美感.

> 数学文化

5.1 斐波那契数列

5.1.1 关于斐波那契

斐波那契(图 5.1)是 13 世纪意大利最杰出的数学家.

斐波那契出生于一个商人之家,他父亲深知数学的实用价值,因此让他向阿拉伯的数学家们学习. 在他们的指导下,斐波那契掌握了当时先进的阿拉伯记数系统. 他的求学之旅不止一地,他还访问了埃及、叙利亚、希腊、西西里岛、法国等多个地方,学习了这些地方在商业计算上的多种算术方法. 大约在 1200 年,斐波那契返回了他的故乡比萨,专注于数学研究,并在1202年完成了著作《算盘全集》. 此书的广泛传播,在欧洲推广了古印度的阿拉伯数字系统,对数字的普及产生了深远影响.

图 5.1 斐波那契(季静绘)

斐波那契除了促进了古印度的阿拉伯数字体系在欧洲的普及之外,他在数学史上还有其他显著的成就. 他的著作还包括《实用几何》和《平方数书》,后者专注于探讨二次丢番图方程. 他在这些作品中展现出的创新,尤其是对同余数的研究,确立了他在数论领域的重要地位.

斐波那契的名字之所以流芳百世,通常归功于他在《算盘全集》中引入的一道著名的兔子繁殖问题,即后来被广泛提及的斐波那契数列. 该数列是他在对《算盘全集》进行修订时添加的,由此产生的数列因其独特性而名声大噪.

5.1.2 斐波那契数列的由来——兔子繁殖问题

在斐波那契的《算盘全集》中,他提出了一个关于兔子生育的问题:假设初生兔子一个月以后成熟,而一对成熟兔子每月会生下一对小兔子,那么从一对刚出生的兔子开始,一年之后会有多少对兔子呢?(假定每对兔子一雌一雄,且不病不死)这个问题在算数层面相对简单,小学生也能理解. 然而,想要通过常规的算数公式来解答它却并不容易,为了揭示兔子繁殖的模式,我们不妨从最简单的方法开始尝试计算.

第 1 个月:只有 1 对小兔子;第 2 个月:仍然只有 1 对小兔;第 3 个月:这对兔子生了 1 对小兔,这时共有 2 对兔子;第 4 个月:老兔子又生了 1 对小兔,而上个月出生的小兔子还未长大,故这时共 3 对兔子;第 5 个月:有 2 对兔子可繁殖(原来的老兔子和第 3 个月出生的小兔子),共生 2 对兔子,这时兔子总对数为 5 对. 如此推算下去,我们可以得到第 1 个月到第 12 个月的兔子对数如表 5.1 所示.

表 5.1 第 1 个月到第 12 个月兔子的对数

月份	1	2	3	4	5	6	7	8	9	10	11	12
小兔子对数	1	0	1	1	2	3	5	8	13	21	34	55

续表

月份	1	2	3	4	5	6	7	8	9	10	11	12
大兔子对数	0	1	1	2	3	5	8	13	21	34	55	89
总对数	1	1	2	3	5	8	13	21	34	55	89	144

从表 5.1 中最后一行可清晰地看出一年后的兔子总对数是 144 对. 后人为了纪念斐波那契, 将这个兔子总对数数列称为斐波那契数列, 其中的每一项称为斐波那契数. 其一般形式为

$$1, 1, 2, 3, 5, 8, 13, 21, 34, 55, 89, 144, \cdots$$

如果把上述数列记为 $F_1, F_2, F_3, \cdots$, 则第 $n+1$ 个月的兔子数 F_{n+1}（$n>2$）可分为两类: 一类是当月刚出生的小兔, 它们的对数恰好为前 2 个月的兔子对数 F_{n-2}, 另一类是上个月已有的兔子对数（F_{n-1}）, 这样便有

$$\begin{cases} F_1 = F_2 = 1 \\ F_n = F_{n-1} + F_{n-2}, \quad n = 3, 4, 5, \cdots \end{cases}$$

5.1.3 斐波那契数列的性质

斐波那契数列拥有众多引人入胜的特性, 其中最显著的一点是, 从序列的第三个数开始, 每个数都是其前两个数的和, 如 $8 = 3 + 5$, $55 = 21 + 34$. 这是该数列定义中的核心特征. 而且, 斐波那契数列不止这一个特性, 它的独特性质延伸到了数学的多个分支以及其他学科领域, 广泛应用在各种不同的情境中.

性质 5.1 斐波那契数列通项公式:

$$F_n = \frac{1}{\sqrt{5}} \left[\left(\frac{1+\sqrt{5}}{2} \right)^n - \left(\frac{1-\sqrt{5}}{2} \right)^n \right]$$

该公式由 18 世纪初法国数学家比内 (Binet) 给出. 事实上, 设

$$\begin{aligned} F(x) &= 1 + x + 2x^2 + 3x^3 + 5x^4 + 8x^5 + \cdots + F_n x^{n-1} + \cdots \\ &= 1 + x + (x^2 + x^2) + (x^3 + 2x^3) + (2x^4 + 3x^4) + (3x^5 + 5x^5) + \cdots + (F_{n-2} x^{n-1} + F_{n-1} x^{n-1}) + \cdots \\ &= 1 + x + x^2(1 + x + 2x^2 + \cdots) + x(x + 2x^2 + 3x^3 + \cdots) + \cdots \\ &= 1 + x + x^2 F(x) + x[F(x) - 1] \\ &= 1 + x^2 F(x) + x F(x) \end{aligned}$$

解得

$$F(x) = \frac{1}{1 - x - x^2}$$

$$F(x) = \frac{1}{1-x-x^2} = -\frac{1}{\left(x+\frac{1+\sqrt{5}}{2}\right)\left(x+\frac{1-\sqrt{5}}{2}\right)} = \frac{1}{\sqrt{5}}\left(\frac{\frac{1+\sqrt{5}}{2}}{1-\frac{1+\sqrt{5}}{2}x} - \frac{\frac{1-\sqrt{5}}{2}}{1-\frac{1-\sqrt{5}}{2}x}\right)$$

$$= \frac{1}{\sqrt{5}}\sum_{n=1}^{\infty}\left[\left(\frac{1+\sqrt{5}}{2}\right)^n - \left(\frac{1-\sqrt{5}}{2}\right)^n\right]x^{n-1} \quad \left[\frac{1}{1-x} = \sum_{n=1}^{\infty} x^{n-1} \,(|x|<1)\right]$$

比较系数得

$$F_n = \frac{1}{\sqrt{5}}\left[\left(\frac{1+\sqrt{5}}{2}\right)^n - \left(\frac{1-\sqrt{5}}{2}\right)^n\right]$$

性质 5.2 斐波那契数列相邻两项之比:

$$\lim_{n\to\infty}\frac{F_n}{F_{n+1}} = \frac{\sqrt{5}-1}{2} \approx 0.618\cdots$$

$$\lim_{n\to\infty}\frac{F_n}{F_{n-1}} = \frac{\sqrt{5}+1}{2} \approx 1.618\cdots$$

(0.618 称为黄金比, 后文将介绍).

事实上,

$$\frac{F_n}{F_{n+1}} = \frac{2\left[(1+\sqrt{5})^n - (1-\sqrt{5})^n\right]}{(1+\sqrt{5})^{n+1} - (1-\sqrt{5})^{n+1}} = \frac{2\left[1-\left(\frac{1-\sqrt{5}}{1+\sqrt{5}}\right)^n\right]}{(1+\sqrt{5}) - \left(\frac{1-\sqrt{5}}{1+\sqrt{5}}\right)^n(1-\sqrt{5})}$$

当 $n\to\infty$ 时, $\left(\frac{1-\sqrt{5}}{1+\sqrt{5}}\right)^n \to 0$, 故 $\lim_{n\to\infty}\frac{F_n}{F_{n+1}} = \frac{2}{1+\sqrt{5}} = \frac{\sqrt{5}-1}{2} \approx 0.618$.

这反应了斐波那契数列与黄金比的一致性, 它由西姆森(Simson)于 1753 年发现.

性质 5.3 $F_n^2 + F_{n+1}^2 = F_{2n+1}$, $F_{n+1}^2 - F_{n-1}^2 = F_{2n}$, 即相邻的斐波那契数的平方和(差)仍为斐波那契数.

例如, $1^2 + 1^2 = 2$, $1^2 + 2^2 = 5$, $2^2 + 3^2 = 13$.

性质 5.4 $F_{n+1}^2 - F_n F_{n+2} = (-1)^n$, 即连续三项斐波那契数, 首尾两项之积, 与中间项平方之差为 $(-1)^n$.

例如, $1^2 = 1\times 2 - 1$, $2^2 = 1\times 3 + 1$, $3^2 = 2\times 5 - 1$.

由此性质立即得到:

性质 5.5 两相邻斐波那契数互素, 即 $(F_n, F_{n+1}) = 1$.

性质 5.6 $F_1 + F_2 + \cdots + F_n = F_{n+2} - 1$; $F_1^2 + F_2^2 + \cdots + F_n^2 = F_n \cdot F_{n+1}$; $F_1 + F_3 + \cdots + F_{2n-1} = F_{2n}$; $F_2 + F_4 + \cdots + F_{2n} = F_{2n+1} - 1$; $F_{n+m} = F_{n-1}\cdot F_m + F_n \cdot F_{m+1}$.

性质 5.7 $F_{n+2}^2 - F_{n+1}^2 = F_n F_{n+3}$.

例如，$2^2-1^2=1\times 3$，$3^2-2^2=1\times 5$，$5^2-3^2=2\times 8$.

性质 5.8 除 0 和 1 外，唯一是平方数的斐波那契数为 $F_{12}=144$，也恰好为其指标 12 的平方；只有 1 和 8 是斐波那契立方数.

性质 5.9 用一个固定正整数除斐波那契数列各项，余数有周期性变化规律.

例如，用 4 除各项后，得余数：

$$1,1,2,3,1,0,1,1,2,3,1,0,1,1,2,3,1,0,\cdots$$

用 3 除各项后，得余数：

$$1,1,2,0,2,2,1,0,1,1,2,0,2,2,1,0,1,1,\cdots$$

性质 5.10 若 $n|m$，则 $F_n|F_m$，即若 m 为 n 的倍数，则 F_m 为 F_n 的倍数.

例如，$F_3|F_{15}$，$F_5|F_{15}$.

性质 5.11 斐波那契数列第 3 个数可被 2 整除，第 4 个数可被 3 整除，第 5 个数可被 5 整除，第 6 个数可被 8 整除……这些除数本身也构成斐波那契数列．

性质 5.12 除 F_3 外，一个斐波那契数若为素数，则其指标数亦为素数.

例如，$F_7=13$，$F_{13}=233$，13 与 233 均为素数，而 7 与 13 也均为素数，可用性质 5.9 证明.

注意此性质的逆不成立. 例如，19 为素数，$F_{19}=4181=37\times 113$.

又虽素数有无穷多个，但斐波那契数列中是否有无穷多个素数，至今还是一个谜.

性质 5.13 $\sum_{i=1}^{\infty}\dfrac{F_i}{10^{i+1}}=\dfrac{1}{89}$.

该性质由斯坦克利夫(Stancliff)于 1953 年给出. 这里 89 是斐波那契数列中第 11 项，且为素数，它的倒数为 44 位循环小数，这个结果是十分意外的，因为斐波那契数列被认为是正整数数列.

性质 5.14 以两序数的最大公约数为序数的项等于此两序数对应项的最大公约数.

$$F_{(m,n)}=(F_m,F_n)$$

该性质由法国数学家卢卡斯给出.

性质 5.15 (末位数字的周期性) 末位数字的周期是 60，即 $U_{n+60}\equiv U_n \bmod 10$.

1, 1, 2, 3, 5, 8, 3, 1, 4, 5, 9, 4, 3, 7, 0, 7, 7, 4, 1, 5, 6, 1, 7, 8, 5, 3, 8, 1, 9, 0, 9, 9, 8, 7, 5, 2, 7, 9, 6, 5, 1, 6, 7, 3, 0, 3, 6, 9, 5, 4, 9, 3, 2, 5, 7, 2, 9, 1, 0, 1, 1, 2, 3, 5, …

末两位数字的周期是 300，末三位数字的周期是 1 500，末四位数字的周期是 15 000，末五位数字的周期是 150 000.

5.1.4 斐波那契数列的自然应用

1. 植物界的斐波那契数列

斐波那契数列因其适用性广泛，在多个科学领域如数学、物理学、化学和天文学等频繁应用，并且它拥有一系列迷人的特征. 特别是斐波那契数列在优化算法中的应用使得对其探究日益增多. 近些年来，国际上不仅成立了相关的研究组织，如斐波那契学会，而且出版了专门讨论斐波那契数列的期刊和专著.

> **数学文化**

斐波那契数列不仅源自观察兔子繁殖的自然现象,而且奇妙地反映了自然界的多种模式.例如,生物学家注意到,很多花朵的花瓣数量呈现出明显的规律性,通常这些数与斐波那契序列中的数相吻合.举例来说,常见的百合花呈现出 3 片花瓣的特征,而特定的螺形花科植物则以 5 瓣的形态出现,翠雀属的代表则展示出 8 瓣的美态,万寿菊和紫菀科植物的花瓣数分别达到了 13 和 21,雏菊一类的花朵花瓣数量通常会是 34、55 或 89. 向日葵的种子排列也表现出斐波那契数列的特征,同样,菠萝、冬青、桃花、牛眼菊等植物的花瓣数也正好对应斐波那契数列中的数.更加吸引人的是,有研究者发现,某种花朵恰好有 34 瓣花瓣,而在这些花瓣中,有 5 瓣与其余的 29 瓣明显不同,更长且向内卷曲,显示出由两个斐波那契数组合而成的模式.这样的自然规律和数学之间的联系,几个世纪以来引起了人们广泛的兴趣和研究.斐波那契通过兔子繁殖问题不仅预见了自然界的这一神秘模式,而且斐波那契数列本身成为揭示这一奥秘多样形态的工具.数学之美,实在是太令人赞叹了!

2. 斐波那契数列与动物繁殖

在自然界中,斐波那契数列与蜜蜂繁殖模式之间存在着一种奇妙的关联.蜜蜂的生活和工作模式是由精确的遗传逻辑控制的,而这种逻辑恰好与斐波那契数列紧密相连.在蜜蜂的社会结构中,雄性蜜蜂(即雄蜂)只有来自其母亲的遗传信息,因为它们是由未受精的卵产生的.换句话说,雄蜂没有父亲.而雌性蜜蜂(即雌蜂,包括蜂后和工蜂)则来自一只雄蜂和一只雌蜂的结合.

如果我们追溯一只雄蜂的家谱,它会有 1 个母亲、2 个祖父母、3 个曾祖父母(因为它的父亲只有母亲)、5 个高祖父母,以此类推,见表 5.2. 这个数列继续下去会显现出斐波那契数列的特征.这不是偶然的现象.实际上,这种遗传模式提供了一种非常高效的途径,通过这种方式,蜜蜂能够维持遗传多样性,同时保持种群数量的稳定.这种遗传结构最终形成了一种自然选择的结果,让蜜蜂能够在动态变化的环境中生存下来.

表 5.2 雄蜂和雌蜂繁殖规律　　　　　　　　　　　　　(单位:只)

	父母	祖父母	曾祖父母	高祖父母	曾曾祖父母	…
雄蜂数量	1	2	3	5	8	…
雌蜂数量	2	3	5	8	13	…

斐波那契数列在蜜蜂的繁殖模式中的出现,是自然选择的一个优化示例,展现了自然界如何利用数学原理来优化生命的连续性.蜜蜂家族的这种独特繁殖方式并不是人工设计的,而是经过无数代的自然演化,最终形成了一种与斐波那契数列相契合的遗传模式.这一模式的发现,不仅让我们对蜜蜂社会的复杂性有了更深的理解,也进一步证明了数学规律在自然界中无处不在的普遍性.

5.2 黄金分割及其应用

早在 2 000 多年前,欧几里得在其著作《几何原本》中首次提出了"中外比"的几何构造难题.德国学者开普勒(Kepler)曾赞誉几何学的两项至宝：一项是毕达哥拉斯定理，另一项则是分割线段为中外比的问题. 他将前者比作黄金，而后者则如同珍珠.

5.2.1 黄金分割

中外比线段：将线段分为两段，使其中较短线段与较长线段的比等于较长线段与整个线段的比.

为了能够用尺规作出该点，人们往往先求出它的代数表达式，为简便计算，如图 5.2 所示，设所给的 AB 的长为 1，且设 C 为所求的分点，同时设 $AC = x$，则 $CB = 1-x$. 依题意有

$$\frac{x}{1} = \frac{1-x}{x}$$

得 $x^2 + x - 1 = 0$，解出 $x = \frac{\sqrt{5}-1}{2}$，另一根 $x = \frac{-\sqrt{5}-1}{2} < 0$（舍去）.

$$A \quad\quad x \quad\quad C \quad 1-x \quad B$$

图 5.2　中外比线段（郭晓歌绘）

上述短段与长段之比，称为黄金比(golden ratio)、黄金分割(golden proportion)或黄金数(golden number). 一条线段中使短段与长段之比为黄金比的点，称为黄金分割点. 有时，人们对黄金比、黄金数、黄金分割不加区别，而实际意义的黄金数指 $\frac{x}{1} = \frac{1-x}{x}$. 此时，$x = \frac{\sqrt{5}-1}{2} \approx 0.618$，正好是 $x = \frac{1+\sqrt{5}}{2}$ 的倒数.

5.2.2 黄金分割应用举例——优选法

美国国家科学院院士吉弗(Kiefer)于 1953 年提出了一种效率高且质量好的科学实验方法，称为优选法，亦被称为快速优选法. 20 世纪 70 年代，经过华罗庚的大力宣传和推广，该方法获得了显著的成功.

优选法的核心在于迅速筛选出最佳的方案，这一方法被普遍应用于科学研究、工业制造以及我们的日常生活中. 在实施过程中，常采用"折纸技巧"来布置实验，并且要利用到黄金分割数 0.618，这也是优选法有时被称为"黄金分割法"的原因.

下面举例说明优选法的操作方法.

某工厂为配制某种合金淬火用水溶液，应该放入多少氢氟酸才能够达到最好的效果？为此，需在 1 mL 到 100 mL 间比较选择，可以离散地从 1 mL 起每次实验增加 1 mL，做 101 次实验，比较结果，筛选出最优方案. 能否少做一些实验？是否存在最优方案？

下面采用优选法，如图 5.3 所示，AB 长表示 100 mL，在其中取 D,C 两点为黄金分割点，使得 $AC:AB = DB:AB = 0.618$.

图 5.3 优选法示意图(郭晓歌绘)

按点 D $100-61.8=38.2$(mL) 和点 C 61.8 mL 做实验. 比较两者得到较优效果, 不妨设点 D 为优, 则最优肯定在 CA 之间, 即 61.8 mL 到 100 mL 间不可能出现最优方案. 如果点 C 为优, 作类似的处理.

再做两次实验: 在 AC 之间取两个黄金分割点, 其中一个是点 E, 另一个是点 D(由黄金数性质). 取相应体积做实验, 评比谁较优. 不妨设点 E 最优, 就舍去 DC 间体积. 再在 AD 间求两个黄金分割点. 择优依此类推, 就可以得到一个含所需精度的最优答案——在 0 mL 到 100 mL 间, 取多少氢氟酸使结果为最优.

5.2.3 用纸折出黄金分割点

如图 5.4 所示, 取一张正方形纸片 $ABCD$, 先折出 BC 的中点 E, 然后折出直线 AE, 再通过折叠使得 EB 落到直线 AE 上, 折出点 B 的新位置 G, 从而 $EG=EB$.

类似地, 在 AB 上折出点 X, 使得 $AX=AG$, 这时点 X 就是 AB 的黄金分割点. 请读者自行思考这种方法的原理.

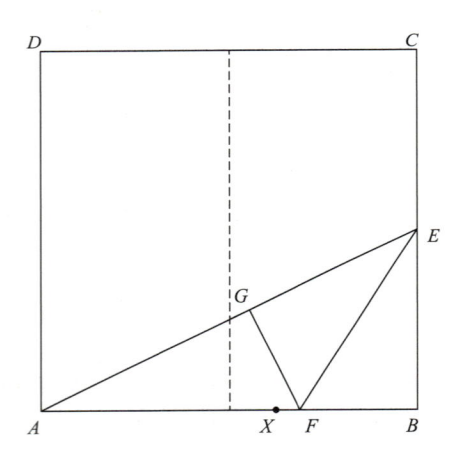

图 5.4 用纸折出黄金分割点(郭晓歌绘)

5.2.4 小康型购物公式

天津商业大学吴振奎教授曾以黄金数 0.618 为尺度, 提出了一个"小康型购物公式". 小康型消费价格 $= 0.618 \times$ (高档消费价格 − 低档消费价格) + 低档消费价格(图 5.5).

图 5.5 小康型购物公式(郭晓歌绘)

这意味着,在购买商品时,如果觉得高端商品的价格太高,而低端商品又不能满足需求,那么可以选择一个价格介于两者之间的商品——这个价格适中偏高,可以认为是"小康"级别的消费水平.

举例来说:购买手机时,据调查,高档消费价格在 12 800 元左右,低档消费价格在 2800 元左右,那么小康型消费价格为 $(12\,800 - 2\,800) \times 0.618 + 2\,800 = 8\,980(元)$.

上述公式对指导商品生产等也有实际价值.

5.2.5 黄金矩形与"上帝之眼"

黄金矩形即长宽比为黄金比的矩形.

黄金矩形因其美学价值,在多个领域得到了广泛运用,如数学理论、艺术作品、建筑设计,乃至商业广告中都能观察到其影响. 心理学领域的研究也表明,黄金矩形被认为是最赏心悦目、最和谐的长方形比例. 从窗户的尺寸到画作、摄影作品,甚至书籍的版面设计,许多都采用了接近黄金比例的长宽尺寸.

取一个黄金矩形 $ABCD$,边 AB 与边 BC 之比符合黄金比例,从中切去正方形 $AEFD$,得到的矩形 $EBCF$ 是一个新的黄金矩形,其与原矩形对应边的比例恰为 0.618,这个过程可以无限进行下去(图 5.6).

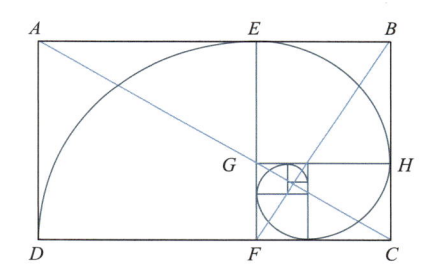

图 5.6 黄金矩形(郭晓歌绘)

在任意一对母子长方形上各画一条对角线,它们将在一点交叉.

$\overset{\frown}{DE}$ 是以 DF 为半径的四分之一圆弧,将所有正方形的内切四分之一圆弧连接起来形成的螺旋称为对数螺旋,这一螺旋会无限接近对角线的交点但是永远不能到达,无限缩小的黄金矩形也会逐渐聚向这一点但是也永远不能到达,所以这一点被人们戏称为"上帝之眼".

5.3 黄金分割与美学

黄金分割,其美学价值列举如下.

(1) 达·芬奇将黄金比例应用于绘画艺术,其代表作《蒙娜丽莎》的构图便基于黄金矩形的原理.

(2) 在许多知名的乐曲中,高潮部分往往位于曲子长度的大约 0.618 的位置.

(3) 挂画时,如果画面距离地面的高度约为墙面高度的 0.618,往往给人一种视觉上的愉悦感.

> **数学文化**

(4) 经验丰富的舞台主持人在报幕时站立的位置，会比一侧的三分之一处略多一些，从而在视觉上让观众感觉到其舞台表现自然而大方，同时听觉上也能获得更好的音效体验. 这个站位恰恰符合黄金比例的布局.

(5) 芭蕾舞者之所以采用脚尖舞蹈，是因为通过这种方式，观众能够感受到舞者身体比例的和谐，即腿长和身高的比例与黄金分割相吻合，从而使得舞蹈动作显得更加优美.

(6) 在人体中，肚脐位于全身高度的黄金分割点，而膝盖则是下半身长度的黄金分割点. 放宽标准来看，可以在人体内发现至少 18 个"黄金点"、15 个"黄金矩形"、6 个"黄金比例"和 3 个"黄金三角".

女性爱穿着高跟鞋也涉及黄金比例的奥秘. 理想情况下，如果女性的上半身与身高的比例为 0.618，这种比例会显得格外协调. 然而，自然状态下，大多数人并不符合这一比例. 通过穿着高跟鞋，可以微调这一比例，使得上半身与身高之间的关系更加接近于 0.618，从而在视觉上创造出一种平衡、和谐的效果.

5.4 连分数及其分类

5.4.1 连分数

连分数是一种表示实数的方法，通过连续的分式展开来表达一个数. 其一般形式为

$$a_0 + \cfrac{b_1}{a_1 + \cfrac{b_2}{a_2 + \cfrac{b_3}{a_3 + \cdots}}}$$

其中，a_0 是整数部分（可以是零或任意整数）. $a_1, a_2, a_3, \cdots$ 是正整数，称为部分分母. $b_1, b_2, b_3, \cdots$ 是分子，通常为 1.

5.4.2 简单连分数

如果所有分子 $b_1, b_2, b_3, \cdots$ 都等于 1，则称为简单连分数，其形式为

$$a_0 + \cfrac{1}{a_1 + \cfrac{1}{a_2 + \cfrac{1}{a_3 + \cdots}}}$$

5.4.3 连分数的类型

1. 有限连分数

若连分数的展开在有限步后终止，则为有限连分数. 有限连分数表示一个有理数. 其一般形式为

$$a_0 + \cfrac{1}{a_1 + \cfrac{1}{a_2 + \cfrac{1}{a_3 + \cdots + \cfrac{1}{a_n}}}}$$

2. 无限连分数

若连分数的展开无限延伸，则为无限连分数. 无限连分数表示一个无理数. 其一般形式为

$$a_0 + \cfrac{1}{a_1 + \cfrac{1}{a_2 + \cfrac{1}{a_3 + \cdots}}}$$

例 5.1 有理数 $\dfrac{13}{5}$ 可以用有限连分数表示为

$$\frac{13}{5} = 2 + \cfrac{1}{1 + \cfrac{1}{1 + \cfrac{1}{2}}}$$

例 5.2 无理数 $\sqrt{2}$ 可以用无限连分数表示为

$$\sqrt{2} = 1 + \cfrac{1}{2 + \cfrac{1}{2 + \cfrac{1}{2 + \cfrac{1}{2 + \cdots}}}}$$

其部分分母全部为 2.

例 5.3 黄金比例 $\varphi = \dfrac{1 + \sqrt{5}}{2} \approx 1.6180339887$，其无限连分数展开为

$$\phi = 1 + \cfrac{1}{1 + \cfrac{1}{1 + \cfrac{1}{1 + \cdots}}}$$

其部分分母全部为 1.

例 5.4 自然对数的底 $e \approx 2.7182818284$，其无限连分数展开为

$$e = 2 + \cfrac{1}{1 + \cfrac{1}{2 + \cfrac{1}{1 + \cfrac{1}{1 + \cfrac{1}{4} \cdots}}}}$$

其部分分母为 1, 2, 1, 1, 4, 1, 1, 6, 1, 1, 8, $\cdots$

例 5.5 圆周率 $\pi \approx 3.1415926535$,其无限连分数展开为

$$\pi = 3 + \cfrac{1}{7 + \cfrac{1}{15 + \cfrac{1}{1 + \cfrac{1}{292 + \cdots}}}}$$

其部分分母为 7, 15, 1, 292, 1, 1, 1, 2, 1, 3, 1, 14, 2, 1, 1, 2, 2, 2, 2, 1, 84, 2, 1, 1, 15, 3, 13, 1, 4, 2, 6, 6, 99, …

圆周率 π 的无限连分数展开并没有明显的简单规律,其部分分母的变化不规则.但连分数提供了 π 的最佳有理逼近,在数学研究和数值计算中具有重要意义.

复习与思考题

1. 黄金数是指什么?
2. 请列举斐波那契数列的 4 条性质.
3. 试写出斐波那契数列的第 1~13 项.
4. 试给出生活中黄金分割的例子(3 个以上).
5. 请将元理数 $\sqrt{3}$ 用无限连分数表示出来.
6. 请举例说明优选法的思路.

第 6 章

奇妙的幻方

当晨曦悄悄揭开沉睡的夜幕、大地苏醒，每个人又将投入那紧张而忙碌的生活律动中．时间仿佛成了一条无形的轴线，串联起我们的工作和休息，吃饭、下班、休息均需遵循它的严格节奏；空间则像一张巨网，无论是办公室、住宅还是穿梭于车船飞机之间，我们总被包裹在一个三维、四维，乃至无限维度的复杂世界里．

而当我们利用现代科技——手机和电脑网络，跨越山川大海进行联络和沟通时，是否曾驻足思考，是那些绝妙的数学原理发挥了根本性的作用，让这错综复杂的信息网络变得如此精妙绝伦、井然有序？在我们匆匆忙忙的生活中偶得片刻闲暇，尽情嬉戏之际，又是否曾意识到，那些充满魔力的幻方、棋盘背后，凝聚了多少数学巨匠的智慧与心血？

第 6 章知识导图

> 数学文化

6.1 从龙马负图说起

6.1.1 神奇的"河图""洛书"

"龙马负图寺"位于河南省洛阳市孟津区会盟镇雷河村，寺前存有明代龙马石雕，1986 年被列为河南省文物保护单位。据《周易·系辞上》"河出图，洛出书，圣人则之"及北魏郦道元《水经注·河水》"伏羲受龙马图于河，八卦始画"记载，伏羲氏见黄河龙马负"河图"（图 6.1）而创八卦符号系统；大禹据洛水神龟负"洛书"（图 6.2）奠定治水与治国方略。

"龙马负图"作为华夏文明的核心象征之一，其文化影响贯穿先秦至汉唐。《尚书·顾命》印证河图至迟西周时期已成为王权合法性与知识神圣性的双重符瑞。"河图"以十数黑白点阵对应《礼记·月令》五行方位，体现早期阴阳宇宙观；"洛书"以九宫数理构建幻方结构，其空间秩序为"太一九宫"天道模型。二者共同构成汉代"象数之学"的数学基础。

图 6.1 河图（张文奇绘）

图 6.2 洛书（张文奇绘）

揭开传说的神秘面纱，且看"河图""洛书"到底是什么. 图 6.3 给出了洛书的点阵图，而那些点阵图转换成数字，就得到一个由 1~9 这九个数字排成的 3×3 的方阵表（图 6.4）.

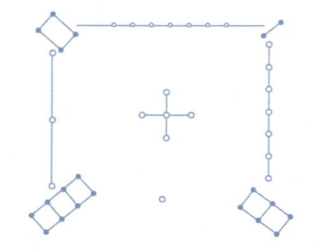

图 6.3 "洛书"的点阵图（陈华锋绘）

4	9	2
3	5	7
8	1	6

图 6.4 3×3 方阵表

6.1.2 "洛书"的奇妙性质

性质 6.1 在这个 3×3 的方阵中,每行(横的称为"行")每列(纵的称为"列")以及两条对角线上的 3 个数之和均为 15.

这种美妙的正方形排列,在我国历史上称为九宫图,亦称为纵横图. 后来,人们称它为幻方,因为图 6.4 是由 3 行 3 列组成的,所以它被称为 3 阶幻方. 现已确认,"洛书"是世界上最古老的幻方.

性质 6.2 "洛书"中周边的 8 个数字,如果从 9 开始两两结合构成两位数,有

$$92 + 27 + 76 + 61 + 18 + 83 + 34 + 49 = 94 + 43 + 38 + 81 + 16 + 67 + 72 + 29 = 440$$

$$92^2 + 27^2 + 76^2 + 61^2 + 18^2 + 83^2 + 34^2 + 49^2 = 94^2 + 43^2 + 38^2 + 81^2 + 16^2 + 67^2 + 72^2 + 29^2 = 29\,460$$

$$92^3 + 27^3 + 76^3 + 61^3 + 18^3 + 83^3 + 34^3 + 49^3 = 94^3 + 43^3 + 38^3 + 81^3 + 16^3 + 67^3 + 72^3 + 29^3 = 2\,198\,900$$

1970 年哈尔默斯(Holmes)将"洛书"幻方中 1、3 列和 1、3 行分别进行对调(图 6.5):

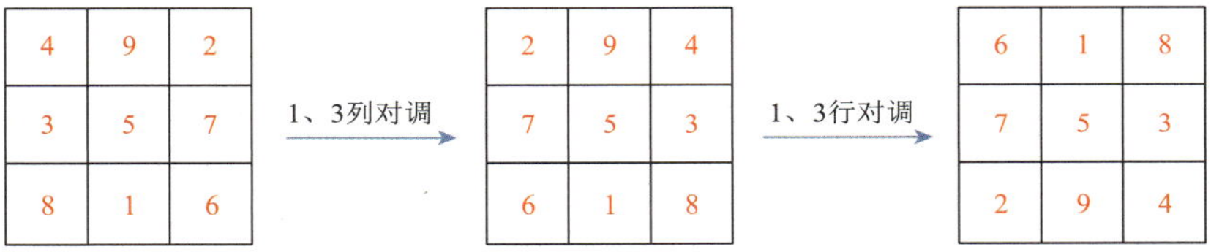

图 6.5 对调后的"洛书"幻方

行逆序幂等: $618^2 + 753^2 + 294^2 = 816^2 + 357^2 + 492^2$

列逆序幂等: $672^2 + 159^2 + 834^2 = 276^2 + 951^2 + 438^2$

主对角幂等: $654^2 + 132^2 + 879^2 = 456^2 + 231^2 + 978^2$

副对角幂等: $852^2 + 174^2 + 639^2 = 258^2 + 471^2 + 936^2$

主对角逆序幂等: $654^2 + 798^2 + 213^2 = 456^2 + 897^2 + 312^2$

副对角逆序幂等: $693^2 + 714^2 + 258^2 = 396^2 + 417^2 + 852^2$

6.1.3 "洛书"的构作方法

宋代著名数学家杨辉在《续古摘奇算法》中,首次"洛书"为"纵横图",对它进行了深入的研究,并找到"洛书"的构作方法:"九子斜排,上下对易,左右相更,四维挺出."把这段话翻译成现代汉语是:

(1)将 1~9 这 9 个数字按顺序排成如图 6.6(a)所示的 3 个斜行(九子斜排);

(2)将上面的 1 与下面的 9 对调(上下对易),左边的 7 与右边的 3 对调(左右相更),如图 6.6(b)所示;

(3)将上下左右 4 个凸出的数推进到相邻的 4 个空格内(四维挺出),就得到一个 3 阶幻方.

可以看到,5 在中央,头上是 9,脚下是 1,左右是 3 和 7,两肩是 2 和 4,两脚是 6 和 8,如图 6.6(c)所示.

> **数 学 文 化**

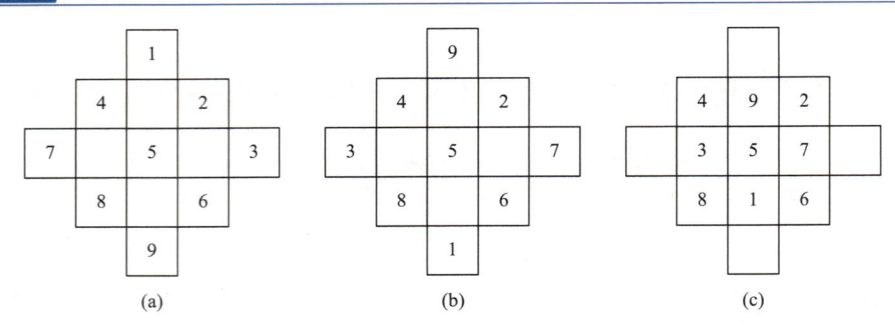

```
         1                      9                       
      4     2              4        2             4  9  2
   7  5  3  (a)         3  5  7              3  5  7
      8  6                 8  6               8  1  6
         9                    1
        (a)                   (b)                  (c)
```

图 6.6　纵横图

6.1.4　"河图""洛书"与中国古代数学的本源

"河图""洛书"对中国古代数学产生过深远的影响，数学家认为："河图""洛书"是数学的本原，数学起源于"河图""洛书"。

秦九韶在《数书九章》序中写道："爰自河图洛书，闿发秘奥；八卦九畴，错综精微；极而至于大衍，皇极之用."

大意是自从"河图""洛书"开创发现数学的奥秘；《周易》"八卦"、《九章算术》，在解决错综复杂问题时，显示了数学的精妙细微；"大衍术"在历法计算，以及解诸多问题中的应用，使数学的精微作用发挥到了极大.

明朝程大位在其《算法统宗》序言中描述："数何肇？其肇自图书乎？伏羲得之而画卦，大禹得之以序畴，……故今推明直指算法，则揭河图洛书于首，见数有本原云."

意思是说：数起源于什么？它起源于"河图""洛书"吗？伏羲氏得到它后，用它绘制出八卦；大禹得到它后，用客观存在来规划田畴，……如今推究阐明"直指算法"（一套较为系统、全面且实用的数学算法体系），便在开篇揭示"河图""洛书"，以此表明数是有根源的。

6.2　幻方基本知识

6.2.1　幻方基本概念

幻方是一种将数字按照规定规律排列在正方形格子中的数学结构. 在一个方阵中，如果每行、每列以及两主对角线上自然数之和分别等于某一定值，则称此方阵为幻方，这个特定值称为幻和. 方阵每格内的自然数称为元素，幻方每边格数 n 称为幻方的阶，若每一对角线上的元素和也等于行和、列和，则称此方阵为完美幻方，幻方内元素全体之和称为幻方和. 若幻方中所有与其中心对称的两元素的和均相等，则称此幻方为对称幻方.

6.2.2　和-积幻方

和-积幻方也称为加-乘幻方，其每行和、列和、对角线和均相等且每行积、列积、对角积均相等.

例如，如图 6.7 所示八阶和-积幻方，其幻和为 840，幻积为 2 058 068 231 856 000.

162	207	51	26	133	120	116	25
105	152	100	29	138	243	39	34
92	27	91	136	45	38	150	261
57	30	174	225	108	23	119	104
58	75	171	90	17	52	216	161
13	68	184	189	50	87	135	114
200	203	15	76	117	102	46	81
153	78	54	69	232	175	19	60

图 6.7　八阶和-积幻方

6.2.3　二次幻方

二次幻方就是它本身是一个幻方，同时幻方中各数的平方仍组成一个幻方. 例如，图 6.8 是一个九阶二次幻方，其幻和为 20 049.

10	47	57	42	76	5	71	27	34
79	8	45	21	28	65	50	60	13
31	68	24	63	16	53	2	39	73
23	33	67	52	62	18	75	1	38
56	12	46	4	41	78	36	70	26
44	81	7	64	20	30	15	49	59
9	43	80	29	66	19	58	14	51
69	22	32	17	54	61	37	74	3
48	55	11	77	6	40	25	35	72

图 6.8　九阶二次幻方

6.2.4　幻圆

我国南宋数学家杨辉是最早研究幻圆的人，他构造了一些与幻方类似的幻图，即在四个同心圆上构造数字，使它的各条直径上诸数之和均相等，现在人们称这类幻图为幻圆.

> **数学文化**

18 世纪美国科学家和发明家, 著名的政治家、外交家、哲学家、文学家和航海家, 以及美国独立战争的伟大领袖富兰克林(Franklin)构造了一个特殊的幻圆(图 6.9), 它在构造上与杨辉的作法并不完全相同, 它使得每个圆上的数之和相等, 这个幻圆称为八轮幻圆, 它由 8 个圆环组成, 8 条半径分割各环成 8 块, 构成 64 个扇形.

(1) 各环内诸数之和加中心数都等于 360, 这正是圆圈之度数.

(2) 每两条半径所夹诸数之和加中心数皆是 360.

(3) 在 DB 上下各半环内诸数之和加中心数之半都是 180, 正是平角之度数.

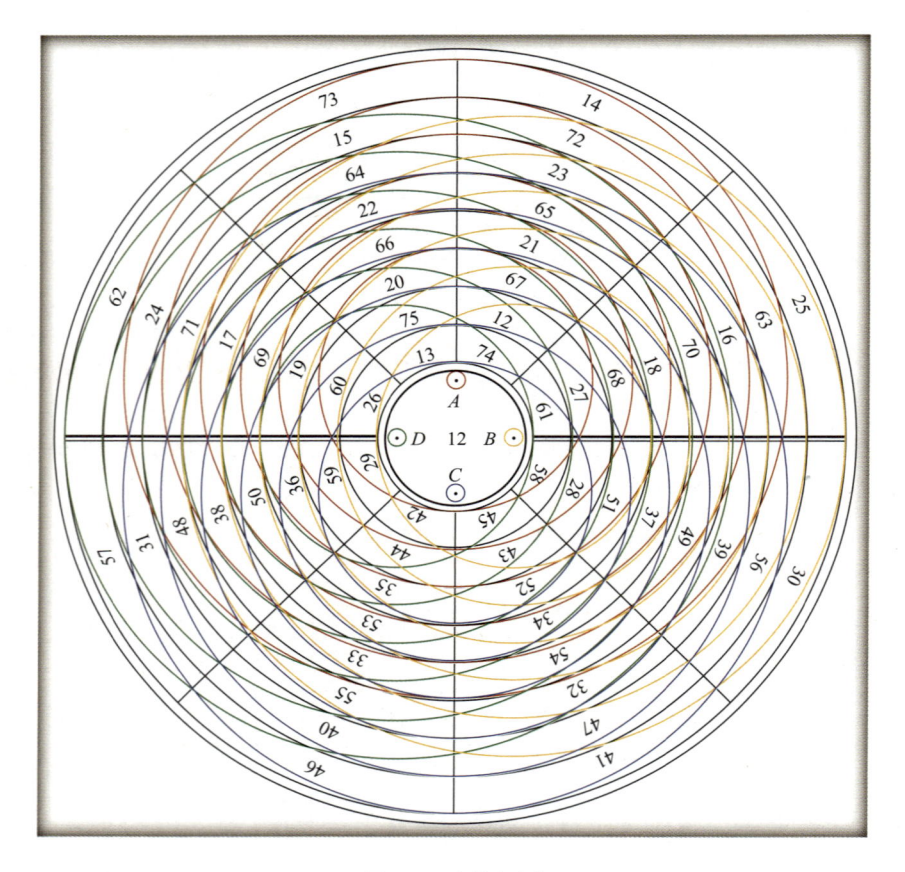

图 6.9 八轮幻圆

6.2.5 幻六边形

将正方形换成正六边形, 要求各条线上元素之和均相等, 这就是幻六边形或幻六角形(图 6.10).

这是由一位美国铁路职员亚当斯(Adams)构造的独特幻六边形。幻六边形是一种兼具数学美感和逻辑挑战的几何结构, 其研究不仅丰富了数学理论, 还为艺术领域提供了新的灵感。

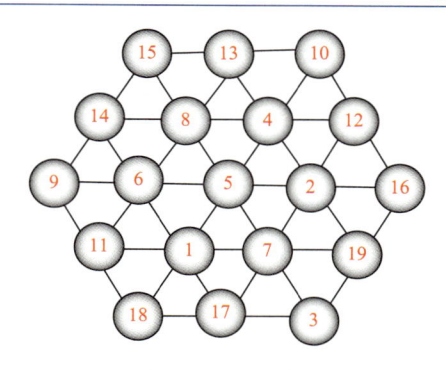

图 6.10　幻六边形

6.3　幻方赏析

下面我们精选一些例子供读者欣赏.

6.3.1　再谈"河图""洛书"

前面提到的洛河图,是唯一的三阶幻方,但它却有 8 种不同排列形式(图 6.11).

2	9	4
7	5	3
6	1	8

I

6	7	2
1	5	9
8	3	4

II

8	1	6
3	5	7
4	9	2

III

4	3	8
9	5	1
2	7	6

IV

4	9	2
3	5	7
8	1	6

V

8	3	4
1	5	9
6	7	2

VI

6	1	8
7	5	3
2	9	4

VII

2	7	6
9	5	1
4	3	8

VIII

图 6.11　洛河的 8 种不同排列形式

请读者观察这些图的变化:将(I)两列对调得到(V),将这两个三阶幻方分别以 5 为中心,经过 3 次顺时针旋转 90°后,连同原来的可共得 8 种,虽然这 8 种不同的三阶幻方仅形式上不同,但我们认为它们属于同一类型,因为类型不同的两幻方涉及的所有算式的数字组合应至少有一个不同.

用 (i,j) 表示 i 行 j 列的元素,$(i,j)(m,n)$ 表示将 i 行 j 列元素与 m 行 n 列元组合的数,观察(V)

数学文化

发现：如果从 (1, 3) 格元素 2 开始，取逆时针向，则 (1, 1) 格为 $4 = 2^2$，(3, 1) 格为 $8 = 2^3$，而 (3, 2) (3, 3) 恰好为 $16 = 2^4$；再从 (2, 1) 格元素 3 起，按顺时针向，(1, 2) 为 $9 = 3^2$，(1, 3) (2, 3) 为 $27 = 3^3$，而 (3, 1) (3, 2) 为 $81 = 3^4$，前者是 $2, 2^2, 2^3, 2^4$，而后者恰是 $3, 3^2, 3^3, 3^4$. 请注意三阶幻方有 8 种形式.

6.3.2 杨辉的九九图

我国南宋数学家杨辉在《续古摘奇算法》中给出了一个九阶幻方，如图 6.12 所示.

31	76	13	36	81	18	29	24	11
22	40	58	27	45	63	20	38	56
67	4	49	72	9	54	65	2	47
30	75	12	32	77	14	34	79	16
21	39	57	23	41	59	25	43	61
66	3	48	68	5	50	70	7	52
35	80	17	28	73	10	33	78	15
76	44	62	19	37	55	24	42	60
71	8	53	64	1	46	69	6	51

图 6.12 杨辉的九阶幻方

此幻方中蕴含着许多奇特的性质.

(1) 距离幻方中心 41 的任何中心对称位置上两数和都为 82，注意 $1^2 + 9^2 = 82$.

(2) 将幻方按图中粗线分为 9 块，即为 9 个三阶幻方.

(3) 把上述 9 个三阶幻方的每个幻方的"幻和"值写入九宫格中（图 6.13）. 它又构成一个新的三阶幻方，并且幻方中的九个数分别是首项为 111、末项为 135、公差为 3 的等差数列，将这些数按大小顺序的序号，写在九宫格中，它又恰好是"洛书"幻方（图 6.14）.

120	135	114
117	123	129
132	111	126

图 6.13 每个幻方的"幻和"值

4	9	2
3	5	7
8	1	6

图 6.14 新的三阶幻方

(4) 将幻方中"米"字线上的数全部圈起来，再从外向里用方框框上，则每个"回"形上圈里的 8 个数字与中心数 41 又分别构成 3 阶幻方（共 4 层，即 4 个），即它嵌套着 4 个 3 阶幻方（图 6.15～图 6.18）.

31	81	11
21	41	61
71	1	51

图 6.15　第 1 层幻方

40	45	38
39	41	43
44	37	42

图 6.16　第 2 层幻方

49	9	65
57	41	25
17	73	33

图 6.17　第 3 层幻方

32	77	14
23	41	59
68	5	50

图 6.18　第 4 层幻方

6.3.3　素数幻方

素数幻方顾名思义是全由素数构成的幻方. 我们已知素数的分布没有规律可循, 因此要用素数作成幻方实在是一件难事, 可幻方爱好者们还是作出了一些幻方, 如图 6.19 和图 6.20 所示.

569	59	449
239	359	479
269	659	149

图 6.19　尾数为 9 的素数幻方

17	317	397	67
307	157	107	227
127	277	257	137
347	47	37	367

图 6.20　尾数为 7 的素数幻方

其中, 图 6.19 幻方中各个元素尾数均为 9, 幻和为 1077; 图 6.20 幻方中各个元素尾数均为 7, 幻和为 798.

6.3.4　黑洞数幻方

下面两个幻方(图 6.21 和图 6.22)堪称两姐妹, 它们具有如下的规律.

对于 6 174 幻方(图 6.21), 4 行 4 列、4 主对角线及 4 副对角线上的 4 个四位数之和都是 6 174, 每一个田字格中的 4 数之和都是 6174, 有规律地截得的长方形、平行四边形、梯形等几何图形的 4 角中的四数之和, 也是 6 174.

更神奇的是 4 阶幻方中的 16 个数, 通过一定的四则运算它们个个可以变成 6 174. 例如, 任取一个数, 如 1 836, 首先将这个数按数字大小从大到小重新排序减去从小到大重新排序, 即大数减小数:

$$8\,631 - 1\,368 = 7\,263$$

然后按大小重新排序,得出两个新数,并作差:

$$7632-2367=5265$$

再接着做下去,便有

$6552-2556=3996, 9963-3699=6264, 6642-2466=4176, 7641-1467=6174$

在计算到第 6 次时,幻和 6 174 出现了,而且幻和出现以后,若再用这种运算法则计算一次,所得到的还是这个 4 阶幻方的幻方和. 很显然,不管计算多少次,还是这个幻和 6 174. 读者也可以再任取另一个数,用同样的算法,一般最多 6 次可到达 6 174.

对于 495 幻方(图 6.22),幻和为 495. 它与 6 174 幻方像是两姐妹,在幻方舞台上,不断变化魔术,给人一种艺术美的感受.

数学中把 6 174 和 495 这类数称为黑洞数.

1341	1791	1476	1566
1836	1206	1701	1431
1611	1521	1746	1296
1386	1656	1251	1881

图 6.21 6174 幻方

207	109	179
137	165	193
151	221	123

图 6.22 495 幻方

6.3.5 纪念幻方

人们喜欢幻方、研究幻方,并给幻方赋予纪念意义,即将某些纪念日嵌入其中,下面两个幻方就是具有纪念意义的幻方.

1. 纪念伟大领袖毛泽东同志 100 周年诞辰

图 6.23 是为纪念伟大领袖毛泽东同志 100 周年诞辰的 10 阶幻方.

其中,100 个数代表毛主席自出生之日起已经历了 100 年. 幻方第 1 行中间 4 个数 93,12,26,100,是 1993 年 12 月 26 日是毛主席 100 周年诞辰,最后一行中间 3 个数 19,76,83 是指毛主席于 1976 年 83 岁时去逝.

2. 德国画家丢勒的名画《沉思》

图 6.24 是德国画家丢勒(Dürer)的名画《沉思》,其右上方的一个 4 阶幻方是西方所作幻方中的珍品,它的幻和为 34,其中包括了许多其特质.

(1) 第 4 行中间 2 个数连在一起恰好是《沉思》完成的时间 1514 年.

(2) 这是对称幻方,关于中心对称的 2 个数和为 17.

(3) 其中有 8 个方阵,元素和都是 34.

第 6 章 奇妙的幻方

24	75	46	93	12	26	100	7	59	63
13	94	25	47	71	98	57	29	61	10
72	48	14	21	95	9	28	65	97	56
50	11	92	74	23	60	64	96	8	27
91	22	73	15	49	62	6	58	30	99
42	69	86	18	40	34	51	2	85	78
68	90	17	39	41	55	77	33	1	84
89	16	38	45	67	3	35	81	79	52
20	37	44	66	88	82	4	80	53	31
36	43	70	87	19	76	83	54	34	5

图 6.23　纪念伟大领袖毛泽东同志 100 周年诞辰的 10 阶幻方

(4) 上 2 行 8 个数平方和，下 2 行 8 个数平方和，1、3 行 8 个数平方和，2、4 行 8 个数平方和，两主对角线上 8 个数平方和，非对角线上 8 个数平方和也都相等，都等于 748.

(5) 两主对角线上 8 个数立方和，非对角线上 8 个数立方和也都相等，都等于 9 248.

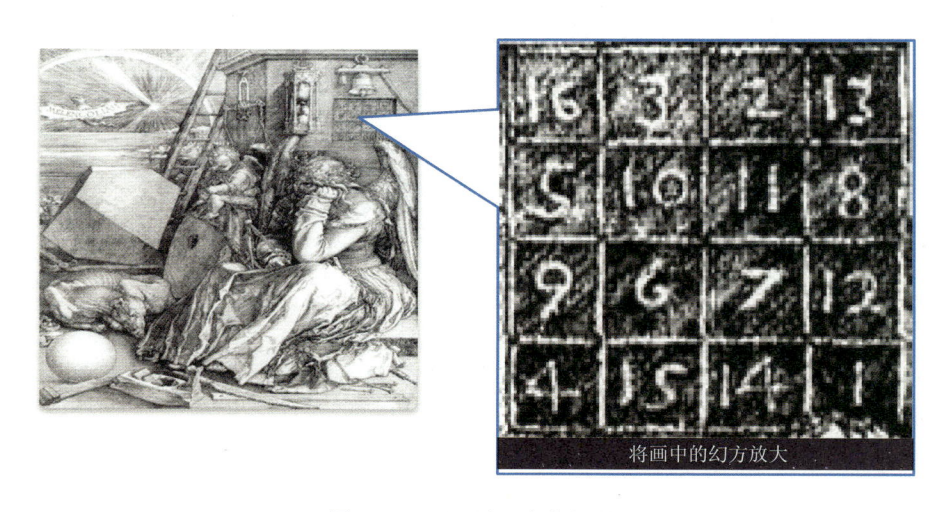

图 6.24　《沉思》中的幻方

3. 百子回归碑

可见，幻方除了它本身具有的数学文化意义外，还附带传递许多其他文化内涵．百子回归碑（图 6.25）是我国碑史上的第一座数字碑，在此之前只有文字碑、书法碑、符号碑、图画碑、图像碑或无字碑等，这座百子数字碑为我国碑文化增添了新的一页．碑上的百子回归

数 学 文 化

图是一个 10 阶幻方,中央的 4 个数表示 1999 年 12 月 20 日,即澳门回归日. 百子回归碑是一部百年澳门简史,可查阅 400 年来澳门沧桑巨变的重大历史事件以及有关史地、人文资料等,如中间两列上部(系 19 世纪):1887 年《中葡和好通商条约》正式签署,从此成为葡人上百年"永久管理澳门"的法律依据. 又如中间两列下部(系 20 世纪):1949 年中华人民共和国成立,从此中国人民站起来了;1997 年香港回归祖国;1979 年中葡两国正式建立外交关系,澳门主权归属是建交谈判中的主要问题;1988 年中葡两国互换关于澳门问题的《中葡联合声明》批准书,从此澳门踏上了回归祖国的阳光大道,据最新资料,澳门陆地面积 23.50 km^2.

图 6.25　百子回归图

6.4　幻方的应用

6.4.1　幻方对智力开发的重要作用

幻方对智力开发的作用已经是众所周知的,魔立方游戏、华容道游戏、扫地雷游戏等,同九宫图密切相关. 研究幻方可以提升对数字规律的敏感度. 而且,幻方的构造过程需要从整体到局部、从局部到整体的系统性思考,对建立全局观与细节观大有裨益.

6.4.2　幻方在科学技术中的应用

幻方是数学按照一种规律布局成的一种体系,每个幻方不仅是一个智力成就,而且是一件艺术佳品,以整齐划一、均衡对称、和谐统一的特性,迸发出耀人的数学美的光辉.

如今,幻方被利用于军事、中医、天文、气象等. 在人类寻找外星文明的过程中,幻方也承担起传递人类智慧信息的重任.

第 6 章 奇妙的幻方

1. 古印度太苏神庙幻方

古印度太苏神庙石碑上的幻方刻于 11 世纪,是一个 4 阶幻方(图 6.26):将前 3 列补到该表的右边,将前 3 行补于该表的下边,将左上角 3×3 方阵补于该表右下角,得到一个 7 阶方阵(图 6.27),这个 7 阶方阵中任意一个 4 阶子阵都是一个 4 阶幻方.

同理,将图 6.27 的 1、3 行互换,用上面类似的方法得图 6.28,图 6.28 中任意一个 4 阶子式也都是一个 4 阶幻方.

7	12	1	14
2	13	8	11
16	3	10	5
9	6	15	4

图 6.26 太苏神庙幻方

7	12	1	14	7	12	1
2	13	8	11	2	13	8
16	3	10	5	16	3	10
9	6	15	4	9	6	15
7	12	1	14	7	12	1
2	13	8	11	2	13	8
16	3	10	5	16	3	10

图 6.27 7 阶方阵(1)

1	12	7	14	1	12	7
8	13	2	11	8	13	2
10	3	16	5	10	3	16
15	6	9	4	15	6	9
1	12	7	14	1	12	7
8	13	2	11	8	13	2
10	3	16	5	10	3	16

图 6.28 7 阶方阵(2)

2. 送入太空的幻方

1977 年,人类向太空送去寻求太空理性生物的使者——宇宙飞船旅行者一号,为了使语言不通的太空理性生物知道人类已高度了解宇宙的某些奥秘,特别是数的奥秘(图 6.29). 这个 4 阶幻方的构图同洛书一样,也是用不同数量的图点布局的,而且它又是一个具有多种性质的 4 阶幻方,向太空理性生物告示我们地球人的智慧.

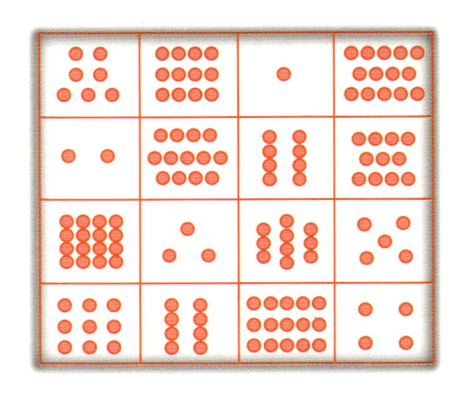

图 6.29 送入太空的 4 阶幻方

> 数学文化

3. 海上漂浮建筑

将建筑面分割成方阵格，每格的建筑质量的确定，需要像构造幻方一样巧妙布局，因为只有各线各方向上的质量处处均衡建筑才不会倾斜.

4. 量子系统中资源分配

幻方的均衡性为多体量子系统的纠缠资源分配提供数学框架. 例如, 在分布式量子计算中, 利用幻方结构设计量子网络节点的连接权重, 确保纠缠光子对的均衡分布, 提升网络通信效率. 幻方的核心特性在于其数字排列的均衡性, 即每行、每列以及对角线上的数字之和相等, 这种均衡性为量子系统中资源分配的公平性和效率提供了理论基础.

6.4.3 幻方的平衡、协调思想在社会经济发展中的应用

幻方所反映的协调、和谐、平衡、美妙的规律, 不但被许多自然科学学科所遵循, 在社会科学领域也有其重要的应用价值, 人类社会和经济的发展必须遵循平衡、协调发展这一原则.

可见, 幻方的研究确实是人类智力水平的一杆标尺.

除此之外, 如今幻方在图论、人工智能、博弈论、组合分析、实验设计方面广泛运用. 幻方引出了电子方程式、自动控制论, 从而促进了电子计算机的诞生. 日本飞机驾驶学员第一堂课学习的就是幻方知识, 因为幻方的构造原理与飞机上的电子回路设置密切相关. 中国台湾电机专家吴隆生创造了 64 阶方阵仪可用于计算机、测量仪、通信交换机及水电、火力、航空等的管理系统.

关于幻方, 还有许多问题有待研究, 如到底能排出多少阶幻方？这是一个很吸引人而又难以找出答案的问题. 乘积幻方是另一种特殊的幻方, 是一种既复杂又难以寻找的幻方.

幻方这个古老课题的研究远远没有结束, 它还有许多秘密等待着我们去发现、去破解. 幻方作为经典组合数学的典型范式, 其蕴含的深层数论特性与对称群结构, 正在当代跨学科研究中展现出显著的范式迁移价值. 研究表明, 该结构的均衡约束条件（行、列及对角线元素和恒定）可被重构为多维优化问题的强约束条件, 进而为复杂系统建模提供理论完备的数学框架. 随着代数拓扑与深度学习的交叉渗透, 幻方结构有望在以下方向实现范式突破: 基于幻方张量分解的量子神经网络架构优化、幻方约束引导的生成式对抗网络隐空间规整化、非欧幻方在超材料拓扑优化中的应用. 研究进展将推动该古老数学结构从理论奇点转化为技术涌现的策源地, 持续释放其独特的创新潜能.

复习与思考题

1. 请画出"洛书"的点阵图以及对应的方阵表.
2. 请给出"洛书"的两条性质.

3. 请结合例子说明什么是二次幻方.
4. 请在杨辉的九九图里，找出 11 个幻方.
5. 什么是黑洞数？请举例说明.
6. 试用 1~9 这 9 个数字构造 3 阶幻方，并探索其中的规律.

第 7 章

数学悖论与数学危机

数学的发展历程与数学危机紧密相连,数学危机的化解促使数学理论持续革新,推动数学学科稳步前行.而数学危机的产生又与数学悖论有着直接且深刻的关联,迄今为止,数学已经历了三次重大的数学危机,这三次危机的本质各不相同,解除危机的方法也各有千秋,但它们的直接诱因都与数学悖论密切相关.

> 数学文化

7.1 毕达哥拉斯悖论与第一次数学危机

7.1.1 从"数学和谐"谈起

"和谐"的本意是事物配合得适当,给人舒适的感觉,宛如山水的天然景致,让人心旷神怡(图 7.1). 诗句"海天壮阔无边际,天地相连一色春",为人们勾勒出辽阔无边的天地,使天地相融成一片春意盎然的画卷,激发人豁达的心态,滋养人的灵魂.

图 7.1 贵州小七孔(张四兰摄)

"数学和谐"还具有其他功能,它可以论证艺术的和谐、人的和谐、自然的和谐等. 达·芬奇(da Vinci)的世界名画《蒙娜丽莎》就非常巧妙地运用了黄金分割比例 0.618,为其艺术创作提供了理论支撑,表现了女性的典雅和恬静;人的自身也有多个黄金分割点,人的肚脐就是一个黄金分割点,位于身长的 0.618 处,所以人体结构是和谐的. "蜂巢结构"是用数学和谐来论证自然和谐的一个例子. 蜜蜂构造的蜂巢非常有规律,每个蜂房的入口都是正六边形,底部由三个锐角为 70°32″ 的相同菱形围合而成,各个蜂房平行排列,相互紧密相连成蜂巢. 从数学和建筑学的角度来看,蜜蜂这样来建造自己的蜂巢使用材料最为节省,密合度最高,可容纳空间也最大,因此,"蜂巢结构"是最佳的拓扑结构,被应用到航天器的制造等领域.

数学内部当然也是和谐的,最美数学公式 $e^{i\pi}+1=0$,它将数学里非常重要的数字 $1,0,i,\pi,e$ 通过一个极其简单的公式联系起来,展示了一部数学简史. 而 $e^{ix}=\cos x+i\sin x$,它将完全不一样的三角函数和指数函数联系起来,这也体现了数学的和谐之美. 在代数上,看似完全不同的多项式、矩阵,它们却有着相同的代数结构——环,说明他们是对立统一的,是和谐的. 三角形内角和 180°,平行四边形具有不稳定性,直角三角形斜边 c 的平方等于直角边 a,b 的平方和(图 7.2),这体现了几何之和谐.

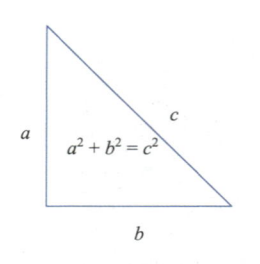

图 7.2 几何之和谐(张四兰绘)

和谐是数学自身具有的性质,"数学和谐"是数学家们在研究和发展数学理论所遵循的基本原则,如果数学中出现了不和谐甚至是自相矛盾的事物，一定是认知或判断有误，数学家就会努力寻求解决不和谐的事物的方法，问题严重的时候就会出现数学危机．悖论就是很好的例子．

7.1.2 悖论与数学悖论

悖论一词来源于哲学和逻辑学，用来描述一种自我矛盾的陈述．在中国古代，关于"矛盾"的故事提供了一种生动而通俗的解释，这个故事被记载在《韩非子》一书中．相传在楚国，有一位能说会道的商贩，时而高声宣扬："我手握之矛，锋锐无比，任何盾牌皆难挡其锋芒．"接着他又豪言壮语道："我所拥有的盾，坚不可摧，纵然最锋利的矛也难以穿透．"这时，一位好奇的听众发问："若用你的矛刺你的盾，将会发生怎样的奇妙结果呢？" 商贩陷入沉默，无法给出合理的解答．下面介绍一些重要的悖论，供读者参考．

1. 苏格拉底悖论

苏格拉底、柏拉图与亚里士多德被誉为"古希腊三贤"，彰显了古代思想的巅峰．苏格拉底，作为西方哲学的奠基人之一，谦逊低调，流传下来的著作很少，我们对他的了解大多是通过其学生柏拉图所述，他提出了一个很有名的悖论——苏格拉底悖论：我唯一知道的，那就是什么都不知道．

悖论可以用数学的语言阐述为：有一个命题 P，若假设 P 为真命题，则可以通过逻辑推演证明 P 是假命题，反之亦然．苏格拉底悖论可以这样理解，命题 P："苏格拉底什么都不知道．"假设 P 为真，即苏格拉底什么都不知道，那么他知道自己什么都不知道，则 P 为假；反之，假设 P 为假，即苏格拉底不是什么都不知道，那么唯一知道自己什么都不知道，则 P 为真．

2. 谷堆悖论

显然，1 粒谷子不是谷堆；如果 1 粒谷子不是谷堆，那么 2 粒谷子也不是谷堆；如果 2 粒谷子不是谷堆，那么 3 粒谷子也不是谷堆；…… 如果 99 999 粒谷子不是谷堆，那么 100 000 粒谷子也不是谷堆；…… 以此类推，无论多少粒谷子都不能形成谷堆．

这即是在古希腊引起一时轰动的"谷堆悖论"，这一悖论的出现是由于割裂了量变和质变的辩证关系，与认知的局限性有关．

3. "罗素是教皇"悖论

从逻辑学来看，如果假设不合理甚至是荒谬的，通过严密的推理就可以得出不合常理的结论，哪怕结论是荒谬的．下面的悖论就是一个很好的例子．

"罗素是教皇"悖论：假设 $2+2=5$，则罗素是教皇．

因为
$$2+2=5$$
两边同时减去 2，则
$$2=3$$
两边同时再减去 1，得
$$1=2$$

数学文化

教皇和罗素是两个独立的个体，由于 1 = 2，教皇和罗素被视为同一人．因此，罗素被推断为教皇．以上陈述即为罗素提供的论证，而这荒谬的结论源自不合理的假设及相应的推理．

4. 伽利略悖论

伽利略悖论：正整数与其平方之间存在一一对应，即
$$n \leftrightarrow n^2, \quad n = 1, 2, \cdots$$

然而，正整数的平方只是正整数集合的一个子集，因为还有许多正整数不是平方数．尽管如此，它们之间却能够一一对应起来，这意味着整体与部分在数量上相等，这与我们通常的认知"整体大于部分"产生了矛盾．

这个悖论是由意大利天文学家伽利略首次提出的，因此被称为伽利略悖论．显然，这个悖论的出现是由于对认知的不足所致．随着集合理论的不断完善，伽利略悖论也自然而然地得以消除．

数学领域中悖论的出现和消除，通常伴随着数学的不断进步．数学中的悖论范畴极为广泛，包括自相矛盾的表述、对广泛认可的事实的误解和质疑，以及看似正确实则错误的命题，反之亦然．这些悖论有时蕴含着深刻的真理，推动人们在认知上实现飞跃，从而推动数学自身更进一步发展．

正如美国数学家贝尔(Bell)所言："数学过去的错误和未解之谜为其未来的发展提供了契机．" 数学中的悖论不仅充满着引人入胜的魅力，常常让人沉迷其中，同时也会引发人们的焦虑．这些悖论在数学探索的过程中，既是挑战，又是启示，为学科的不断发展提供了机遇．

7.1.3 第一次数学危机

数学不仅是"和谐"的，而且一直以来都被人们视为一门精确、严密的学科，甚至被赋予了"美的艺术"这样的高度赞誉．然而，数学的精确与严密并非与生俱来，而是经过了漫长而艰难的发展历程才逐步形成的．

深入探究数学的整个发展历程，我们会发现矛盾的斗争与解决始终贯穿其中．这些矛盾如同潜藏在数学理论深处的暗流，时而平静，时而汹涌．当矛盾不断积累并逐渐激化，达到一种不可调和的程度，甚至开始动摇数学的基础理论时，数学危机便不可避免地爆发了．

1. 毕达哥拉斯学派

古希腊哲学家、数学家毕达哥拉斯，在 50 岁左右创立了毕达哥拉斯学派，并吸纳了数百名学徒．该学派在几何学领域最杰出的贡献即为大家熟知的毕达哥拉斯定理．

毕达哥拉斯学派还提倡"万物皆数"的观念，这里的"数"是指整数，即宇宙间的一切事物都可以用整数或整数之比来表示．

"万物皆数"的主张还包含另外一个观点，任意两条线段是可公度的．下面解释可公度的含义：任意两条线段，设其长度分别为 a, b，则 $\dfrac{a}{b}$ 是整数或整数之比．分析如下：
$$a = bq_1 + r_1$$

其中，q_1 是正整数，$0 \leq r_1 < b$. 若 $r_1 = 0$，则 $\dfrac{a}{b} = q_1$ 为整数. 若 $r_1 \neq 0$，则

$$b = r_1 q_2 + r_2$$

其中，q_2 为正整数，$0 \leq r_2 < r_1$. 若 $r_2 = 0$，则 $\dfrac{a}{b} = \dfrac{q_1 q_2 + 1}{q_2}$ 为整数之比. 若 $r_2 \neq 0$. 则

$$r_1 = r_2 q_3 + r_3$$

......

毕达哥拉斯学派认为此计算过程一定会出现 $r_n = 0$ 的情况，从而 $\dfrac{a}{b}$ 是整数或整数之比.

2. 毕达哥拉斯悖论

毕达哥拉斯的得意门生希帕索斯也是古希腊数学家、哲学家. 勤学好问的他向老师请教：边长为 1 的正方形，边长和对角线是可公度的吗（图 7.3）？

由毕达哥拉斯定理知，边长为 1 的正方形对角线为 $\sqrt{2}$，假设边长和对角线是可公度的，设

$$\sqrt{2} = \dfrac{m}{n}$$

其中，m, n 为互素的正整数. 则 $m^2 = 2n^2$，由 m, n 互素，知 m, n 必有一个为奇数. 若 m 为奇数，m^2 为奇数，与 $m^2 = 2n^2$ 矛盾. 若 n 为奇数，由 $m^2 = 2n^2$，知 m 为偶数，m^2 是 4 的倍数，而 $2n^2$ 不是 4 的倍数，矛盾. 从而证明了"边长和对角线是不可公度的".

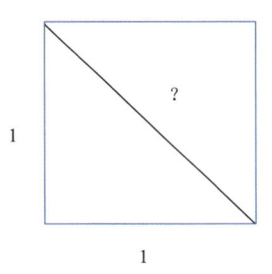

图 7.3 正方形对角线（张四兰绘）

如果坚持毕达哥拉斯的"万物皆数"观点，则 $\sqrt{2}$ 可以表示成整数或者整数之比，这与上面的分析矛盾. 毕达哥拉斯学派的基本信条受到了严重的冲击，这就是历史上有名的毕达哥拉斯悖论.

3. 对数学发展的推动

毕达哥拉斯悖论的出现是由于当时人们对数系认知的局限性导致的，其根本原因是由于 $\sqrt{2}$ 不是有理数，由此引发了数学史上的第一次危机. 这一危机的出现表明，直觉和经验并非始终可靠，而推理和证明才是数学的基石. 这一危机随着人们对实数系的认识而被清除，经历了近 2 000 年. 这个过程，促使了亚里士多德的逻辑体系和欧几里得几何体系的建立，同时也推动了无理数的发现，以及人们对世界的重新认知.

7.2 贝克莱悖论与第二次数学危机

7.2.1 英雄时代

牛顿（图 7.4）和莱布尼茨（图 7.5），于 17 世纪分别独立创立了微积分，为数学领域带来了

数学文化

深远的变革. 这无疑是一场具有划时代意义的伟大事件, 为 18 世纪的繁荣奠定了坚实的基础. 微积分的创立被恩格斯（Engels）誉为"人类精神文明的最高胜利".

图 7.4　牛顿（夏静波绘）　　　　图 7.5　莱布尼茨（夏静波绘）

1. 英国数学家

麦克劳林（Maclaurin）是牛顿之后英国最杰出的数学家. 令人惊叹的是, 他在 19 岁时就成为了大学的数学教授. 他继承并发扬了牛顿在平面曲线方面的研究, 21 岁之前就以两篇关于曲线的论文《有机几何学》和《几何线的属性》展现出卓越的才华. 然而, 人们对他的认识更多地源自他在数学分析领域的杰出成就. 1742 年, 他在出版的著作《流数论》中提出了级数收敛性的积分判别准则, 并首次引入了麦克劳林级数. 《流数论》不仅巩固了牛顿的学说, 同时也促进了英国学术界对保守传统的坚持. 然而, 值得注意的是, 他的工作也为英国数学在其后的发展中逐渐与欧洲大陆国家拉开距离埋下了伏笔.

泰勒（Taylor）是英国皇家学会的秘书, 他不仅是牛顿的狂热追随者, 同时也是 18 世纪初期英国牛顿学派中最杰出的代表之一. 大家所熟知的泰勒级数出自他的《正反增量法》, 即

$$f(x+a) = f(a) + f'(a)x + f''(a)\frac{x^2}{2!} + \cdots + f^n(a)\frac{x^n}{n!} + \cdots$$

当 $a = 0$ 时, 此级数就是麦克劳林级数.

2. 欧洲数学家

伯努利（Bernoulli）来自瑞士伯努利家族（图 7.6）, 该家族是历史上拥有著名数学家最多的家族之一. 1689 年, 他证明了著名的伯努利不等式, 对于任何实数 $x > -1$ 和任何正整数 n 以下不等式成立：

$$(1+x)^n \geqslant 1 + nx$$

他是莱布尼茨的弟子, 喜欢与全球各地的学者交流, 因此使得微积分等数学知识被广泛传播.

伯努利（Bernoulli）也来自伯努利家族, 是莱布尼茨的另一位弟子. 他发现下面的结论：若 $\lim \frac{f(x)}{g(x)}$ 是 $\frac{0}{0}$ 或 $\frac{\infty}{\infty}$ 型, 且 $\lim \frac{f'(x)}{g'(x)}$ 存在, 则

$$\lim \frac{f(x)}{g(x)} = \lim \frac{f'(x)}{g'(x)}$$

第 7 章 数学悖论与数学危机

图 7.6 伯努利家族(王一尘绘)

这一结果由法国数学家洛必达(L'Hospital)收入教科学《无穷小分析》,被称为洛比达法则,约翰·伯努利对微积分的传播也做出了积极的贡献.

欧拉是瑞士的数学家和自然科学家. 他为牛顿和莱布尼茨的无穷小做了极为重要的工作,他的著作《无穷小分析引论》更被誉为分析学的奠基之作,著作中记载了欧拉恒等式:

$$e^{ix} = \cos x + i \sin x$$

无穷积、无穷连分数和无穷级数在《无穷小分析引论》中也有深入研究,这部著作是牛顿和莱布尼茨等工作的延续.

达朗贝尔(d'Alembert)是法国著名的物理学家、数学家和天文学家. 他一生致力于广泛的研究,数学方面的著作有《数学手册》和《百科全书》的序言等,他认为微分的本质应该从极限中寻找.

拉格朗日(Lagrange)是法国著名数学家、物理学家,他在数学上的贡献之一是将数学分析和几何进行了区分,使数学不仅仅是工具,也成为一门独立的自然学科.

拉普拉斯(Laplace),分析概率论的创始人之一,在其著作《概率的分析理论》中,他用分析工具处理概率论的基本内容,使结果更加系统化.

7.2.2 第二次数学危机

牛顿和莱布尼茨创立的微积分虽然基础不够牢固,但经历了数学繁荣的 18 世纪,微积分不仅在天文和物理等科学领域得到了很好的应用,而且数学自身也获得了丰硕的成果,复变函数、微分方程、级数理论等纷纷出现,这些统称为数学分析,简称分析. 分析、代数和几何成为数学的三大分支,且分析的成果远远比代数和几何的成果丰硕,因此"英雄时代"又称为"分析时代",但很多结果的获得都是凭经验和感觉得出的.

18 世纪的数学家们被当时的繁荣冲昏了头脑,不断地去寻找新应用,发展新学科,而忽略了微积分的"基础问题",正如达朗贝尔所说: "向前进,你就会有信心!"基础的不牢固导致了应用中很多问题不能给出合理的解释. 其中,最为典型的事例就是,英国大主教贝克莱(Berkeley)的批判,也因此引发了数学史上的第二次数学危机.

数学文化

1. 危机的产生

微积分由牛顿和莱布尼茨创立,一直是科学发展历史上最耀眼的宝石之一,体现了人类的深厚智慧和创新. 然而,这一领域也不乏一些问题. 接下来,我们将以一个牛顿求导数的例子来探讨.

例如,设 $y = x^2 + x$,求 y 的导数.

首先计算函数增量 Δy:

$$\Delta y = [(x+\Delta x)^2 + (x+\Delta x)] - (x^2+x) = 2x\Delta x + (\Delta x)^2 + \Delta x$$

再计算 $\dfrac{\Delta y}{\Delta x}$:

$$\frac{\Delta y}{\Delta x} = 2x + \Delta x + 1 \tag{7.1}$$

最后得导数 y':

$$y' = 2x + 1 \tag{7.2}$$

牛顿为了得到导数,把 Δx 视为无穷小,认为 Δx 为无穷小时,$2x+\Delta x+1 = 2x+1$,从而得到导数 $y' = 2x+1$. 牛顿的这一做法简单,使得微积分可以解决当时的很多重大科学问题,也带来了微积分的繁荣. 但此时的微积分缺乏严密的逻辑推理,也遭到了很多的质疑.

贝克莱的批判:"无穷小到底是不是零?"在式(7.1)中,等号左边无穷小 Δx 为分母,故 $\Delta x \neq 0$;然而等号右边的无穷小 Δx,只有 $\Delta x = 0$,这样才能得到式(7.2). 贝克莱讽刺地说道:"无穷小既是 0 又不是 0,那它一定是'鬼魂'."这就是著名的贝克莱悖论. 尽管贝克莱并非数学家,而且他提出这个问题并非出于发展微积分理论的目的,而是出于政治原因,但这个问题本身却直戳要害,一针见血.

2. 解决危机的必要性

第二次数学危机的实质是极限理论的缺失,微积分基础不牢固. 因此在微积分发展过程中出现的质疑声越来越大,出现了很多错误结论.

例如,无穷级数 $s = 1-1+1-1+1-1+\cdots$ 到底等于什么?

由于 $s = (1-1)+(1-1)+(1-1)+\cdots = 0$,同时 $s = 1+(-1+1)+(-1+1)+(-1+1)+\cdots = 1$,从而推得 $0 = 1$,这显然是"无"中生"有",矛盾的. 但当时的数学家们并不能给出合理的解释.

从这个例子可以看出数学家们将面临狂风暴雨,历史要求为微积分学说奠基,把分析重新建立在逻辑基础之上迫在眉睫. 实际上,对于贝克莱的批判,牛顿和莱布尼茨曾尝试通过改进各自的理论来加以解决,但均未能完全成功.

3. 危机的解除

这一次数学危机的产生和解除是在数学繁荣、科学快速发展的大背景下进行的,其产物丰硕,影响深远. 由于分析领域中的一个个成就不断涌现,但与此相对照的却是由于基础的含糊不清所导致的矛盾愈来愈尖锐,这就迫使数学家们不得不认真消除贝克莱悖论,从而解决第二次数学危机. 数学家们做了大量的工作,从而开始了柯西-魏尔斯特拉斯(Cauchy-Weierstrass)的微积分理论的奠基时代.

1816 年，捷克数学家博尔扎诺 (Bolzano) 在研究二项式时引入了级数收敛的概念，他对极限、连续也进行了阐述. 1821 至 1829 年，柯西出版了三本教材《分析教程》《无穷小计算讲义摘要》《微积分学在几何中的应用讲义》，在这三本教材中，他所描述的微积分和我们今天学习的微积分已经非常接近，将极限理论作为微积分的基础，直至此时，才对贝克莱悖论给出了较好的解释. 函数的导数是 $\Delta x \to 0$ 时，$\dfrac{\Delta y}{\Delta x}$ 的极限，即

$$y' = \lim_{\Delta x \to 0} \frac{\Delta y}{\Delta x} = \lim_{\Delta x \to 0}(2x + \Delta x + 1) = 2x + 1$$

这里明确了 Δx 趋近于 0，但是 $\Delta x \ne 0$，从而使导数的计算不再模棱两可，这对贝克莱的批判也给出了强有力的回击.

当时首屈一指的分析学家，德国的魏尔斯特拉斯于 1874 年进一步改进了柯西的工作. 他用 $\varepsilon\text{-}\delta$ 语言给出了极限、连续、可导、收敛的精确定义，使分析不再凭直觉，而是建立在严密的逻辑之上. $\varepsilon\text{-}\delta$ 语言彻底消除了贝克莱悖论，第二次数学危机彻底被解除，微积分理论也建立起来了. 这场危机历经将近 2 个世纪的时间. 其中，极限思想的引入被证明是至关重要的. 而有趣的是，极限思想早在刘徽所著的《九章算术注》中就有所记载. 这表明光辉灿烂的中华文明对人类文化发展扮演着极其重要的角色.

7.3 罗素悖论与第三次数学危机

7.3.1 第三次数学危机产生的时代背景

近代数学经历了 3 个世纪的迅猛发展，其基础理论日益完备，成果丰硕. 非欧几何的出现使几何理论得以更广泛、更完善地拓展，实数理论的确立为微积分提供了坚实的基础，而群的公理化则使得算术和代数的逻辑基础更加清晰.

19 世纪末，集合论由德国数学家康托尔 (Cantor) 建立. 康托尔提出：如果一个集合与其真子集之间存在一一对应，那么该集合是无穷集合. 比如伽利略悖论中的正整数集合与其真子集（正整数的平方）存在一一对应，显然正整数集合是无穷集合. 1874 年，康托尔的代表性论文发表在《克列儿杂志》上，在该论文中，他提出了"并非所有的无穷集合都是一样的"的观点. 例如，有理数集和整数集是不一样的.

康托尔认为，无穷集合之间如果存在一一对应，那么它们就是一样的. 例如，无限延伸的直线上的点和任意一条线段上的点一样的.

设 l 为一条直线，AB 为任意线段，建立如下一一对应：线段 AB 与直线 l 相交于点 C，夹角为锐角，过点 A 作直线 l 的平行线 AA'，过点 B 作直线 l 的平行线 BB'，过点 C 作直线 l 的垂线分别交 AA'，BB' 于点 A'，B'. 对线段 AB 上任意一点 P，连接 $A'P$ 或 $B'P$，交 l 与 P'，$P \leftrightarrow P'$ 就是线段上的点与直线上的点的一一对应（图 7.7）. 因此，线段上的点与直线上的点是一样的. 用集合的语言描述，即无限延伸的直线上的集合和任意一条线段上的点的集合的势恰好一样.

经历了第二次数学危机后，数学家们开始深刻认识到"数学基础"的重要性. 集合论的出现为他们带来了一线曙光，因为他们普遍认为集合论有望成为整个数学的基础，有可能摆脱

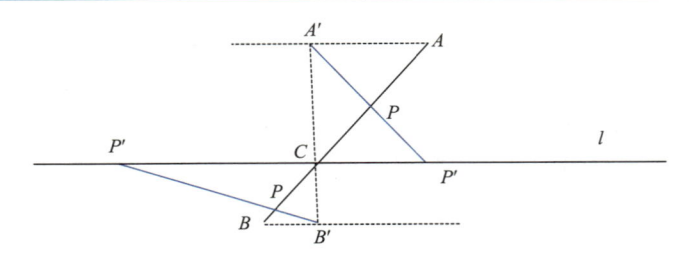

图 7.7　线段上的点与直线上的点的一一对应（张四兰绘）

"数学基础"的危机. 然而, 现实却出人意料, 一场新的数学危机正在酝酿, 仿佛一场狂风骤雨即将来临.

7.3.2　第三次数学危机的产生

让我们共同深入探讨导致第三次数学危机的数学悖论. 在这个探讨中, 将审视那些看似矛盾而引起数学界关注的问题, 探究它们在数学基础和逻辑中的挑战. 通过仔细剖析这些悖论, 有望揭示新的数学原理或推动数学思维的进一步演进.

1. 罗素的理发师悖论

著名的英国哲学家、数学家罗素被誉为是百科全书式的科学家. 1900 至 1901 年, 罗素参与了第一、二届世界数学家大会, 并结识了意大利数学家佩亚诺(Peano). 在佩亚诺的影响下, 罗素和他的老师怀特黑德(Whitehead)合作很快完成了《数学原理》的初稿. 然而, 这部著作有三卷, 最终完稿耗时长达 10 年. 在这个过程中, 罗素曾很多次想放弃, 但追求真理的信念最终让他坚持了下来, 《数学原理》在数学史上占有极为重要的地位, 被视为数学界璀璨夺目的瑰宝.

罗素拥有卓越的思考能力. 他提出了著名的理发师悖论: 在一个孤岛上有一个理发师, 他宣称"只给不给自己刮脸的人刮脸". 这就是著名的理发师悖论. 这一悖论成为罗素思想深邃和逻辑剖析的典范之一.

大家想想, 如果理发师不给自己刮脸, 按照他宣称的"只给不给自己刮脸的人刮脸", 那么理发师就要给自己刮脸; 如果理发师给自己刮脸, 按照他宣称的, 他就不能给自己刮脸. 现在的问题是, 理发师到底给不给自己刮脸.

用集合的语言来描述这个悖论就是: $S = \{a | a \notin S\}$, 则 $S \in S \Leftrightarrow S \notin S$. 也就是 S 是由不是自身元素的集合构成, 那么 S 是否属于自己? 若 S 属于自己, 则按逻辑可以推出 S 不属于自己; 反过来, 若 S 不属于自己, 则可以推出 S 属于自己.

2. 理发师悖论的深远影响

罗素将这一悖论告诉了他的老师怀特黑德, 老师回复: "再也没有那种愉悦而自信的早晨."而著名数学家弗雷格(Frege)在得知罗素悖论后, 这样说: "算术正摇摇欲坠."这清晰地表明罗素悖论的巨大影响, 它不仅使整个建立在集合论基础上的数学大厦摇摇欲坠, 同时引发了第三次数学危机.

著名数学家希尔伯特(Hilbert)于 1900 年在世界数学家大会上发表了题为《数学问题》的演讲,其中提出了著名的"23 问题". 这些问题深刻地影响了近一个世纪的世界数学发展,突显了希尔伯特在数学界的卓越地位. 然而,当他面对罗素悖论时,不禁感叹:面对这些悖论,我们很难忍受这种状况长时间存在. 试想一下,在数学这个被认为是可靠和真实的典范中,每个人学到的、教授的以及应用的概念结构和推理方法居然会导致不合理的结果. 若连数学思考本身都失去了可靠性,我们将不得不深入追问,在哪里还能找到可靠和真实的基石呢?

著名数学家外尔(Weyl)认为数学的最后基础和终极意义仍旧没有解决,我们不知道沿着哪个方向去寻找最后的解答. 甚至不知道我们是否能够找到一个最后的客观的回答.

7.3.3 第三次数学危机的产物

罗素悖论的出现,如同在数学的宁静湖面上投下了一块巨石,激起层层波澜. 这个悖论以简洁深刻的形式,揭示了集合论中潜藏的逻辑矛盾,直接冲击了数学家们对集合论的既有认知. 集合论作为现代数学的重要基石,其稳定性关乎整个数学大厦的稳固. 因此,罗素悖论的出现迫使数学家们不得不紧急行动起来,努力寻求方法修正集合论体系. 他们试图在不推倒整个理论框架的前提下,消除悖论带来的隐患. 这一过程充满了挑战,但也激发了数学家们的智慧与创造力,推动了数学逻辑和基础理论的进一步发展.

1. "朴素集合论"的公理化

数学家们把康托尔建立的集合论体系称为"朴素集合论",为了消除罗素悖论,数学家们"修正"了"朴素集合论",将其公理化,并称其为"公理集合论". 例如,在集合的定义中,不要出现"所有集合的集合""一切属于自身的集合"这样的描述.

德国数学家策梅洛(Zermelo)是"公理集合论"的创始人之一. 1908 年,他提出了由 7 条公理组成的集合论体系,称为 Z-系统. 1922 年,数学家弗兰克尔(Fraenkel)在策梅洛的 Z-系统的基础上又添加了 1 条公理,并将这些公理用符号逻辑进行了形式化,从而形成了集合论的 ZF-系统. 后来又经过一系列的改进,最终形成了公理集合论的 ZFC-系统.

经过这么多数学家的努力,集合论由"朴素集合论"发展成为"公理集合论",罗素悖论也就被消除了. 但是,新的 ZFC-系统的相容性尚未证明. 法国数学家庞加莱在"公理集合论"形成后,提出:公理化是必要的,但数学的生命力源自物理世界的直觉. 这意味着第三次数学危机的解决并非完全彻底,存在一些不尽如人意的地方.

2. 哥德尔的不完备性定理

罗素悖论的消除过程不仅推动了"公理集合论"的建立,同时也引发了一些间接的结果. 例如,哥德尔提出的不完备性定理:若形式算术系统是无矛盾的,则存在这样一个命题,该命题与其否定命题在该系统中不能被证明. 即它是不完备的. 不完备性定理一直到现在也没有给出合理的解决方案,但它是数学与逻辑发展史上的一个里程碑,对数理逻辑的发展起到了至关重要的作用,是数学史上的重大研究成果. 这也促使数学家们不得不接受数学的"瑕疵",大踏步地去应用数学并推动数学理论不断向前进.

> 数 学 文 化

7.3.4　数学危机往往是数学发展的先导

数学在发展过程中经历了三次危机，每次的本质都不同. 第一次数学危机源于人们对无理数理解的局限，是对数系认识的局限所致. 第二次数学危机则根植于微积分的基础缺乏极限理论的支撑. 第三次数学危机的本质是"朴素集合论"的不完善. 然而，这三次数学危机都与悖论有关，分别由毕达哥拉斯悖论、贝加莱悖论和罗素悖论引发.

这些悖论的出现在数学界引起了深刻的反思，促使数学家们不断修正和发展数学基础. 每一次危机都是数学界自我完善和深化认识的过程，从中产生的新理论和新方法推动了数学的发展，使其更为严密和完备.

数学史上的危机扮演着对整个理论体系逻辑基础构成深刻威胁的角色. 这种基本矛盾能够揭示特定发展阶段上数学体系逻辑基础的限制，从而促使人们克服这一限制，推动了数学的巨大发展. 这种不断的挑战与反思为数学的进步奠定了坚实的基础，使得数学能够更好地适应新的问题和理论要求.

复习与思考题

1. 简述数学史上的三次数学危机，并分析其影响.
2. 什么叫作数学悖论？试简述数学悖论与数学危机的辩证关系.
3. 微积分创立之初受到攻击，甚至引发了第二次数学危机，但微积分在应用上却大获成功，试谈谈你对此的看法.
4. 请比较三次数学危机产生原因的异同点.
5. 请用微积分的知识简述你对芝诺悖论的理解.
6. 还会有新的数学危机发生吗？请谈谈你的观点.

第8章

数学魅力之文学欣赏

很多卓越的数学家,尤其是那些具有独创性的数学家,往往涉猎文学领域. 他们的文笔流畅,其作品甚至可以媲美文学家的作品. 实际上,文学创作与数学创作在方法上存在共通之处,不仅能够陶冶性情,而且表现出相似的特征. 卓越的理论和文学作品都需要浓厚的感情和理想作为支撑. 中国古代学者是一个典型的例子,他们不仅在学术上有深厚的造诣,而且表达浓郁的感情,这充分体现在他们的诗词歌赋中. 与此同时,现代杰出的科学研究者展现出与文学圣贤相媲美的毅力和决心. 数学家与文学家之间存在着许多共同点,不仅在情感上有共同之处,而且在研究方法上也有许多相似之处.

第 8 章知识导图

> 数学文化

8.1 数学与文学难解难分

8.1.1 数学与文学的联系

1. 名人语录

古今中外很多数学家和文学家对数学和文学之间的相通性进行了阐述.

法国作家雨果（Hugo）曾说："数学到了最后阶段就遇到想象,在圆锥曲线、对数、概率、微积分中,想象成了计算的系数,于是数学也成了诗."

被授予"人民艺术家"国家荣誉称号的我国当代著名作家王蒙说："最高的诗是数学."

我国当代杰出数学家丘成桐强调："良好的文学修养对培养从事学术研究的气质至关重要.解脱名利的束缚,让欣赏大自然的直觉毫无拘束地流露,是数学家培养的关键一步.个人而言,我深受中国古典文学的熏陶.通过《诗经》,我意识到比较方法在找寻数学方向的过程中的重要性;吟咏《楚辞》则点燃了我对数学的热情,激发了我对大自然真实与美的追寻.中国文学对我的深远影响无法忽视,而我最浓厚的兴趣则在于数学."

2. 数学对文学研究的应用

数学在研究中外经典文学作品方面取得了很好的成果,我们一起看两个例子.

复旦大学李贤平教授从小说中选取了 47 个常用字,并将它们输入计算机,通过图形呈现它们的使用频率.通过这一分析,他揭示了不同作者的独特创作风格.在这一基础上,他提出了《红楼梦》成书的新观点:著名作者曹雪芹在长达十年的审定中,进行了五次修改,最终将他早年的作品《风月宝鉴》嵌入《石头记》中,并将整个作品正式命名为《红楼梦》.同时,程伟元等人被认为是整理全书的功臣.

数学对文学的贡献还体现在对莎士比亚（Shakespeare,图 8.1）新诗真伪的鉴定上.美国学者在其私人收藏的书籍中偶然发现了一首极有可能是莎士比亚的抒情诗.自 17 世纪以来,这首诗的真伪一直是英美学者争论的焦点,众说纷纭,争议不断.通过统计分析,弗斯特（Foster）成功地证实了这首诗确实是莎士比亚的创作.这一发现在 1985 年 11 月 14 日引起了英国和美国各大报刊、杂志的高度关注和广泛报道,被认为是自 17 世纪以来对莎士比亚作品最为重要的一次发现.这项研究成果的报道在学术界和文学爱好者中产生了广泛而深远的影响,对莎士比亚文学作品的研究起到了积极的推动作用.

图 8.1　莎士比亚（夏静波绘）

8.1.2 数学与文学对应之谜

在很多文学作品中蕴含着丰富的数学知识,清末大文豪俞樾先生的一首脍炙人口的诗歌中就蕴含着不定方程的知识.我们先介绍一下不定方程的基本知识.

$p(x_1, x_2, \cdots, x_n)$ 是整系数多项式,称

$$p(x_1, x_2, \cdots, x_n) = 0$$

为不定方程,其解也要求是整数. 如著名的费马大定理

$$x^n + y^n = z^n$$

就是一个不定方程. 不定方程作为数论的一个分支拥有悠久的历史和丰富的内涵,其应用广泛. 它也被称为丢番图方程,以此纪念古希腊数学家丢番图在不定方程领域所做出的贡献.

在俞樾的诗歌中有这样一节:

重重叠叠山,
曲曲环环路;
丁丁东东泉,
高高下下树.

每句话都可以改成一个算式(图8.2).

重
+重 叠
叠 山

曲
+曲 环
环 路

丁
+丁 东
东 泉

高
+高 下
下 树

图 8.2 俞曲园诗歌对应算式(张四兰绘)

若用数字代替汉字,相同的汉字代表相同的数,不同的汉字代表不同的数,是否有答案? 回答是肯定的.

上面的四句话都可以用如图 8.3 所示的竖式来表示,即

$$A + (10A + B) = 10B + C$$

A
+A B
B C

图 8.3 诗歌对应竖式(张四兰绘)

其中,A, B, C 为小于10的自然数.

容易求得该不定方程的解为

$$\begin{cases} A=5 \\ B=6, \\ C=1 \end{cases} \begin{cases} A=6 \\ B=7, \\ C=3 \end{cases} \begin{cases} A=7 \\ B=8, \\ C=5 \end{cases} \begin{cases} A=8 \\ B=9 \\ C=7 \end{cases}$$

该诗歌对应的四个算式如图 8.4 所示.

5
+5 6
6 1

6
+6 7
7 3

7
+7 8
8 5

8
+8 9
9 7

图 8.4 诗歌对应算式(张四兰绘)

8.1.3 回文诗、回文对联与回文数

1. 回文诗

枯眼望遥山隔水,往来曾见几心知.

壶空怕酌一杯酒，笔下难成和韵诗.
途路阻人离别久，讯音无雁寄回迟.
孤灯夜守长寥寂，夫忆妻兮父忆儿.

这首诗由宋人李禺所写，其独特之处在于其巧妙的构思. 当按顺序阅读时，文字流露出"夫忆妻兮父忆儿"的真挚情感；然而，一旦改变阅读顺序，转而逆序读取，文字巧妙地变成了"儿忆父兮妻忆夫"，仿佛一种妙不可言的倒转魔法.

儿忆父兮妻忆夫，寂寥长守夜灯孤.
迟回寄雁无音讯，久别离人阻路途.
诗韵和成难下笔，酒杯一酌怕空壶.
知心几见曾来往，水隔山遥望眼枯.

这使得这首诗既能够被视为丈夫对妻子深深思念的表达，同时也成为妻子对丈夫深情思念的抒发. 因此，可以形容这首诗为一首夫妻之间相互思念的回文诗，融合了双重的情感寓意.

2. 回文对联

北京一家名为"天然居"的餐馆有一副对联：

客上天然居，居然天上客.

顾客走进这家酒店，看到这副对联，顿时产生了一种奇妙的感觉——自己竟是来自天上的客人. 在未尝到任何美味之前，他们已经在精神上得到了充分的滋味. 有人将这两句对联合二为一，形成了上联："客上天然居，居然天上客."期望有人能巧妙地构思下联. 清朝乾隆年间的名臣纪昀接过挑战，妙笔生花，创作出下联：

人过大佛寺，寺佛大过人.

这下联通过妙用寺庙和佛像的元素，形成了与上联相呼应的意境，使这副对联更加富有意蕴.

3. 回文数

在数学领域存在着一种有趣的数学现象，那就是"回文数"和"回文素数". 随意选择一个自然数，如 1 234，将其各位数字颠倒过来，就得到一个新的自然数 4 321，这个新数被称为原数的反序数. 如果一个数与它的反序数相等，那么我们称这个数为回文数，如 2 882.

更加引人入胜的是回文素数：如果一个数是素数，而且它的反序数也是素数，那么这个数就被称为回文素数. 例如，314 159 是一个素数，而其反序数 951 413 也是一个素数. 这意味着 π 的前六位数字形成了一个回文素数，而 π 的前两位数字 31 也是一个回文素数.

生活中也有一些有趣的回文现象，茶馆里用一种写有"可""以""清""心""也"五个字的茶碗（图 8.5），这五个字均匀分布在圆形茶碗上，无论以哪个字开始，都形成了一句妙趣横生的语句，令人陶醉其中："可以清心也""也可以清心""心也可以清""清心也可以""以清心也可". 每一句都是在夸奖这家茶馆的茶清香可口，同时劝导人们品味那清新宜人的茶水，毫无疑问，这是一则经过精心设计的广告.

有一种回文素数，无论以哪一个数字开头都是一个素数，如 11 939, 19 391, 93 911, 39 119, 91 193（图 8.6），非常神奇.

图 8.5　茶碗回文(张四兰绘)　　　　图 8.6　回文素数(张四兰绘)

8.2　经典文学作品中的数学文化

8.2.1　《周易》中的数学文化

《周易》是中华民族最古老、最具权威和最著名的经典著作之一，它集聚了中华民族智慧的精髓. 它也是一部"数学巨著"，《周易》记载着重要的数学内容，如"河出图，洛出书".

8.2.2　《西游记》中的数学文化

《西游记》叙述了唐僧师徒一行人前往西天取经的传奇故事. 在平顶山的莲花洞，他们成功消灭了妖怪金角大王和银角大王后，遭遇到一座高耸险峻的大山. 一边匆忙前行，一边沉浸在周围山景的美丽之中，不知不觉间已经接近了日落时分：

十里长亭无客走，九重天上观星辰.
八河船只皆收港，七千州县尽关门.
六宫五府回官宰，四海三江罢钓纶.
两座楼头钟鼓响，一轮明月满乾坤.

这首诗从十、九、八、七，说到六、五、四、三、两、一，描写了寂静的长亭没有行人走过，天空中星辰闪烁的景象. 这种描写方式将自然景色与数字相结合，增加了诗意和艺术感，凸显了唐僧师徒在旅途中的奇幻经历. 这段描写也给了读者一种宏伟壮丽的感觉，同时暗示了接下来更多奇妙的事物即将出现.

现在做一个数学游戏，把 10 个数 10, 9, 8, 7, 6, 5, 4, 3, 2, 1，不改变顺序，添加"+""−""×""÷"和括弧，构造 10 个算式，使其结果分别为 1 到 10. 大家可以试试，会有很多不同的构造方法，下面列举一种：

$$(10 \times 9 - 87) \div (6 \times 54 - 321) = 1$$
$$(109 + 87 - 6) \div 5 - 4 - 32 \times 1 = 2$$
$$(109 - 8 + 7) \div 6 - 54 \div 3 + 2 + 1 = 3$$
$$10 \times 9 - 87 + 65 - 43 - 21 = 4$$
$$(10 + 9 + 8 + 7 + 6) \div 5 - 4 \div (3 - 2) + 1 = 5$$
$$(10 + 9 + 8 - 7 - 6) \times 5 - 43 - 21 = 6$$
$$(109 - 87) \div (6 + 5) + 4 + 3 - 2 \times 1 = 7$$
$$(10 + 9 + 8 - 7) \times 6 \div 5 \div 4 + 3 - 2 + 1 = 8$$

> 数学文化

$$(10+98-76)\times 5 \div 4 \div (3+2)+1=9$$
$$10+9-8-7+6+5-4-3+2\times 1=10$$

8.2.3 戏剧中的数学文化

现代歌剧《刘三姐》巧妙地运用了数字分拆的艺术，以丰富剧情和塑造角色形象. 其中，多处出现数字和数字之间的谐音与双关，为观众带来了一种幽默和趣味.

在刘三姐过河的场景中，老艄公得知她的身份后，唱道：

二十七文钱三处摆，
九文九文又九文.

这里的"九文"谐音为"久闻". 通过数字的调侃和变换，增添了情节的趣味性.

而在《对歌》的一节中，恶霸声称要与刘三姐进行擂台对歌，并请来三个自称有学问的秀才. 其中，秀才们在对歌中出了一首揭示数学题的对歌：

三百条狗交给你，
一少三多四下分，
不要双数要单数，
看你怎样分得清.

这个问题实际上是要求将三百条狗分成四群，每群的数量都是奇数，其中一群比其他三群少，而多的三群数量相等. 这个数字谜题不仅是对智力的考验，同时也为情节增添了一层独特的挑战性.

刘三姐在回应对歌时则唱道：

九十九条圩上卖，
九十九条腊起来，
九十九条赶羊走，
剩下三条当奴才.

歌声展现了刘三姐的机智和聪明，同时表达了对秀才们的愤怒和蔑视. 通过数字分拆的艺术手法，现代歌剧《刘三姐》美妙地激发了观众的思维，在幽默诙谐的氛围中，刻画了角色的性格特点和情感表达，为整个故事增添了趣味性.

这里用到了数字分拆，即将 300 分拆为

$$300 = 3+99+99+99$$

还有没有其他分拆示法？回答是有. 设少的一群数量为 x 条，数量多的三群均为 y 条，这其实就是求解不定方程

$$x+3y=300$$

其中，x,y 为奇数，且 $x<y$. 容易求得该不定方程有 12 组解：

$$\begin{cases} x=3+6n \\ y=99-2n \end{cases} (n=0,1,\cdots,11)$$

当 $n=0$ 时，对应的分法为 $(3,99,99,99)$；当 $n=1$ 时，对应的分法为 $(9,97,97,97)$；……当 $n=11$ 时，对应的分法为 $(69,77,77,77)$. 一共 12 种分法.

8.2.4 《墨子》和《孟子》中的数学文化

《墨子》是一部阐述墨家思想的重要著作. 在这本书中, 可以找到许多关于几何学的知识, 其中包括对圆的定义(圆, 一中同长也). 这个定义与《几何原本》给出的定义不谋而合. 《孟子》中也有一句著名的格言: "不以规矩, 不能成方圆".

在他们的理念中, 圆作为一个几何图形, 体现了平衡和共同性的原则. 就像 "不以规矩不能成方圆" 一样, 这个说法强调了人们通过遵循规则和规律来维护秩序和平衡.

8.3 诗词楹联中的数学文化

在古代的文学作品中, 文人骚客常常有意识地将一些数字嵌入诗歌、楹联、成语、俗语当中. 数字运用得好, 能把一件事、一个问题, 一个哲理形象表达得更为生动、清晰, 更加准确. 不仅可以增加感染力, 还能留给读者深刻的印象和美的享受. 带来引人入胜的趣味和情韵.

著名作家秦牧在他的名著《艺海拾贝》中独辟了一个诗与数学的章节, 他认为将数学融入诗歌之中, 可以展现出 "情趣横溢, 诗意盎然" 的效果. 当我们欣赏诗词的时候, 常常会发现其中许多句子都含有数字. 这些数字本身看既没有具体形象, 也无法直接抒发情感和抒志立意. 然而, 在诗人巧妙的点化下, 这些简单的数字却能够创造出各种美妙的艺术境界, 表达出无穷的妙趣.

8.3.1 唐代的数字诗

1. 李白的数字诗

山中与幽人对酌

两人对酌山花开, 一杯一杯复一杯.
我醉欲眠卿且去, 明朝有意抱琴来.

唐代著名诗人李白在创作这首《山中与幽人对酌》时, 连用了数字. 诗的首句描写了两人共同畅饮的情景 "两人对酌", 这两人是心意相通的 "幽人", 于是纷纷举起酒杯, 一杯接一杯, 越来越多. 诗人通过连续使用三次 "一杯", 不仅生动地描述了饮酒的数量之多, 也展现了快乐与满足之情.

读者仿佛置身其中, 目睹着那场痛饮狂欢的盛况, 倾听着 "将进酒, 杯莫停" 的豪言壮语, 感受着喜悦与兴奋. 诗人由此 "我醉欲眠卿且去", 表达出了自己恣意纵饮、超脱尘世的艺术形象如欲脱困而出.

2. 杜甫的数字诗

绝　　句

两个黄鹂鸣翠柳, 一行白鹭上青天.
窗含西岭千秋雪, 门泊东吴万里船.

数学文化

在杜甫的即景小诗《绝句》中，数字的运用独具特色．诗中的"两个"生动描绘了柳枝上成双成对歌唱的黄鹂，展现了杜甫眼中的欢乐景象．"一行"则描绘了白鹭在蓝天的映衬下，优雅地飞翔着．而"千秋"描绘了窗外西岭上千年积雪的壮丽景色．"万里"则表示门前停靠的东吴船只茫茫无垠．这些数字给读者带来了无限的想象空间．整首诗以一句一景，一景一个数字，构建了一个美丽而和谐的意境．杜甫的胸怀广阔，让人感叹他真能洞察万里、顺应千载．

在杜甫的其他诗作中，也巧妙运用了数字的表达方式，如"霜皮溜雨四十围，黛色参天二千尺""新松恨不高千尺，恶竹应须斩万竿"等．这些数字不仅深化了时空的意境，同时也展示了强烈的夸张和爱憎之情，给人留下了深刻的印象．

3. 王之涣的数字诗

凉 州 词

黄河远上白云间，一片孤城万仞山．

羌笛何须怨杨柳，春风不度玉门关．

王之涣在《凉州词》中运用数字的对比手法描绘了边塞地区的景象．这首诗通过描绘边塞地区的景物，展现了戍边将士艰苦的征战生活和对家乡的思念之情，表达了作者对广大战士的深切同情．

前两句诗描写了黄河向远方蜿蜒流淌至云天之间，而一座孤城矗立在万仞高山之中．这种对比手法凸显了西北边地的辽阔和荒凉，从而凸显了戍边将士所面临的凄凉和忧愁的心境．孤城用数字"一"来修饰，与后面的"万"形成了强烈的对比，更加显示出城的孤立和危险，勾勒出一幅荒凉寂寥的景象．

4. 柳宗元的数字诗

江 雪

千山鸟飞绝，万径人踪灭．

孤舟蓑笠翁，独钓寒江雪．

在这首诗中，柳宗元通过使用"千"和"万"两个数字，形象地描绘出荒凉寂静的景象．千山上，不再有飞鸟的身影；万径间，不再留下人们的足迹．这种对比的手法表达了自然环境的荒凉和人类活动的稀缺．柳宗元善于运用数字，通过其尖锐的对比和衬托作用，创造出独特的意境和情感表达．他的数字诗以其简洁而深刻的形象，给读者带来思考和感受．

5. 白居易的数字诗

白居易被称为乐天派的代表诗人，在他的作品《放言五首》中有这样著名的诗句：

试玉要烧三日满，辨材须待七年期．

这句诗表达了他对事物发展和人才培养所需的时间的思考．比喻如试玉需要经过三日的烧制才能达到完美的效果，而辩才则需要七年才能显露出真正的才华．这样的时间对于整个人生来说，或许并不算长．白居易在这句简约的诗句中，以数字来体现时光的流逝和学习的必要，有意识地呈现了一个人培养才华和成长的过程．这种思考方式正是乐天派所倡导的，强调内心的宁静和自我修养．

6. 韩愈的数字诗

在韩愈的诗中,他也善于运用数字来抒发迁客的失意之情,其中有著名的诗句:

一封朝奏九重天,夕贬潮州路八千.

这个数字的对比让人产生强烈的反差感,无论是从官位的高低还是距离的远近,都表现出韩愈所经历的沉浮和命运的变迁. 这首诗以简洁有力的方式表达了迁客的悲凉心境,与读者共鸣.

唐诗中运用数字的例子数不胜数,通过这些例子,我们可以窥见数字在诗人笔下所展现的审美情趣.

8.3.2 宋代数字诗词

1. 邵雍的数字诗

宋代邵雍写了一首脍炙人口的诗:

一去二三里,
烟村四五家.
亭台六七座,
八九十枝花.

这首序数诗巧妙地运用了十个数字,勾勒出一幅风景如画的乡村风情. 这首诗以朴实自然的方式,展示了乡村道路的旅途风光. 这首诗曾被选为描红帖,供学生练习书法、学习诗歌,还曾被收录在小学语文课本中.

有趣的是,某客运公司的汽车屡次在路上抛锚,一位乘客效仿邵康节的风格,创作了一首诗:

一去二三里,
抛锚四五回.
上下六七次,
八九十人推.

这首诗调侃地记录了汽车抛锚的情况. 客运公司看到后及时改正,这显示了数字诗的影响力和作用.

2. 岳飞、陆游的数字诗

岳飞的诗句:

三十功名尘与土,八千里路云和月.

陆游的诗句:

三万里河东入海,五千仞岳上摩天.

岳飞以"三十功名尘与土"表达了对功名富贵的淡然态度;而陆游则以"三万里河东入海,五千仞岳上摩天"描绘了广阔的河川和壮丽的山峦,表达了对国家的热爱和理想的追求.

3. 朱淑真的数字诗词

宋代女诗词人朱淑真的隐数诗词：

下楼来，金钱卜落；　　　　"下"字去卜，隐一
问苍天，人在何方　　　　　"天"字去人，隐二
恨王孙，一直去了；　　　　"王"字去一直，隐三
詈冤家，言去难留；　　　　"詈"字去言，隐四
恨当初，吾错失口；　　　　"吾"字去口，隐五
有上交，无下交．　　　　　"交"字去乂，隐六
皂白无须问；　　　　　　　"皂"字去白，隐七
分开不用刀．　　　　　　　"分"字去刀，隐八
从今不把仇人靠；　　　　　"仇"字去人，隐九
千种相思一撇消．　　　　　"千"字去一撇，隐十

所以，这首诗词实际上是隐藏了一、二、三、四、五、六、七、八、九、十这十个数字．另有民间流传的一着藏头拆字诗，其形式也是每句暗合一个数字：

下珠帘，楚香去卜卦，
问苍天，奴的人儿落在谁家．
恨王郎，全无一点真心话，
欲罢不能去，
吾把口来压．
论交情不差，
柒成皂，难讲一句清白话，
分明一对好鸳鸯却被刀割下，
抛得奴，才尽力又乏．
细思量，口与心俱假．

这首诗词同样隐含一、二、三、四、五、六、七、八、九、十，请读者自己品读其中的奥妙．

8.3.3 明代的数字诗

1. 朱元璋的数字诗

明太祖朱元璋的数字诗：

鸡叫一声撅一撅，鸡叫两声撅两撅，
三声唤出扶桑日，扫尽残星与晓月．

这首数字诗的开头两句十分朴实无华，展现出朱元璋出身贫寒、底层出身的原真面貌．通过描述鸡的叫声，勾勒出一个平凡人的生活．然而，接下来的两句却展示了朱元璋作为帝王的气度．他引用了扶桑日、残星和晓月等高妙的意象，表达了英雄豪情．

2. 唐伯虎的数字诗

唐伯虎创作的数字诗：

登　山
一上一上又一上，一上上到高山上；
举头红日白云低，四海五湖皆一望.

这首诗的前两句平淡无奇，描述了徒步攀登山峰的动作. 然而，后两句却展现出鲜明的意境，使整首诗生色不少. 头顶闪烁的红日和绚丽的白云腾空而起，给人以壮丽的美景. 视野开阔，可以俯瞰四海五湖的壮丽景色. 这样的转折和意象使整首诗充满了活力和视觉的美感.

3. 伦文叙的数字诗

苏轼不仅是一位著名的文学家，还是一位精通书法和绘画的艺术家. 据记载，他曾经画了一幅《百鸟归巢图》，相传在明代，广东的一位状元伦文叙为这幅画题了一首诗：

天生一只复一只，三四五六七八只.
凤凰何少鸟何多，啄尽人间千万石.

这首诗通过数字的运用，以一种含而不露的方式，写出了 100 只鸟的意象，$1+1+3\times 4+5\times 6+7\times 8=100$. 这首诗巧妙地运用了数字，通过隐喻和联想，让读者想象出百鸟归巢的热闹场面. 苏轼以他独特的艺术手法和文字功底，创作了这首富有创意和诗意的数字诗.

8.3.4　清代的数字诗

1. 乾隆的数字诗

在我国的一些古典文学作品中，常常使用数字分拆的方式来表达一个正整数，这种方法能够增加语言的生动性和作品的艺术感染力. 数字分拆是指将一个数表示为若干个整数之和. 下面以乾隆皇帝的数字诗为例说明.

据说在乾隆皇帝登基 50 周年的大庆上，他宴请了全国 3 900 多位老人. 其中最年长的一位引起了大家的好奇，大家都想知道他的年纪. 乾隆皇帝没有直接回答，而是用了一副对联：

花甲重开，外加三七岁月.

大家都在猜测老人究竟多少岁时，乾隆的大臣纪晓岚也插话了，并给出了乾隆对联的下联：

古稀双庆，又多一个春秋.

通过这个补充说明，我们可以得知老人的年龄实际上是 141 岁. 其中，"花甲"表示 60 岁，"古稀"表示 70 岁，所以 $141 = 60 + 60 + 7 + 7 + 7$，也可以表示为 $141 = 70 + 70 + 1$.

乾隆皇帝巧妙地运用了数字分拆的方式来表达老人的年龄，使得诗句更具有艺术性和趣味性. 这样的手法在古代文学作品中比较常见，能够增加作品的趣味性和记忆性，让读者在欣赏文学作品的同时也享受到一种独特的数学美感.

2. 纪晓岚的数字诗

相传乾隆皇帝下江南时，纪晓岚随行，乾隆常常出一些难题来考验他. 纪晓岚才思敏捷，每次都能对答如流.

某日，乾隆皇帝与纪晓岚一同登上一座酒楼. 二人凭窗远眺，眼前展现出碧波万里的江景.

数 学 文 化

在这秋色的江水之中,有一艘渔舟随波上下. 一名渔翁坐在船上,静静地在浩荡的长江中垂钓. 乾隆心旷神怡,感叹不已,对纪晓岚说:"江山如此美丽,岂可无诗!"他向纪晓岚提出了一个要求,口占一首七绝,其中必须包含十个"一".

纪晓岚稍加思索,随即脱口而出:

一篙一橹一渔舟,一个艄公一钓钩.

乾隆点头微笑,表示对这首诗的赞许. 然而,纪晓岚在念出这两句之后,却一时无法继续下去. 乾隆见他仰面捻须,陷入沉思的样子,于是笑着拍了一下桌子,说道:"哈哈! 连你纪晓岚也有难倒的时候啊!"这时,纪晓岚突然得到了灵感:"请示圣上,臣有了."事实上,他是从乾隆刚才的举动中获得启发:

一拍一呼还一笑,一人独占一江秋.

这两句连起来便是:

一篙一橹一渔舟,一个艄公一钓钩.
一拍一呼还一笑,一人独占一江秋.

3. 何佩玉的数字诗

清代女诗人何佩玉是一位擅长创作数字诗的诗人. 她曾经写过一首非常独特的数字诗,其中连续使用了十个"一",却能够传达出丰富的意境而不给人重复的感觉.

一花一柳一鱼矶,一抹斜阳一鸟飞;
一山一水一禅寺,一林黄叶一僧归.

这首诗将一系列景象巧妙地串联在一起,描绘出了一幅深秋中僧人晚归的图景. 每个"一"字都衔接着不同的事物和景色,营造出质朴而富有意境的画面. 从一朵花、一丛柳、一块矶石,到一缕斜阳、一只飞翔的鸟儿;从一座山、一道水、一座寺庙,到一片黄叶、一个僧人晚归. 通过数字的运用,这首诗成功地勾勒出了整幅深秋景象,让读者身临其境.

4. 陈沆的数字诗

清代陈沆创作的一首诗,勾画出了一个意境悠远的鱼翁垂钓的图景:

一帆一桨一渔舟,一个渔翁一钓钩;
一俯一仰一场笑,一江明月一江秋.

在这首诗中,描述了一个在秋江月下独自荡舟垂钓的渔翁. 他轻快地荡动着一只帆,用一只桨推动着小舟,专注地垂钓着,一颗心完全沉浸于钓鱼的乐趣之中. 他时而俯身一览江水的美景,时而仰望天空回应着大自然,还不时地发出欢声笑语. 这样的图景将人带入了一个宁静而美丽的秋日中.

此外,民间也流传着一些与钓鱼相关的数字诗:

一蓑一笠一髯叟,一丈长杆一寸钩;
一山一水一明月,一人独钓一海秋.

5. 郑板桥的数字诗

郑板桥创作的数字诗:

咏　　雪

一片两片三四片，五六七八九十片；

千片万片无数片，飞入梅花都不见.

这首诗看似是俏皮又平淡的打油诗，却蕴含着一定的哲理. 前面三句描述了雪花的数量逐渐增多，以一、两、三、四、五、六、七、八、九、十的顺序展开，形象地描绘了大雪纷飞的场景. 然而，最后一句却突然变换了主题，意味深长. 它表达了大雪与梅花融为一体的景象，雪花覆盖了整个梅花丛，使得它们难以区分，仿佛一片白茫茫的大地. 这样的转折令人耳目一新，给人以意外之美.

8.3.5　近现代的数字诗

1. 民间的数字诗

现在生活中，人们也常常将数学运用到诗歌创作中，以增加作品的趣味性，下面是一些当代数学诗，以供读者欣赏.

中华人民共和国成立前，货币天天贬值，物价一日数涨，重庆一家晚报登过一首描绘小学教师饥寒交迫生活的诗：

一身平价布，两袖粉笔灰，

三餐吃不饱，四季常皱眉，

五更就起床，六堂要你吹，

七天一星期，八方逛几回，

九天不发饷，十家皆断炊.

台湾人民的数字诗——中秋诗：

一国两制盼三通，四海五湖人心同.

六亲相会期有日，七夕牛郎逢织女.

八方共赏团圆月，九州十亿是弟兄.

百年之计须好合，千秋万载颂统一.

这首诗表达了台湾人民热切期盼海峡两岸和平的愿望. 在诗中，透过数字可以让读者感受到期盼祖国统一的强烈愿望，凝聚了人们对和谐共处的热切心愿.

2. 毛泽东的数字诗

伟人毛泽东的数字诗表现出雄伟的气势. 毛泽东作为一代伟人，散发着恢宏的领袖之风，他的诗歌雄浑壮丽，傲视群雄，贯穿古今. 在他的诗歌中，常常运用庞大的数字，如"看万山红遍，层林尽染；漫江碧透，百舸争流. 鹰击长空，鱼翔浅底，万类霜天竞自由. ……，粪土当年万户侯""万木霜天红烂漫，……，二十万军重入赣""唤起工农千百万""红军不怕远征难，万水千山只等闲""千里冰封，万里雪飘""钟山风雨起苍黄，百万雄师过大江"等.

值得注意的是，在毛主席公开发表的37首诗歌中，他最喜欢使用"万"字，共计25次. 这个数字展现了毛主席的宽广胸怀、博大智慧以及对抗暴力、勇于拼搏的革命精神.

3. 歌颂教师的佳作

这是一首歌颂教师的作品：

数学文化

一支粉笔两袖清风,
三尺讲台四季晴雨,
加上五脏六腑七嘴八舌九思十霜,
教必有方,滴滴汗水诚滋桃李芳天下;
十卷诗赋九章勾股,
八索文思七纬地理,
连同六艺五经四书三字两雅一心,
诲而不倦,点点心血勤育英才泽神州.

下面这首也是歌颂老师的佳作:

解括弧,加因子,求得结果;
过中点,作垂线,直达圆心.
移项,通分,因式分解求零点;
画轴,排序,穿针引线得结果.
小圆大圆天下圆,圆圆有心;
直线曲线螺旋线,线线独特.
平行线,相交线,线线共面;
垂直面,斜交面,面面共线.

4. 数学春联

横批:我行我数

椭圆乐奏恭禧曲,直线长讴奋进诗.
有理函数涵百篇,无穷集合集千祥.
文明本是平行线,幸福原为不尽根.
七桥岛上云追月,四色图中蝶恋花.
指数函数,对数函数,三角函数,数数含辛茹苦;
平行直线,交叉直线,异面直线,线线意切情深.

在以教师为内容的楹联中,婚姻是一道独特的风景线. 数学教师喜结姻缘时常常得到同仁们送的奇思妙想的作品.

恩爱天长,加减乘除难算尽;好合地久,点线面体岂包完.
实数虚数两数搭配已成对;内心外心双心结合正同心.
点线画面构建今日幸福爱情花;诗词歌赋颂扬未来温馨恩爱图.
岁月有极限,当选准人生坐标;追求无最值,需解好生活方程.

5. 数学情书

我们的心就是一个圆形,
因为它的离心率永远是零.
我对你的思念就是一个循环小数,
一遍一遍,执迷不悟.
我们就是抛物线,你是焦点,我是准线,

你想我有多深，我念你便有多真.
你的生活就是我的定义域，
你的思想就是我的对应法则，
你的微笑肯定，就是我存在于此的充要条件.
如果你的心是 x 轴，那我就是个正弦函数，
围你转动，有收有放.

6. 数学之歌

集合、映射与函数
日落月出花果香，物换星移看沧桑.
因果变化多联系，安得良策破迷茫？
集合奠基说严谨，映射函数叙苍黄.
看图列表论升降，科海扬帆有锦囊.

指数函数、对数函数和幂函数
晨雾茫茫碍交通，蘑菇核云蔽长空.
化石岁月巧推算，文海索句快如风.
指数对数相辉映，立方平方看对称.
解释大千无限事，三族函数建奇功.

7. 数学哲理

数学中蕴含着哲理，零点存在定理告诉我们"哪怕你和他站在对立面，只要你们的心还是连续的，你们就能找到彼此的平衡点".

零点定理是指闭区间上的连续函数，若两端点函数值异号，则此区间内必有零点(图 8.7). 也就是，当"你"和"他"站在对立面时，就相当于异号的两端点，心是连续意味着函数连续，那么两人就一定可以找到彼此的平衡点.

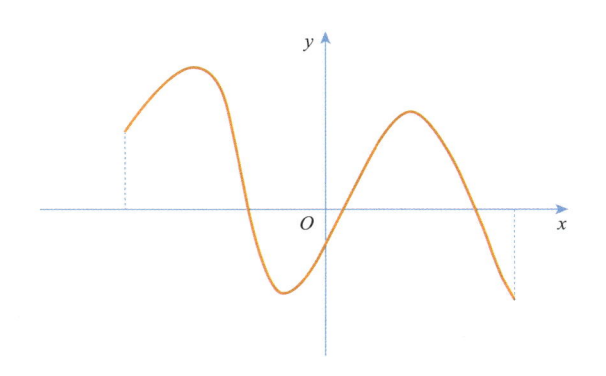

图 8.7 零点定理(张四兰绘)

蕴含数学哲理的语句还有很多，我们收集了一些，以供读者细细品味.

数 学 文 化

(1) 人生是一个级数, 理想是你渴望收敛到的那个值. 不必太在意, 因为我们要认识到有限的人生刻画不出无穷的级数, 收敛也只是一个梦想罢了. 不如脚踏实地, 经营好每一天吧.

(2) 有限覆盖定理告诉我们, 一件事情如果是可以实现的, 那么你只要投入有限的时间和精力就一定可以实现. 至于那些在你能力范围之外的事情, 就随他去吧.

(3) 幸福是可积的, 有限的间断点并不影响它的积累. 所以, 乐观地面对人生吧!

(4) 用数学概念作比喻:

给你一个方向, 你就成为向量;
给你一个坐标, 让你展翅翱翔;
给你一个基底, 征途由此起航;
复杂的几何关系, 变成纯代数的情殇;
不管起点在哪里, 你始终在水一方;
啊, 向量! 矢志不渝的理想.

8.4 引人入胜的数学诗

8.4.1 孙子定理

在《孙子算经》中, 记载着"物不知数"的问题:

今有物不知其数,
三三数之剩二,
五五数之剩三,
七七数之剩二,
问物几何?

有着深远影响的中国剩余定理就来源于"物不知数", 令世人震惊的是, 这个问题在《孙子算经》中就已经给出过解法. 明代数学家在《算法统宗》用诗歌的形式呈现了其解法:

三人同行七十稀, 五树梅花廿一枝;
七子团圆月正半, 除百零五便得知.

该诗歌用算式表示即为

$$70 \times 2 + 21 \times 3 + 15 \times 2 - 2 \times 105 = 23$$

8.4.2 百羊问题

"百羊问题"也出自程大位的《算法统宗》:

甲赶羊群逐草茂, 乙拽一羊随其后;
戏问甲及一百否? 甲云所说无差谬;
若得这般一群凑, 再添半群小半群;
得你一只来方凑, 玄机奥妙谁猜透?

设甲原有羊 x 只, "若得这般一群凑"就是 $(x+x)$ 只, "于添半群小半群"就是 $\left(\dfrac{x}{2}+\dfrac{x}{4}\right)$ 只,

"得你一只来方凑"就是再加 1，对应方程为 $x+x+\dfrac{x}{2}+\dfrac{x}{4}+1=100$，易知 $x=36$，故甲原有羊 36 只.

8.4.3　李白醉酒

李白自谓为酒中之仙，"李白斗酒诗百篇"，与"酒"与"诗"两者间结下了难以割舍的不解之缘. 诗歌已然成为李白生活的一部分，而酒却是激发李白诗性的灵感之源. 后来者以《李白醉酒》的数学诗来描绘李白酣饮作诗的豪放场景.

李 白 醉 酒

李白街上走，提壶去买酒.
遇店加一倍，见花喝一斗.
三遇店和花，喝光壶中酒.
试问李白壶，原有酒几斗？

设李白酒壶中原有酒 x 斗，"遇店加一倍，见花喝一斗"，则壶中酒变为 $(2x-1)$ 斗，"三遇店和花，喝光壶中酒"，说明 $2[2(2x-1)-1]-1=0$，不难算出原壶中有 $\dfrac{7}{8}$ 斗酒.

8.4.4　寺内僧多少

清代学者徐子云在《算法大成》中留下了一首诗：

算 法 大 成

巍巍古寺在山林，不知寺中多少僧.
三百六十四只碗，众僧刚好都用尽.
三人共食一碗饭，四人共吃一碗羹.
请问先生名算者，算来寺内几多僧？

设寺内有僧人 x 人，由"三人共食一碗饭，四人共吃一碗羹"得，一共用了 $\left(\dfrac{x}{3}+\dfrac{x}{4}\right)$ 只碗，又"三百六十四只碗，众僧刚好都用尽"，则 $\dfrac{x}{3}+\dfrac{x}{4}=364$，解得 $x=624$，故寺内有僧人 624 人.

8.4.5　民间数学诗

1. 每天行里数

三百七十八里关，初行健步不为难.
脚痛每日减一半，六天才能到其关.
要问每天行里数，请君仔细算周详.

设每天行 x 里，由"脚痛每日减一半，六天才能到其关"知，$x+\dfrac{x}{2}+\dfrac{x}{2^2}+\dfrac{x}{2^3}+\dfrac{x}{2^4}+\dfrac{x}{2^5}=378$，解得 $x=192$，每天所行里数为 192 里，96 里，48 里，24 里，12 里，6 里.

数学文化

2. 开方诗

三百六十一只缸，
任君分作几船装；
不许一船多一只，
不容一船少一缸.

设有 x 条船，"不许一船多一只，不容一船少一缸"，缸的数量也为 x，可知 $x^2 = 361$，即 $x = \sqrt{361} = 19$，即有 19 条船，每条船装 19 只缸.

3. 风动红莲问题

在第 4 章 4.7 节中，介绍了古印度数学家婆什伽罗的作品"风动红莲"问题，可以翻译如下：

在波平如镜的湖面，
高出半尺的水面伸着一朵红莲，
一阵风吹过，
将红莲刚好没入水面，
有一位渔翁亲眼看见，
莲花已离伸出水面有两尺之远，
请你来解此问题，
告诉我湖水的深浅.

设湖深为 x 尺，则莲花高为 $x + \dfrac{1}{2}$ 尺. 此题对应几何解释（图 8.8），则由毕达哥拉斯定理知

$$\left(x + \frac{1}{2}\right)^2 = x^2 + 2^2$$

解得 $x = \dfrac{15}{4}$，故湖水深 $\dfrac{15}{4}$ 尺.

4. 白杨问题

小河旁有一棵白杨，
忽然大风刮起，
吹断了半截白杨，
倒向与河流垂直的方向，
树梢正及对岸，
小河有四英尺宽，
剩下得三英尺是白杨树干，
请你告诉我，
未断时一棵多高的白杨.

设树高 x 英尺，题意对应几何解释为三角形三边关系（图 8.9），由毕达哥拉斯定理知

$$3^2 + 4^2 = (x-3)^2$$

解得 $x = 8$ 或 $x = -2$（舍去），即白杨树高 8 英尺.

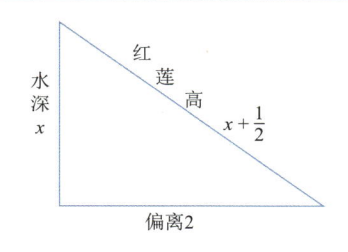

图 8.8　莲花问题(张四兰绘)　　　　图 8.9　白杨问题(张四兰绘)

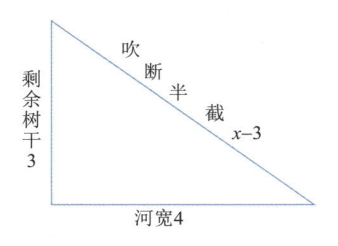

5. 爱神的烦扰

$$\text{爱神爱罗斯正在发愁,}$$
$$\text{女神吉波莉达问其理由.}$$
$$\text{"你为什么烦扰,}$$
$$\text{我亲爱的朋友?"}$$
$$\text{爱罗斯回答:}$$
$$\text{"我在黑里康山采回仙果,}$$
$$\text{路遇九位文艺女神嬉戏抢夺,}$$
$$\text{叶英特尔波抢走七分之一,}$$
$$\text{爱拉托抢得一样多——七个仙果拿走一个,}$$
$$\text{八分之一被达利娅抢走.}$$
$$\text{比这多一倍的仙果却落入了特稀霍拉之手,}$$
$$\text{美利波美娜算是客气,}$$
$$\text{二十个仙果中也拿了一个,}$$
$$\text{可又来克里奥,她的收获为这四倍之多.}$$
$$\text{波利尼亚拿的最少,}$$
$$\text{也还有三十个仙果.}$$
$$\text{最后两位也不空手,}$$
$$\text{一百二十个仙果归乌拉尼娅.}$$
$$\text{而卡利奥泊却拿走了三百之多.}$$
$$\text{我回家时几乎两手空空,}$$
$$\text{仅给我剩下五十个仙果.}$$

请你算一算,爱罗斯摘了多少个仙果? 这首诗歌出自《希腊文集》.

设爱罗斯摘了 x 个仙果,由诗意知:

$$\left(\frac{1}{7}+\frac{1}{7}+\frac{1}{8}+\frac{1}{4}+\frac{1}{20}+\frac{1}{5}\right)x+30+120+300=x-50$$

解得 $x=5\ 600$,即爱罗斯摘了 5 600 个仙果.

6. 丢番图的墓志铭

数学家丢番图的生平事迹如今已成谜,我们仅能从他的墓志铭上略知一二. 他的墓碑别具

> **数 学 文 化**

特色，上刻有一首谜一般的诗：这儿埋藏着丢番图，只需计算下面的数字，就能得知他去世时的年龄.

> 他的一生的六分之一是幸福的童年，
> 十二分之一是无忧无虑的少年，
> 再过七分之一的年程，
> 他建立了幸福的家庭，
> 五年后儿子出生，
> 不料儿子只活到父亲一半的年龄，
> 竟先其父四年而终；
> 晚年丧子老人真可怜，
> 悲痛之中度过了风烛残年；
> 请你算一算，
> 丢番图活了多大年龄？

设丢番图活了 x 岁，据诗意知

$$\frac{x}{6}+\frac{x}{12}+\frac{x}{7}+5+\frac{x}{2}+4=x$$

解得 $x=84$，即丢番图活了 84 岁.

数学家麦特劳德尔(Metrodorus)将这首墓志铭收入了《数学问题集》中.

8.5 数学家的文学修养

在大众观念中，一般认为数学家们日复一日地沉迷于数学，时时刻刻都在与数学打交道.然而事实上，许多数学家的兴趣领域相当广泛，他们不仅具备出色的文学修养，热衷于诗歌的欣赏、阅读、背诵和吟咏，甚至还能亲自创作诗歌.以下是几位备受尊敬的数学家，他们不仅是卓越的数学家，同时也拥有深厚的文学底蕴，展现出数学与文学在他们身上的融合之美.

8.5.1 国内数学家的文学修养

我国著名的数学家华罗庚不仅在数学领域有卓越的成就，而且在诗歌和文学方面也颇具造诣.他的科普文章通俗易懂，娓娓道来，为青年一代撰写的勉励诗更是深具启发，"聪明在于勤奋，天才在于积累""勤能补拙是良训，一分辛苦一分才""发奋早为好，苟晚休嫌迟；最忌不努力，一生都无知"等早已成为人们的座右铭.

值得一提的是，1953 年，他在与著名学者钱三强、赵九章一同出国考察的途中，闲谈时创作了上联"三强韩赵魏".这上联既指战国时期黄河流域的三个强国韩、赵、魏，又含蓄地包含了钱三强、赵九章的名字.华罗庚巧妙地挑战了在座各位，下联也要与之呼应，要求嵌入另一位科学家的名字.最终，他自己对出了下联"九章勾股玄"，展现出他独特的才思和智慧.

李国平教授是中国著名的数学家，与华罗庚一同被誉为"北华南李".然而，鲜为人知的是，李国平在数学研究之外，还是一位杰出的诗人.他创作了《梅香斋词》等 800 余首诗歌，出版了《李国平诗选》，展现了他在诗歌领域的卓越才华.

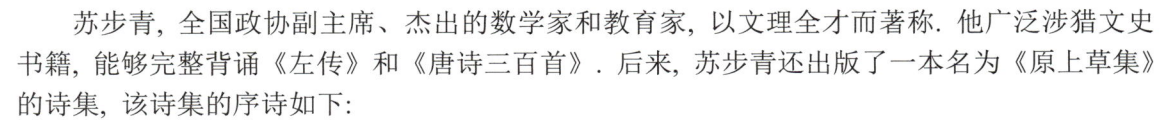

苏步青，全国政协副主席、杰出的数学家和教育家，以文理全才而著称．他广泛涉猎文史书籍，能够完整背诵《左传》和《唐诗三百首》．后来，苏步青还出版了一本名为《原上草集》的诗集，该诗集的序诗如下：

    筹算生涯五十年，纵横文字百余篇；

    如今老去才华尽，犹盼春来草上笺．

曾担任美国数学学会主席、荣获世界最高数学奖——菲尔兹(Fields)奖的数学巨匠陈省身教授，在1980年的中国科学院座谈会上，即兴赋诗如下：

    物理几何是一家，一同携手到天涯；

    黑洞单极穷奥秘，纤维联络织锦霞；

    进化方程孤立异，曲率对偶瞬息空；

    筹算竟得千秋用，尽在拈花一笑中．

该诗将线代数学和物理中的最新概念融入优雅的意象之中，歌颂数学的奇迹，毫无痕迹地呈现，宛若精雕细琢．

杰出的数学家徐利治先生将他的治学经验概括为培养兴趣、追求简明、掌握抽象、毫不畏惧计算这四个要点．后来，在南京的一场讲学中，他特意补充了热爱文学．在对晚辈的教导中，他强调在数学之外同样不可忽视的是文学修养．

中国科学院院士、国际数理统计学会会士严加安，不仅在数学领域取得卓越成就，同时在诗歌和书法创作方面也很有建树．他的书法作品《龙》《福》《喜》分别被中国书法家协会选入迎接北京奥运的三部宝典《千龙宝典》《千福宝典》《千喜宝典》．他还强调："你可以不写诗，但不可以不读诗．"

8.5.2 国外数学家的文学修养

莱布尼茨因创立微积分而广受世人瞩目，他不仅对数学钟情，而且自幼便对诗歌和历史充满浓厚的兴趣．他巧妙地利用家中的藏书，深入研读古今学问，为后来在哲学、数学等多个领域取得开创性成果奠定了坚实的基础．

罗素，不仅是一位杰出的数学家，同时还是一位备受瞩目的文学家，发表了多部小说集．令众多专业作家感到惊讶的是，尽管他非科班出身，但在1950年获得了诺贝尔文学奖．

"数学王子"高斯在大学求学期间，最钟爱的两门学科是数学和语言，并且终其一生都保持着对它们的热爱．正当他在思考是成为一名数学家还是语言学家时，19岁的高斯成功地解决了正十七边形的尺规作图问题，这一成就坚定了他从事数学研究的信念．

法国数学家笛卡儿热爱诗歌，他认为"诗是激情和想象力的产物"，诗人依赖想象力使知识的种子迸发出火花．

美籍匈牙利数学家波利亚(Polya)年轻时对文学表现出浓厚兴趣，尤其喜爱德国大诗人海涅(Heine)，并因与海涅同日出生而感到自豪．他曾因将海涅的作品翻译成匈牙利文而获得奖项．

著名数学家柯西从小对数学充满兴趣．相传，拉格朗日曾预言柯西将成为杰出的数学家，

数学文化

并告诫他的父亲不要让孩子过早涉足数学，以免误入歧途，成为那种"不知道如何运用自己语言"的大数学家．

庆幸的是，柯西的初学阶段是在家中度过的，在他父亲的耐心引导下，他系统学习了古典语言、历史和诗歌等．更令人惊叹的是，在柯西政治流亡国外的时候，他曾在意大利的一所大学里讲授文学诗词课程，甚至留下了《论诗词创作法》一书．这彰显了柯西在文学领域的卓越才华．

复习与思考题

1. 请给出一首回文诗，并赏析．
2. 请选取我国古代数学著作中的一首数学诗，并赏析．
3. 请选取一首毛泽东的数字诗，并分析数字的使用在诗中的作用．
4. 请结合华罗庚、李国平和苏步青等数学家热爱文学的事实，谈谈文化修养对专业学习的作用．
5. 著名作家秦牧认为数学入诗显得"情趣横溢，诗意盎然"．请结合李白的数字诗，分析秦牧的观点．
6. 选取一个数学定理、定义或结论，分析其中所蕴含的人生哲理．

第 9 章

数学与艺术欣赏

　　自古以来,艺术中就伴随着数学的精神和思想,同时数学中也渗透着艺术的影响. 例如神奇的数字 0.618 从古希腊时期就被广泛地用在建筑及各类艺术品中,如今无论音乐、绘画,还是设计领域,艺术家们都在自觉地应用着这一数字创造佳作.

　　法国作家福楼拜(Flaubert)曾说:"越往前走,艺术越要科学化,同时科学也要艺术化,两者从山麓分手,又在山顶会合."数学与艺术看似两个不同的世界,但数学对艺术影响尤其深远.

第 9 章知识导图

> 数 学 文 化

9.1 数学与音乐

音乐是比人类语言史还要悠久的一种文化，最初的音乐就是简单地传递情感，然而在发展的过程中与数学发生了密切的联系.

在这一节，我们会看到无理数、三角函数、等比数列、三角级数、斐波那契数列、黄金分割、抽象代数和傅里叶分析等数学理论在音乐中的渗透. 现代音乐家在作品中都不自觉地应用数学理论，甚至涉及随机分布、马尔可夫链等现代数学理论.

9.1.1 音乐与数学结合的历史

1. 古希腊时代

最早将音乐与数学联系起来的研究，源自古希腊数学家、哲学家毕达哥拉斯，毕达哥拉斯认为数学就像音乐一样无处不在，区别在于音乐可以直接听，而数学需要经过思维. 他说："弦的发声中有几何原理，宇宙空间中包含着音乐."

毕达哥拉斯学派提出了"五度相生律"（又称"毕达哥拉斯律"）. 相传公元前 6 世纪，毕达哥拉斯从铁匠铺里打铁的声音中，发现那些彼此间音调和谐的锤子的重量有一种简单的数学关系. 相反，那些重量之间不存在简单比例的锤子，一起敲打时会发出噪声. 他还发现了八度音与基本音调之比为 2：1，五度音之比为 3：2. 将纯五度音程作为生律要素，称为"五度相生律". 这是人们最早用数学方法研究美的实践.

2. 文艺复兴时期

文艺复兴时期，各种学科研究复苏，数学和音乐的融合也加快了步伐，其间的代表人物是达·芬奇. 他是大名鼎鼎的博学家，不仅在绘画上造诣深厚，留下了许多不朽的杰作，同时也是音乐家、解剖学家、数学家、建筑师、地质学家等. 达·芬奇在米兰宫廷任文化使者期间，热衷于制作乐器，并且很快将之变成了创作和研究，他研究如何设计新的键盘来提高弹奏速度、丰富声音种类以及扩展音域. 他在对乐器的探索中研究各种声波的性质以及数学原理，留下了很多相关手稿. 达·芬奇和数学家、近代会计之父帕乔利(Pacioli)一起出版了《神圣比例》，正是前面提到过的黄金比例 0.618 或者 1.618.

3. 工业革命前后

工业革命前后，大机器的发明和应用使得数学对音乐的影响更加明显，其间的代表人物是巴赫(Bach)和贝多芬(Beethoven). 巴赫，巴洛克时期的德国作曲家，他和数学的联系来源于一段绝妙的乐曲《音乐的奉献》. 在这段乐曲中，听众感觉在不断地升调. 奇怪的是，升调最后回到了原调上，形成了一个"怪圈". 巴赫尝试对这种现象通过音乐刻画. 事实上，这个"怪圈"与各层面间的递推和缠绕有关，数学上称为悖论. 贝多芬，维也纳古典乐派代表人物之一，一生创作了众多具有强烈艺术感染力的音乐作品. 令人难以置信的是，他的很多作品都是在失聪的状态下创作的，这一定缘于贝多芬深谙音符背后隐藏的规律，这其中必然包括一些数学规律.

4. 中国古代

在中国古代历史上,音乐和数学的关联也常有记载. 最早用数学解释的声学定律是"三分损益法",意思是将管加长或者缩短三分之一,音调听起来也很和谐. 朱载堉,明代著名的音乐家和数学家,潜心研究术数乐律,于万历十二年(1584年)完成了"十二平均律"的计算.

众所周知,音乐的乐谱是由在不同高度上的哆、来、咪、发、唆、啦、西组成的,这个八度音是如何得到的呢? 按照毕达哥拉斯的方法,首先任意确定一个音符,记为 C,假定它的频率是 1 Hz,音量为 1. 下一个八度音 C′的频率是 C 的 2 倍 2 Hz,音量也为 1. 它们产生的音响是和谐的. 再下一个八音符 C″的频率是 4 Hz. 在 C′和 C″之间,应该加一个频率为 3 Hz 的音符,为了和谐起见,必须再加入一频率为其一半的音符,即 3/2 Hz. 同样的理由还需要加入频率为 5/2 Hz 和 5/4 Hz 的音符. 以 3/2 Hz 这个音符为起点,还应该加入 (3/2)×(3/2) Hz = 9/4 Hz 的音符,将它平分得到 9/8 Hz 放入第一个八音区域,再加入一个 5/3 Hz 的音符,就得到了中国古代的五声音阶:宫、商、角、徵、羽,相当于现代音乐的 C、D、E、G、A 五个音阶. 如果再加入一个 4/3 Hz 和 (5/4)×(3/2) Hz = 15/8 Hz 的音符,就得到了八分音符,如表 9.1 所示.

表 9.1 八分音符表

频率/Hz	1	9/8	5/4	4/3	3/2	5/3	15/8	2
音符	C	D	E	F	G	A	B	C′

C 到 G 的频率比例为 3∶2,但 D 到 A 却不是. 为了达到全部的和谐,出现了"十二平均律". 十二平均律,就是把一个八度分成 12 个基本均等的音程,每个音程是一个半音,两个音程是一个全音,前后两个半音的比为 $\sqrt[12]{2} \approx 1.059\,463$. 虽然现在用计算机很容易计算 12 次方根,但是在当时,这是一件很难的事情. 朱载堉得到了求等比数列的方法,解决了不同进制的换算方法,用 81 档大算盘,计算开平方和开立方,形成了如表 9.2 所示的等比数列.

表 9.2 等比数列

频率(分数)	1	16/15	9/8	6/5	5/4	4/3	7/5	3/2	8/5	5/3	7/4	15/8	2
频率(小数)	1	1.067	1.125	1.2	1.25	1.333	1.4	1.5	1.6	1.667	1.75	1.875	2
音符	C	C#	D	D#	E	F	F#	G	G#	A	A#	B	C′
十二平均律	1	1.059	1.222	1.189	1.26	1.335	1.414	1.498	1.587	1.682	1.782	1.888	2

朱载堉计算的精确程度在当时居于世界律学领域的领先地位,取得了我国律学研究划时代的成果. 通过比较第 2 行和第 4 行的数据,可以发现前面推导的毕达哥拉斯律和十二平均律非常接近. 十二平均律虽然是人为地将八度分成十二个半音,但是解决了在转调上不和谐的缺陷,极大地推动了作曲和演奏的发展.

朱载堉一生呕心沥血,完成了《乐律全书》《算学新说》等. 他还用数学发展了天文历法,精确地计算出了回归年的长度值,判定出当时北京的地理纬度和地磁偏角,对数学做出了卓越的贡献. 他不仅是现代音乐理论的先驱者,还是现代科学的开拓者.

有意思的是,数学家雅各布·伯努利还发现对数螺旋线具有自相似性,即经过旋转和缩放

数学文化

变换后仍然是对数螺旋. 约翰·伯努利曾用对数螺旋线向巴赫解释十二平均律. 他指出, 只需旋转螺旋线使得第一个半音落在 x 轴, 其他音就会自动落在相应位置上. 这种数学模型不仅直观地展示了十二平均律中音与音之间的等比关系, 也体现了音乐与数学的深刻联系, 使得音乐的和谐性和数学的精确性得到完美统一. 对数螺旋线在后续绘画艺术中也会提到.

正如古代学者注意到任意两个相差八度音阶的音调听起来协调, 现代音乐理论家把这种相差八度的音调之间的等价关系称为音调类. 因此八度音阶可以分成十二个音调类, 相邻两个音调类之间的音程称为一个半音, 符号#表示向上移动一个半音, 反向表示下移. 把音调类转换成模 12 同余整数, 可以很容易地用抽象代数去构建音乐数学模型. 古往今来, 作曲家一直在使用变调和转位的音乐手法. 从数学角度来看, 音高 x 向上移到 n 个半音, 变调后的音高本质是函数

$$f_n(x) := (x+n) \bmod 12$$

转位的数学原理也是基于音高的排列组合和模运算.

音乐家巴赫经常使用的自然音阶的变调和转位, 数学上可以看作是模 7 的变调和转位. 流行音乐中经常使用的大调和小调三和弦, 实际上可以用模 12 的同余整数来定义. 三和弦是由三个音符同时演奏而成, 任何一个大小调三和弦都可以看作是模 12 音调类的子集. 由此将音乐中的代数理论继续深入研究, 学者们发现了音乐中的二面体群作用.

随着科学的发展, 基于数学基础的声学研究有了长足的进步. 现代数学理论、计算机和人工智能的广泛应用也带动了计算机音乐的飞速发展.

9.1.2 音乐声波中的数学

音乐的载体是声音. 声音的高低、长短、强弱这些抽象的性质都可以用数学来具体化.

傅里叶, 法国著名数学家、物理学家, 主要贡献是在研究热的传播时创立了一套数学理论, 证明了任何满足一定条件的函数都可以展开成三角函数的无穷级数. 结合物理学告诉我们任何声音信号可以看成是由许多频率不同、大小不等的正弦波复合而成, 图 9.1 展示了两个同频率的正弦波和余弦波叠加的结果. 而傅里叶定理指出, 任何一个周期为 2π 的函数都可表示为

$$f(t) = \frac{a_0}{2} + \sum_{n=1}^{\infty}(a_n \cos nx + b_n \sin nx)$$

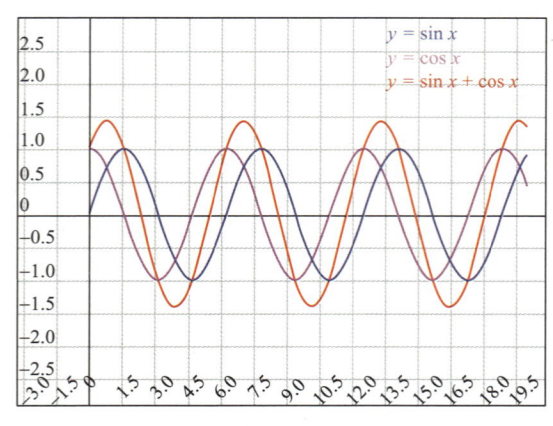

图 9.1 正弦余弦叠加曲线(陈秋剑绘)

根据傅里叶定理，每个乐音都可以分解成一次谐波与一系列整数倍频率谐波的叠加．假设哆的频率 $f_1(t)$ 为

$$f_1(t) = \sin x + \sin 2x + \cdots + \sin nx + \cdots$$

同理，高音哆的频率 $f_2(t)$ 为

$$f_2(t) = \sin 2x + \sin 4x + \cdots + \sin 2nx + \cdots$$

这两列谐波有一半的频率是相同的，所以哆和高音哆是最和谐的．

在音乐中，乐器的发声、演奏的混声、设备的放声等都和声波有关，常见的结合音、共鸣以及多普勒（Doppler）效应都可以用数学公式去刻画和研究．电子音乐之所以可以模仿各种乐器以及大自然的声音，都来源于对声波的研究．例如，噪声在数学上可以用随机变量表示，其中区别于普通噪声的高斯白噪声的振幅服从高斯分布．白噪声具有稳定平和的特点，有助于放松和睡眠，因此在电子音乐中应用广泛．

9.1.3 乐理中的数学

音乐并不是简单的声音的混合，美妙的音乐一定存在规律，这些规律可以在乐谱中体现，乐谱就是音乐的语言．目前世界通用的记谱方式是五线谱，它通过在五根等距离的平行线上标记不同音符和其他记号来记载音乐．

乐音体系中各音称为音级，音级的排列就如同数学中的数列．音级之间的距离称为音程，可以是半音、全音、大三度或者其他距离等．音程中的高音称为冠音，低音称为根音．根音和冠音之间的距离即可判定一个音程．音程就如同数学语言中的"跳跃度"．音乐中的调式是指以一个音为核心，按照一定的音程关系将不同的高低音符组织在一起的有机体，用数学语言解释，音列是指简单排列的音符数列，音阶是有了调式结构的特定排列．节奏是指音乐中与时间有关的因素，如拍子、小节等，从数学的角度来看，节拍就是强弱音关于时间的周期函数，一个节拍就是一个周期．旋律是指有规律的音高和节奏的序列，调式好比是成语，旋律就好比是句子，用数学语言来说，旋律就是函数．

尽管音乐作品是抽象的，但是他们的结构都是清晰的．传统的 ABA 三部曲式结构，体现了对称均衡的形式美法则．不少著名乐章高潮在全曲的大约 0.618 处，即黄金分割附近．例如舒曼（Schumann）的《梦幻曲》，全曲共 24 小节，高潮在第 14 小节，14∶24 接近黄金比例．莫扎特（Mozart）的《D 大调奏鸣曲》第一乐章 160 小节，曲子再现部位位于第 99 小节，99∶160 刚好是黄金比例．《义勇军进行曲》中的分段，转折点也是在黄金分割点附近．贝多芬、巴赫、巴托克（Bartok）等众多音乐家的作品中都蕴含着黄金分割比例．巴托克在作品中迷恋大自然的形式美，斐波那契数列和黄金分割被他展现得淋漓尽致，向日葵是他最喜欢的植物，因为向日葵的种子排列正是斐波那契螺旋．

9.1.4 乐器中的数学

乐器的声响机理和数学、物理学有着密切的联系．例如，弦鸣乐器中弦振动方程就是著名的双曲型偏微分方程．在制作小提琴时，提琴的结构中的黄金分割律是使小提琴音色优美动听

数 学 文 化

的关键因素. "355"型小提琴的结构中可以找到 14 个黄金分割关系. 二胡的千金放在 0.618 的位置上发音最优美. 钢琴八度音之间有 5 个黑键和 8 个白键共 13 个半音阶, 这正是斐波那契数列中的第 5 项至第 7 项.

9.2 数学与绘画艺术

数学与绘画艺术, 看起来距离很远, 实际上关系密切, 众多艺术大师都将二者有机地融合在了一起. 绘画中常见的数学方法可以归纳为以下几种.

9.2.1 对称

在几何学中, 对称通常指的是一个图形或物体在经过某种变换 (如旋转、反射、平移等) 后, 能够与自身重合的性质. 对称图形包括轴对称图形、中心对称图形、旋转对称图形等.

对称在自然界中是普遍存在的, 例如, 蝴蝶的翅膀左半部和右半部是轴对称的, 飞机的机翼是轴对称的, 雪花是轴对称的, 国旗上的五角星是旋转对称的, 电风扇的叶片是旋转对称的.

在日常生活中和在艺术作品中, "对称"有更多的含义, 常代表着某种平衡、比例和谐之意, 而这又与优美、庄重联系在一起. 绘画中对称图式可以带给人平衡和稳定的心理感受, 不过绘画中的对称并非要求像数学定义一样严格对称, 只需要视觉感受上做到平衡即可. 对称是人类从大自然和社会实践中发现的一种符合规律的存在方式, 对称是形式美的重要因素之一, 也是形式美在数学上的体现.

风筝彩绘和中国戏曲脸谱是将对称美发挥到极致的中国传统绘画工艺. 风筝是我国民间的传统工艺品, 为了保持平衡, 每个风筝的结构都是对称的, 风筝彩绘也需要按照对称的结构设计和创作. 脸谱是中国戏曲中最具特色的一部分, 源于我国数千年的历史文化传统, 吸收了传统文化的精髓, 它反映了戏曲中人物的性格和内心. 脸谱的主要特征是按照人脸的对称性进行构图, 大致分为对称均衡型构图、X 型构图、T 型构图、不对称型构图. 对称均衡型构图是指脸谱的五官左右对称; X 型构图是指除额头和鼻梁外其他左右对称; T 型构图是指额头部分不对称, 眼睛以下部位左右对称; 不对称型构图指左右花纹图案不一致, 即"歪脸", 代表此角色心术不正, 因为人们对不平衡的构图第一反应是自动类比, 面部的不平衡会让人产生不悦.

古今中外许多著名的绘画作品都用到了对称元素, 其中最典型的当属意大利文艺复兴时期画坛三杰之一的拉斐尔 (Raffaello) 为梵蒂冈宫绘制的巨幅壁画《雅典学院》(图 9.2). 在《雅典学院》中, 拉斐尔想象了一幅"柏拉图学园"盛况, 将古希腊不同时期的 50 多位历史人物展现在一座瑰丽壮阔的大厅里, 其中包括柏拉图、亚里士多德、苏格拉底、毕达哥拉斯等. 在画面里, 这些来自不同时代不同学科的学者热烈地进行着学术讨论, 反映出拉斐尔对人类智慧和真理的向往.

图 9.2 《雅典学院》

拉斐尔精心钻研各大画派画师的特点，博采众长，形成了自己独特的艺术风格. 他擅长使用垂直线和水平线支配画面，基于中央轴线构造和谐的比例，使上下或者左右两部分保持平衡. 从图中可以看出，拉斐尔采用拱形屋顶作为整幅壁画的画框，整个建筑左右对称相互呼应. 在画面的左下方的中心位置处，一位坐在台阶上的老者正在厚厚的书上写字，他就是数学界代表"数"的毕达哥拉斯；右下角的中心位置处是数学界代表"形"的欧几里得，他手拿圆规，弯腰在地上画图，为周围的学者讲解几何学；柏拉图和亚里士多德这两位数学家位于全幅画面的中心，即左右和上下对称轴交汇的位置.

拉斐尔一生最擅长创作的是圣母像，他绘制的圣母端庄和善，时常怀抱天真无邪的圣婴，深受人们喜爱. 其中最著名的有《圣母的婚礼》《草地上的圣母》《椅中圣母》《阿尔巴圣母》等. 他 21 岁时创作的《圣母的婚礼》（图 9.3）在构图上将背景和人物对称分布，使得画面看起来均衡稳定，给人一种和谐安详的感觉.

图 9.3 《圣母的婚礼》

9.2.2 透视

透视是指在二维平面上再现三维空间感和立体感的方法，即通过远小近大反映事物的立体感. 透视方法就是把眼睛所见的景物，投影在眼前一个平面上，在此平面上描绘出立体景物的方法.

透视法是经历漫长的历史沉淀，艺术家们探索出来的一套绘画技巧. 早在 14 世纪，意大利画家、雕刻家与建筑师邦多纳(Bondone)，是意大利文艺复兴时期的开创者、欧洲绘画之父，在绘画中运用缩短法，这是透视法的前身. 15 世纪，意大利文艺复兴早期颇负盛名的建筑师与工程师布鲁内列斯基(Brunelleschi)提出了透视法. 16 世纪，达·芬奇总结了透视法，德国画家丢

数 学 文 化

勒把几何学运用到艺术中. 20世纪, 西班牙画家、雕塑家、现代艺术的创始人毕加索(Picasso), 对透视法进行了改革.

透视理论是绘画领域的重要理论之一. 灭点是线性透视中的一个重要概念, 它描述了当多条平行线在透视中向远方延伸时, 这些线会在某个点上汇聚的现象. 这个点被称为灭点或消失点. 在不同的透视类型下, 灭点的情况会有所不同, 根据灭点的个数, 可将透视分为单点透视、两点或三点透视和多点透视.

单点透视在绘画中的应用的代表作是达·芬奇的《最后的晚餐》和拉斐尔的《雅典学院》. 《最后的晚餐》(图9.4)中, 桌子和墙面上的挂饰以及窗子都按透视法布局, 画面层层推向灭点, 产生景深错觉. 《雅典学院》中姿态各异的人物和建筑大厅的布局都指向一个灭点, 体现了画家的透视技巧.

图9.4 《最后的晚餐》

我国名画《清明上河图》(图9.5)将多点透视的技巧展现得淋漓尽致, 图中每个屋顶的灭点都不一样. 多点透视是用运动的眼光去观察事物, 从多个视角把不同时空的事物展现在一个画面中, 经常用在大型画面中.

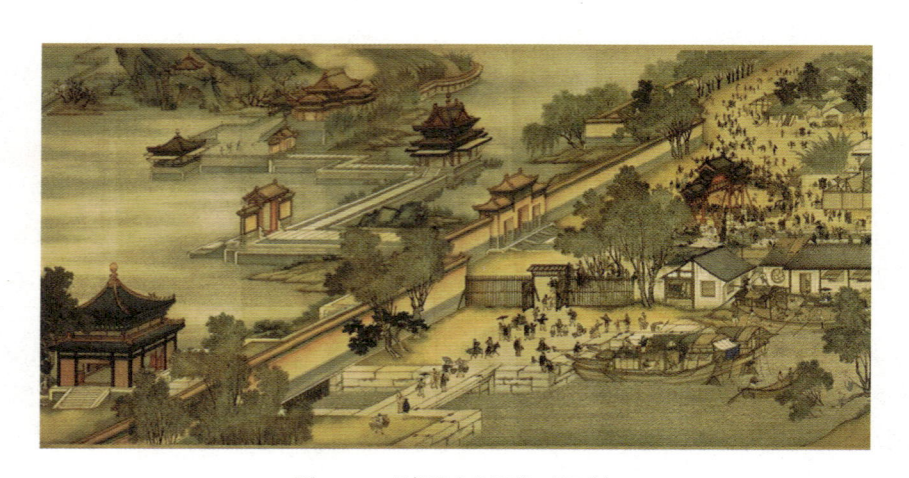

图9.5 《清明上河图》(部分)

9.2.3 黄金分割

前面我们提到过音乐创作和乐器创作中大量用到黄金比例产生美感，绘画作品亦是如此。例如，著名的雕塑《断臂的维纳斯》(图 9.6)从肚脐到脚底的距离与从头顶到肚脐的距离之比接近 1.618。又如，达·芬奇最著名的代表作品之一《蒙娜丽莎》(图 9.7)中头部和身体的比例接近黄金比例，嘴角也正好处在整个面部的黄金分割点处，这种构图使得整个画面非常和谐。

图 9.6 《断臂的维纳斯》(陈秋剑摄)　　图 9.7 《蒙娜丽莎》(陈秋剑摄)

黄金分割构图法，是对画面进行安排布局，将一些想要突出的元素放在整个画面的黄金分割点上。

黄金分割法的简化版是"三分法"，就是用平行和垂直的各两条直线将画面分割成 9 部分，上中下和左中右的比例都是 1∶0.618∶1，4 条直线相交的 4 个点称为黄金分割点，画面的主体元素或者想要突出的元素通常会被安排在黄金分割点或者黄金分割线附近，以避免构图的枯燥和呆板，这种构图法也称为九宫格构图法。和艺术作品中对称手法并不要求严格 1∶1 类似，艺术作品中的黄金比例并不要求严格 0.618∶1，很多时候采用近似值 2∶3，5∶8 等。

黄金分割法的极致是黄金螺线构图法。黄金螺线也称为斐波那契数列螺旋线，它是对数螺线的一种，如图 9.8 所示。对数螺线的公式是 $\rho = \alpha e^{k\theta}$，其中 α 和 k 为常数，θ 为极角，ρ 为极径，e 为自然对数的底。当公式中 $k = 0.306\,348\,9$ 时，螺线中同一半径线上相邻极半径之比都有黄金分割关系 $\dfrac{\rho_1}{\rho_2} = 0.618$。这样形成的黄金螺线有很多优美的特点，自然界的鹦鹉螺、人类的耳朵以及向日葵的盘面等都是完美的黄金螺线。

数学文化

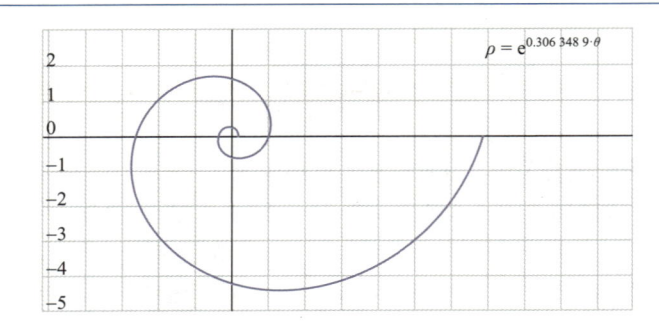

图 9.8 黄金螺线（池红梅绘）

在前面介绍音乐中的数学时，我们提到了文艺复兴时期的博学家达·芬奇擅长在音乐创作中使用黄金比例. 达·芬奇最精通的领域当然是绘画，他是欧洲文艺复兴时期绘画界的代表，开创了绘画技巧和绘画主题等多方面的绘画理论全新理念，他认为绘画像数学一样是一门逻辑严谨的科学，主张绘画不能以感性为基础，而应该以几何学、透视学以及光学等科学元素为基础，再结合感性进行创作. 在达·芬奇的作品里，处处都能体现几何学的影子，这些比例呈现了和谐的视觉效果，除了上面介绍的《蒙娜丽莎》，《最后的晚餐》也是达·芬奇最负盛名的代表作之一，和《蒙娜丽莎》一样也是应用黄金分割法的典型作品. 作品中将 13 个人物有机地布局在一条直线上，通过巧妙构图使得人物之间主次分明、联系紧密，既突出了中心人物耶稣的主要形象，又鲜明地刻画了各个门徒的特征. 这幅作品在构图上综合了对称、透视和黄金分割的方法. 画面中耶稣处于中心位置，左右两边各有 6 个门徒，数量上刚好对称，背景中餐厅的建筑结构也是对称的；耶稣除了在画面中心，也处在视觉中心，还是画面中最明亮的位置，犹大的位置处在黄金分割的位置，同时也在画面最暗的地方.

9.3 建筑中的数学思想与数学元素

几千年来，数学一直是建筑设计思想的宝贵来源. 古今的建筑设计中，下列数学概念常为建筑师所用：黄金分割、棱形、抛物线、悬链线、双曲抛物面、圆顶、三角形、矩形、螺旋线、圆（半圆）、弧、球（半球）、椭球、对称、视错觉、网球顶、毕达哥拉斯定理、镶嵌图案等. 其中，圆、弧、球、二次曲面及其变化成为古今建筑设计中主流的数学思想，运用于各种建筑设计中. 尤其是文艺复兴时期，代数学、三角学、解析几何学、极值和数论思想、概率论基本原则，以及绘画的透视法，使得建筑呈现了和谐完美的比例. 这个时期，建筑对秩序和比例有着强烈的追求.

9.3.1 对称在建筑设计中的应用

天安门是中国古代城门中最杰出的代表作之一. 城楼通高 37.4 m，位于北京皇城中轴线上，给人一种对称美的特殊效果，是中国古代最壮丽的城楼之一，如图 9.9 所示.

图 9.9 天安门(朱季华摄)

北京故宫博物院位于北京城中心,城墙四面各设城门一座.故宫的建筑布局以对称为主,此外紫禁城很多重要的宫殿里,庭院的长和宽之比都接近黄金分割比,如图 9.10 所示.

图 9.10 故宫太和殿(陈秋剑摄)

凡尔赛宫宫殿为古典主义风格建筑,立面为标准的古典主义三段式处理,建筑左右对称,造型轮廓整齐、庄重雄伟,被称为理性美的代表,如图 9.11 所示.

图 9.11 凡尔赛宫(刘玲芝摄)

> 数学文化

科隆大教堂是由两座最高塔为主门、内部以十字形平面为主体的建筑群. 教堂中央是两座与门墙连砌在一起的双尖塔, 是全欧洲第二高的尖塔, 如图 9.12 所示.

图 9.12 科隆大教堂(刘玲芝摄)

伦敦桥是英国伦敦泰晤士河上一座几经重建的大桥, 地处伦敦塔附近, 是伦敦的象征之一, 也被称为伦敦的正门, 如图 9.13 所示.

图 9.13 伦敦桥(龙容摄)

9.3.2 建筑设计中的三角形、矩形、多边形结构

长期以来,三角形、矩形曾经在建筑设计中起过重大的作用,因为三角形和直角是当时所知道的最稳定的形状.

埃及金字塔的形状,从远处看去,是一个很大的正四棱台,地面是一个大正方形,四面是三角形的大斜坡,向上聚拢,集中到塔顶的最高点,如图 9.14 所示.

黄鹤楼,位于湖北省武汉市,地处蛇山之巅,濒临万里长江,为武汉市地标建筑. 黄鹤楼的平面设计为四边套八边形,谓之"四面八方",如图 9.15 所示.

图 9.14　金字塔(曹云菲摄)　　　　　　　图 9.15　黄鹤楼(陈秋剑摄)

洪崖洞是重庆市重点景观工程,主要景点由吊脚楼、仿古商业街等景观组成,建筑元素中大量的三角形和矩形交错结合形成了绝美的风格,如图 9.16 所示.

图 9.16　洪崖洞(严毅洁摄)

数学文化

9.3.3 建筑设计中的圆形、球面、椭圆面、曲面等结构

天坛公园(图 9.17),是明清两代皇帝每年祭天和祈祷五谷丰收的地方.天坛有坛墙两重,形成内外坛,均为北圆南方,寓意"天圆地方".祈年殿是天坛的标志性建筑,采用三层圆形攒尖顶设计,象征着天、地、人三才合一的宇宙观.中心建筑圜丘坛为三层圆形石台,是专门用于"冬至"日祭天的场所.

图 9.17　天坛公园(陈剑秋摄)

凯旋门(图 9.18),位于法国巴黎市中心城区香榭丽舍大街,是法国国家象征之一、法国四大代表建筑之一、巴黎市地标纪念碑.它是现今世界上最大的一座圆拱门.

图 9.18　凯旋门(刘玲芝摄)

巴黎圣母院是法国巴黎最著名的教堂之一，是世界最著名的哥特式建筑之一．高耸的塔尖、飞扬的拱顶、飞扶壁和玫瑰花窗都体现了精湛的技艺和创造力，如图 9.19 所示．

图 9.19　巴黎圣母院（刘玲芝摄）

牛津圣母玛利亚大教堂（图 9.20）已有 700 多年历史，其建筑艺术整合了诺曼、哥特和维多利亚时代的风格．其厚实的墙壁、圆拱和坚固的柱子体现了诺曼建筑的特点；哥特式建筑特征如尖拱、肋拱顶也得到充分体现．

俄罗斯金环小镇是一系列位于莫斯科周边的历史悠久的城镇，以其独特的建筑艺术和丰富的历史文化而闻名．这些教堂顶部球体和半球的元素，通过几何学和对称学的处理显得格外优雅，如图 9.21 所示．

建筑中，严谨的结构、独特的造型、合理的设计包含复杂的数学思想和方法，许多著名的建筑都是优美几何体与精确数字的巧妙组合．法国埃菲尔铁塔（图 9.22），1889 年建成的位于法国巴黎战神广场上的镂空结构铁塔，高 300 m，天线高 24 m，总高 324 m，在距离地面 57 m、115 m 和 276 m 处，各有一个平台，$(300-115)\div 300 \approx 0.617$ 与黄金比 0.618 十分接近，是基于比例思想的著名建筑．

数学文化

图 9.20　圣母玛利亚大教堂（王丽摄）

图 9.21　金环小镇（文飞摄）

图 9.22　埃菲尔铁塔(刘玲芝摄)

9.4　现代数学思想在建筑中的应用

9.4.1　拓扑等价

数学中，拓扑等价，就是通过连续变形(不破损、不粘合)，将一个形状变成另外一个形状，如长方体与球拓扑等价，方框与环拓扑等价，四棱台和圆柱拓扑等价．建筑中常常利用拓扑等价设计连续变形，让每个基本模式产生各种各样无穷尽的变换．

斯图加特美术馆新馆的几何形状，除去常见的平面、柱面、锥面外，还有一段扭曲的墙面，形状是直纹曲面．所谓直纹曲面，就是由一族直线组成的曲面，这些直线称为母线，在建筑施工时，钢筋可以沿着直纹曲面的母线放置，形成外观优美的曲面效果．

哈萨克斯坦新国家图书馆的设计是将圆形、环形、拱形和圆顶形用莫比乌斯(Mobius)带的形式巧妙地融合在了一起．

荷兰鹿特丹的城市仙人掌绿色建筑，是一座模拟植物设计的建筑，一个个阳台像仙人掌开放的花瓣，既美观又符合黄金角，使每个室外空间能够得到充足的阳光．

> 数学文化

9.4.2 从数字建筑到未来建筑

1. 数字建筑及其发展趋势

当今世界是"数字的",所有事物的数据都能够转化为数字形式,有了数字,计算机可以代替人类完成很多工作,数字与我们生活息息相关,成为现在世界重要的组成部分.

数字建筑是指高技术建筑和高速度建筑,即利用现代数学和数字化技术进行建筑设计及建筑制造. 伴随着现代化数字技术的飞速发展,计算机数字系统可以用来处理大量的建筑数据资料,各种建筑软件也应运而生渗透到建筑各个领域. 如今,建筑和数字技术的结合越来越紧密,建筑系统的工作已经完全离不开计算机以及数据处理技术,人工智能也已经应用到近些年的许多建筑设计之中.

2. 数字建筑的设计过程

数字建筑设计的初始工作是对建筑周边的环境以及人的活动行为等信息进行数据采集、分析和整理,将其转换为数字特征,并将这些信息设置成为计算机程序的相应参数,让其成为建筑形态形成的基础. 建立了设计参数以及他们之间的关系后,可以利用相关计算机软件建立参数模型并生成建筑形体.

数学科学的发展,给现代建筑提供了技术基础,今天,非线性数学研究产生了非线性建筑,分形、折叠、拓扑等形态融入数字建筑中.

位于西班牙的毕尔巴鄂古根海姆美术馆,各个模块都是经过拓扑变形,并且利用计算机进行复杂而精确的计算后设计出来的.

曾经攻读过数学专业的世界著名建筑设计师哈迪德(Hadid)的建筑设计运用了数学中扭曲的概念,用扭曲现实挑战地心引力. 哈迪德的现代主义作品,都是建立在新的视点和新的结构上的设计. 她向人们展示的是原野和山丘、洞穴和河流等自然元素,追求从对立统一的自然环境中产生的空间.

建筑与数学的相互渗透,给数字建筑的高速发展不断注入新的元素,计算机技术的智能性、高精确度、高存储能力、高速运算能力、自动检测能力,都给数字建筑带来了广泛的发展空间.

建筑的发展总是与变化着的宇宙中的数学原理同步发展的,建筑是将空间的一个特定部分转变成一个可度量的整体,建筑的最终目的是使构造空间和自然空间之间的关系一目了然. 基于数学思想的建筑,将使对立的自然主义和现实主义的建筑风格达到高层次的统一.

造就我们这个时代的大建筑师,需要大文化哲学背景的支撑,建筑与文化、政治、艺术、宗教、技术等密切相关,数学思想为建筑插上翅膀. 当今时代,数学从原来的逻辑学科,日益成为一种独立的学科,一种技术. 从此意义上说,数学和建筑搭借技术的快车,已经走上了快速干道,现代化建设给建筑创作带来了巨大的发展空间. 人们对建筑的使用也从以往的实用型转为高品位的欣赏和追求社会效益.

建筑学和绘画音乐一样,将科学和艺术完美地融合在一起,为人类创造着美好的更加智能

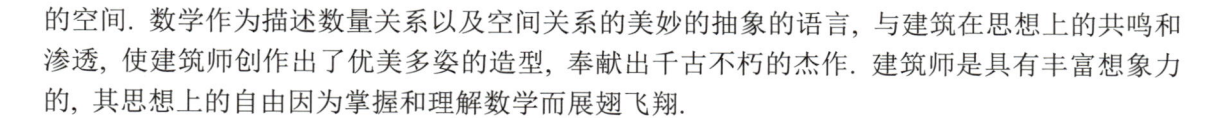

的空间. 数学作为描述数量关系以及空间关系的美妙的抽象的语言, 与建筑在思想上的共鸣和渗透, 使建筑师创作出了优美多姿的造型, 奉献出千古不朽的杰作. 建筑师是具有丰富想象力的, 其思想上的自由因为掌握和理解数学而展翅飞翔.

9.5　摄影艺术中的数学文化

当下, 电子技术的蓬勃发展, 各式相机纷纷进入市场, 带动了一批又一批摄影爱好者的涌现, 与此同时, 相机的功能也愈发完善, 更贴近普通人的生活需求. 而摄影也亲切地被誉为人类的"第三只眼睛", 几乎涉及了人们生活的方方面面. 从某种意义上来说, 它已经成为了我们生活中不可或缺的一部分. 加上其以图像传播的特点, 使之很少受到民族、文化、地方、语言等的限制, 这在一定程度上也促进和推动了人类文明的发展.

9.5.1　摄影技术中数学的身影"挥之不去"

相机的功能虽愈来愈先进, 但想要真正摄得一张完美的照片, 其中还是不免技巧的. 究竟何为摄影? 其背后隐藏的数学文化, 你又知道多少呢? 摄影并不只是单纯的按下快门, 其中蕴含不少科学原理, 它是一项思维活动, 在给欣赏者视觉享受的同时, 也影响着其心理. 当然, 要达到这种效果, 一定的摄影技术是少不了的, 而摄影技术之中, 数学的身影"挥之不去".

1. 光线

光线在摄影中的地位是显而易见的, 在增加景物质感的同时, 也能创造一定的气氛. 摄影是光的艺术. 因此, 对光线的恰当运用, 是一幅好的摄影作品的前提, 选择合适的光色及光质、把握光线的方向、选择恰当的摄影角度等, 每一个细节都至关重要. 拍摄用光很有讲究, 按光线的投射方向和摄像机的角度关系, 大体可分为 7 种: 顺光、逆光、侧光、侧顺光、侧逆光、顶光、脚光, 细究之下, 其不正运用了数学中的投影现象吗?

顺光和逆光均为正投影, 当然它包含了平行投影和中心投影. 顺光能较好地反映被摄景物本身的色彩, 而在逆光的条件下, 被摄景物轮廓分明, 线条突出, 更有层次感.

侧光、侧顺光及侧逆光则以独特的角度(侧光: 光线投射方向与拍摄方向成约 90°角; 侧顺光: 光线投射水平方向与摄影机镜头成约 45°角; 侧逆光: 光照方向与摄影机镜头成约 135°角)产生一定的明暗比例, 增强景物的立体感, 从而起到很好的塑性作用及空间的透视效果.

顶光主要用于自然景物的拍摄, 正午的太阳光就是最典型的顶光光源, 它也广泛应用在平行投影中, 对于表现各种事物从上到下的明暗层次的作用十分突出. 相反, 脚光则是中心投影的最好诠释, 这种自下而上的投影所产生的非正常的造型, 可用于修饰和美化景物的细节、刻画人物形象, 在渲染特殊气氛上有着独特的作用.

2. 构图

艺术家按照空间把相关的视觉要素在画面上组织起来，是好的摄影作品的重要组成因素，视觉的点、线、形态以及用光、明暗、色彩的配合，利用镜头组织场景中的人、景、物，其合理的分布能给人以宁静、和谐之感．相反，不合理的布局会使画面失调，重点无法突出．

构图的形式很多，主要以线型构图最为常见，顾名思义，即数学中的"线"．当然，摄影中"线"也是丰富多彩的，按位置分，如水平线、垂直线、斜线；按形式分，如直线、线段、射线、曲线，曲线中又可衍生出 C 形、S 形等，而这些都与几何密切相关．巧妙应用线型构图，可以增加画面的形式感，能够使得欣赏者沿着摄影者构造的线型方向延伸画面，有身临其境的感受．多线型构图如扇形、螺旋形、矩形、圆形等，这些有规律的排列组合和布局可以突出画面的重点，甚至可以带给人强烈的视觉冲击．例如，三角形构图，就是将主要景物放在三个视觉中心位置，形成一个稳定的三角形，因为三角形可以带来稳定、均衡的感受，所以三角形构图是摄影中最常见的构图形式之一．

与绘画类似，对称在构图中也经常被用到，包括平衡对称、扩散对称、中轴对称、中心对称四种，它也是一种稳定的视觉形式，能够给人带来秩序感．

然而，摄影中的对称基本不是绝对对称，如自然风光的拍摄中，平静的湖面形成的倒影，天与地的交界，其配上水平线的构图思路，格外安逸、舒适．同时，在当下的商业摄影中，对称也十分常见，这种"镜面"效果的应用，更能突出重点．

9.5.2 从数学角度"欣赏"摄影艺术

对于一幅好的摄影作品，如何"欣赏"也非常重要．理论和实践证明，从数学角度"欣赏"摄影作品，会产生许多特殊效果．

更有趣的是，有人会根据摄影师的照片来拟合数学函数，甚至写出了相应的数学公式．美国便有这样一位摄影师——格拉齐亚诺（Graziano）.

摄影师格拉齐亚诺在美国纽约罗切斯特学院修摄影系的艺术专业，同时辅修数学，她将自己所修专业跟自己的数学爱好完美地契合到一起．她善于发现每张照片上不同的点、线、面，根据其形状来套用相应的数学公式，最后经过调整和计算，竟然能够将函数曲线完美地镶嵌在画面当中．

一位年轻的学生便懂得将一个个司空见惯的视觉符号进行数字模型的解释，从而发掘其背后的意义与美妙，她的照片端庄低调而不失高雅，从不张扬，而让层次丰富的光影效果自己来说话，似乎每一幅作品都摒弃了那些震撼眼球的内容，保留更多的则是让人欲罢不能的欣赏．

正如她所说的："我想创造一些东西，可以让每个人知道数学真的是很棒．"自然界的任何事物都有独特的数学曲线，所以在摄影中更是处处都可发现数学．

当然，数学在摄影艺术中的应用还涉及放大、缩小，对应着数学中的比例；景深的控制以及对焦距离也都离不开数学上的比例；还有各种测光的几何图形的划分以及摄影中的黄金分割构图法等，都和数学息息相关．

复习与思考题

1. 请谈谈古代音乐和数学的关联.
2. 请给出声波的数学表达形式.
3. 请谈谈乐理中的数学.
4. 绘画中常见的数学方法有哪几种？每种方法请各列举一些作品.
5. 建筑中常见的数学元素有哪些？每种数学元素请各列举一些建筑作品.
6. 举例说明现代数学思想在建筑中的应用.

第 10 章

数学问题、数学猜想与数学发展

在数学的神秘花园中,问题如隐秘的宝藏,猜想是引领的灯塔,而发现则是寻宝的足迹. 让我们一同踏入这片神奇领域,探索数学的无尽奥秘.

第 10 章知识导图

> 数学文化

10.1 数学猜想的概念与特征

10.1.1 关于数学猜想

数学王子高斯曾经说过:"如果没有某些大胆无所畏惧的猜想,一般是不会有知识的进展的."这从一定程度上说明了数学猜想的重要性.

那么什么是数学猜想?数学猜想,就是基于一定的现有信息与数学理论,对尚不明确的数值以及它们之间的联系进行一种近乎真实的预测. 这种方法既具备科学的属性,也带有一些预设的特点,其真实性通常无法立即得到验证. 它不仅是数学探索中的一种常见的科学手段,也是推动数学进步的重要的思维方式.

也就是说,数学猜想是推动数学进步的动力来源,同时也是数学文化的一个关键元素. 在数学进步的历程中,许多知名的猜想被数学家们提出,如哥德巴赫(Goldbach)猜想、费马猜想、四色猜想,以及哥尼斯堡七桥问题等.

10.1.2 数学猜想的类型

数学猜想基本上可划分为以下三种类型.

(1) 存在型猜想:针对存在性问题展开的数学猜想,如"费马最后猜想"解的存在性.

(2) 规律型猜想:猜想内容是为了揭示某种规律,如"凯特兰猜想",除了 $8=2^3$,$9=3^2$ 外,不存在两个连续的整数都是正整数的乘幂.

(3) 方法型猜想:关于解决问题的策略和方案的数学推测. 例如,20 世纪 30 年代,一位运筹学的专家提出了一个关于场站布局的问题:假定一个平面内存在 n 个点,并且每个点都具备一个特定的重量. 现在,需要计算一个点 x,并将这些点的重量聚焦到点 x,要求是把每个已知点的重量全都集中在点 x 上的吨公里数最小.

10.1.3 数学猜想的特征

1. 真伪的待定性

数学猜想的科学属性及其所带来的一些预设,使得这些推理成为正在发展中的,还需要被验证和接受的科学观念. 换句话说,这些推理的真伪无法确切判断,其最终的结果有可能得到确认,也有可能遭到否决,甚至有可能无法确定.

2. 思想的创新性

首先,数学猜想是数学理论的初始萌芽阶段,因此,它必定具备创新性. 例如,"欧几里得第五公设可证"的数学猜想,提供了一种与《几何原本》有所区别的新视角,由于其独特性,吸引了众多的数学专业人士. 其次,数学猜想的创新性还表现在从猜想的证明过程中产生新的猜想. 例如,数学家雅各布·伯努利一直在尝试计算所有自然数平方的倒数的无限级数总和,尽

管他持续努力，却始终未能找到答案，他因此深感困扰。后来，欧拉针对此问题展开了详尽的探究，他通过大胆而巧妙的类比，提出了

$$\frac{\pi^2}{6} = 1 + \frac{1}{2^2} + \frac{1}{3^2} + \cdots$$

这一数学猜想。后来通过理论分析，验证了此推断的正确性。另外，数学猜想的创新也表现在发现新的规律上。例如，尺规作图问题在几何领域具有至关重要的地位。在对此类问题的研究过程中，人们一直致力于明确哪些几何图像可以使用尺规绘制，哪些无法使用尺规绘制，也就是说，寻找并理解其内部的规律。为了满足这个需求，数学家高斯提出：所有的边数等于费马数 $F(n) = 2^{2^n} + 1$ 中素数的正多边形，都可以用尺规绘制。

3. 目标的具体性

一般来说，数学猜想中所给出的结论一定有明确性的字眼，如"有解""无解""有可数个""有无穷个"等。关于存在性的猜想，它通常会清晰地表示需要处理的问题或者特定的物体是否真实存在。例如，费马大定理的猜想，就明确指出要解决的是方程 $x^n + y^n = z^n$ 有无整数解的问题。一些猜想有时候并非只是明确存在性，它们更进一步地揭示了存在的具体数量。例如，杰波夫(Jepov)猜想就在明确了具体平方数之间存在素数的情况下，进一步明确了数量是"至少包含两个"。

接下来我们将介绍三个知名的数学猜想，它们在数学进步史上被视为数学皇冠上的璀璨明珠。

10.2 费马猜想

10.2.1 由费马猜想到费马大定理

1. 费马猜想的产生

毕达哥拉斯定理写成数学公式为 $x^2 + y^2 = z^2$，这个方程是有正整数解的，如 $(3, 4, 5)$ 等。那么，如果把这里的 2 次方改成 3 次方、4 次方，或者更一般地 n 次方，是否还会存在正整数解呢？用现代数学的术语来解释，就是"当整数 $n > 2$ 时，方程 $x^n + y^n = z^n$ 没有正整数解"，这就是费马猜想。

费马猜想也被称为费马问题，验证后被称为费马大定理，因为费马还有一个著名的费马小定理是关于素数性质的。费马所提出的众多数学命题，在漫长的时间里，一直被数学家尝试验证，并且研究结果表明，这些命题中，大部分都是正确的。到 1840 年，仅有一个费马大定理未得到验证，这个问题现在被称为费马最后定理(Fermat's last theorem, FLT)。

费马最后定理简明扼要的特性，使其能够在街头对普通路人进行明确的阐述，这也正是它吸引人的原因。

2. 费马大定理证明之谜

人们非常想从费马的著作中知道他是如何证明 FLT 的，然而并没有查询到。费马究竟有没

数学文化

有证明他自己提出的这个定理，无从论证. 因为当时科学家们之间经常是通过书信交流研究成果，有些并不会主动发表公开，他们享受的是解决问题和交流问题的乐趣. 目前人们倾向于认为费马并没有证明这个定理，因为后续数学家解决这个定理的过程中用到了各种复杂高深的数学理论，其中很多理论是为了攻克这一难题而创立的.

FLT 一开始并未引起公众的关注，直到一些知名数学家遭遇挫折后，才开始广泛受到人们的关注. 众多著名的数学家对其进行了深入探讨，如欧拉、勒让德、高斯、阿贝尔(Abel)、狄利克雷(Dirichlet)、柯西、库默尔(Kummer)等，其中一些甚至付出了一生的努力(库默尔就是其中一位). 费马本人在丢番图《算术》书上的空白处写下了 $n=4$ 时的证明. 18 世纪伟大的数学家欧拉给出了 $n=3$ 时的证明.

继承前人的精神，数学家们勇于挑战困难，在 FLT 问题上取得了显著的进步，同时也发现了一些创新的方法和理论.

19 世纪 20 年代，许多法国和德国的数学家尝试验证 FLT 的正确性.

1823 年，勒让德提供了 $n=5$ 时的证明.

1832 年，狄利克雷证明了当 $n=14$ 时费马大定理成立.

1844 至 1857 年，库默尔证明了 $n<100$ 的情形，但是对于任意的 n 还没有被证明. 库默尔在证明的过程中建立的有关素数的理论是 19 世纪最重要的代数成就之一. 在此基础上诞生了代数数论、类域论等 20 世纪热门的数学分支，这些都是费马大定理产下的"金蛋".

哥廷根皇家科学院曾经用十万马克的重金悬赏解决费马猜想. 根据哥廷根皇家科学院的规定，此类证明需要在一份刊物或独立书籍中公开发表，这个奖项期限设置为 100 年，于 2007 年终止. 在奖金失效前，获得的利息收益将被用于对那些在数学领域有显著成就的学者进行奖赏.

FLT 的研究进展得益于十万马克的奖金，这一消息一经公布，立即在德国以及全球范围内引发了一股对 FLT 的探索热情. 参与者不只包括数学专家，还包括许多工程师、牧师、教育工作者、大学生、银行员工以及政府官员等，参与的人数是前所未有的.

第一次世界大战结束后，德国因战争失利而遭受了马克的贬值，对此问题持续留心的主要是那些热衷于数学的人. 可见，未来的科研将主要集中在获取知识和取得成就两个方向. 英国的数学专家莫德尔(Mordell)对此表示："如果你想赚钱，任何一种途径都比证明费马猜想更为简单."

经历 360 多年后，FLT 终于被英国的数学家怀尔斯(Wiles)所证明，他的发现赢得了最终的胜利，这也让费马猜想变得更加准确，并且被称为费马大定理.

3. 怀尔斯与费马大定理

英国的数学家怀尔斯，因在数学领域的卓越成就，1998 年被授予菲尔兹特殊贡献奖. 他在 43 岁那年还获得过沃尔夫(Wolf)奖.

怀尔斯少年时，在剑桥的一家公共图书馆里发现了一本关于费马猜想的书，马上对此产生了浓厚的兴趣，耗费了大量的时间与精力，最终也没能证明出费马猜想. 但这件事仍然深深地烙在他的心中. 这种情感驱使他对数学产生了热爱，决心成为一名数学家，专注于验证费马猜想. 在成为一名专业的数学家之后，他意识到仅仅依靠热情来解决费马猜想这样的问题是远远不够的，还需要扎实的数学知识和坚韧的毅力.

怀尔斯一直是沉默和羞涩的性格，他的面庞常常洋溢着微笑. 多年以来，他一直保持着低调的生活方式，专注于数学的探索，被赞誉为解决问题的高手. 他对于费马猜想的证实，是建立在许多人的努力的基础之上的. 1984 年，德国数学家弗雷(Frey)将费马大定理与椭圆曲线联系起来，他假设费马大定理不成立，会得到一条椭圆曲线也可能不存在. 1986 年，美国数学家里贝特(Ribet)成功验证弗雷的猜测. 1955 年，日本数学家、算术几何与数论世界顶尖大师谷山丰(Taniyama)与志村五郎(Shimura)一起提出了著名的谷山-志村猜想(TS 猜想)，只要能验证谷山-志村猜想，就能够证明费马大定理. 持续了 350 多年的关于费马猜想的研究进入了最后攻坚阶段. 自此以后，怀尔斯停止了所有与验证谷山-志村猜想不相关的研究，坚定地拒绝参与所有其他的科研项目和学术活动. 在经历了 5 年的努力后，1991 年夏天，他意识到需要了解最新的数学成果. 因此，他决定参加在美国波士顿举行的国际数论会议. 除了教书，他避免了所有可能让他分心的事情. 这次他接触了许多新方法和新技术. 1993 年，在怀尔斯生日当天，他宣布自己证明了 FLT. 那一刻，电子邮件的信息如同洪流般横扫四方，各地的媒体纷纷进行广泛的宣传："问题尽管看似简单，却是曾经让许多人苦苦追寻却无法攻克的难题."

怀尔斯证明了费马大定理，媒体对这个"世纪性的成就"宣传越来越火爆. 然而当年 11 月，怀尔斯的导师柯兹(Coates)确认了怀尔斯的研究存在缺陷. 12 月，怀尔斯通过一封电子邮件，公开了他在证明过程中的错误. 在这封邮件里，他提到了他对 TS 猜想和费马大定理研究进展的推测，并对问题进行了简洁的阐述：在审稿过程中发现了一些问题，大部分已经得到了解决. 他坚信在不久的将来，他会按照在剑桥演讲时所用到的想法来解决这个问题.

大多数西方的新闻媒体对此持有宽容态度，这些报道并未将证明过程中存在的缺陷放大，反而认为找出缺陷是其工作的一个重大突破.

幸运的是没过多久，1994 年 10 月，怀尔斯再一次把《模椭圆曲线和费马大定理》论文提交给普林斯顿的《数学年刊》，并且在 1995 年发表. 1996 年 3 月，怀尔斯成功地获得了沃尔夫奖，费马大定理也成为了一个真正的定理.

10.2.2 费马猜想的意义

研究和解决费马猜想，不仅丰富了数学理论，也推动了数学的进步，并产生了一些意想不到的理论成果. 数学家阿蒂亚(Atiyah)表示费马猜想相当于数学界的珠穆朗玛峰.

费马大定理的证明历经 300 多年，因为怀尔斯等人的不懈努力而宣告终结. 然而，全球的数学迷们无须担忧没有问题可以研究了. 尽管我们失去了那个曾经陪伴我们长久的问题，但是它同时带领我们进入了新问题的研究. 事实上，探索数学的挑战并非一蹴而就，全球仍存在众多尚待破解的数学难题. 尽管这些问题的叙述非常简洁易懂——即使是初级阶段的学生也能够领悟，但在解决时却显得异常困难，或许这一点才正是这些问题的吸引力所在.

例如，费马定理还有两个有趣的推广.

(1) 费马-卡特兰(Catalan)猜想：如果数 a, b, c 是互素的，那么当 t, u, v 满足 $\dfrac{1}{t}+\dfrac{1}{u}+\dfrac{1}{v}<1$ 时，方程 $a^t + b^u = c^v$ 只有有限个解.

(2) 毕尔(Beal)猜想：如果 x, y, z 是至少大于 3 的正整数，A, B, C 互素，则方程 $A^x + B^y = C^z$ 无解.

> 数学文化

10.3 地图上的数学文化

数学在很大程度上推动了地图和地图学的进步. 古代地图学家托勒密和裴秀, 都是根据数学原理来构建描述地理位置的经纬线和方里网, 这至今仍然是地图数学的基础.

10.3.1 四色问题的提出

"四色猜想"这一知名的数学难题, 被誉为近代世界三大难题之一, 其起源可以追溯到 1852 年, 当时毕业于伦敦大学的古色利(Guthrie)在一家科研机构从事地图着色工作. 他在研究英国地图的过程中, 发现了一个令人费解的问题, 他盯着墙上挂着的英国地图, 一边数着英国的行政区划, 一边思考着这个问题. 在寻找它们的位置的过程中, 他也留意了该地区的地图颜色. 在观察的过程中, 他突然发现, 仅用四种不同的颜色就能将图中的相邻区域区分开来. 是否可以通过数学方法来确认这一事实? 他尝试了很长一段时间, 做了大量的演算, 研究工作却没有任何进展. 古色利无法解释这一现象, 他想办法将自己的疑问交给了有名的数学家德摩根.

德摩根首先注意到: 在地图上, 四种以下颜色是无法将区域进行有效划分的. 然而, 德摩根本人并没有成功解决这个问题.

10.3.2 四色猜想的证明一波三折

在 1878 年的伦敦数学年会上, 英国数学家凯莱(Cayley)首次公开了这个问题: 只要四种颜色, 就能够在平面或者球面上划分出任意两个相邻的区域, 并征求答案. 凯莱在英国享有盛誉, 他公开的问题肯定具有独特性, 因此, 这个被人们称为四色猜想的问题立即吸引了全球数学界的关注, 许多顶尖的数学家都纷纷投身于四色猜想的竞赛中.

在四色猜想被提出一年之后, 1878 年至 1880 年期间, 一位后来成为伦敦数学会会长的热爱数学的律师肯普(Kempe)与泰特(Tait)各自撰写了关于四色猜想的证明. 大众普遍以为这个问题已经得到了解答. 然而, 在 1890 年, 赫伍德(Heawood)却发现肯普的研究存在一个无法接受的失误. 没过多久泰特的推导结果也在遭到质疑后被推翻了. 赫伍德利用肯普的方法, 成功地验证了一个相对简单的五色定理, 这无疑给予了肯普一次重大的鼓励, 同时也对肯普的研究成果给予了赞誉.

随着时间推移, 许多数学家费尽心思, 却仍未能找出答案. 因此, 他们逐渐意识到, 看起来很简单, 实际上, 四色猜想和费马猜想一样也是一个棘手问题. 前辈数学家们的不懈付出, 为后世解答四色猜想提供了重要线索. 20 世纪初, 科研工作者们主要依据肯普的理论来推导和验证四色猜想, 并取得了一系列成果.

1913 年, 伯克霍夫(Birkhoff)借鉴肯普的理论, 推出一些创新的方法. 1939 年, 美国的数学家菲利普·富兰克林(Philip Franklin)成功地确认, 不超过 22 块的区域均能采取四色染色的方式. 1968 年, 有学者证实了 40 个以内的区域可以用四种颜色着色, 并继续扩展至 50 个区域. 1976 年初, 他们证实了 96 个区域的地图着色的四色猜想, 但区域数为普通自然数的情形还远远不能证明.

10.3.3 计算机帮助圆梦四色猜想的证明

20世纪70年代初,随着电子计算机的诞生,其运行速度的飞跃,再配合人与机器的交互,极大地推动了四色猜想的验证过程. 德国数学家希斯(Heesch)提出可以用"放电算法"解决四色猜想. 因此,大家开始把焦点放在电子计算机上,期待通过这个工具来验证一般地图着色的四色猜想.

1976年,美国伊利诺伊大学的哈肯(Haken)和阿佩尔(Appel)联手,对放电算法进行了优化,借助计算机的演算,使得四色猜想最终转化为四色定理. 伊利诺伊大学邮局在所有外发邮件上加盖了特制邮戳,以此庆祝四色定理的解决.

10.4 哥德巴赫猜想

陈景润,我国知名的数学家,成功地证明了哥德巴赫猜想的"(1+2)". 虽然最终"(1+1)"猜想仍未被证明,但这一成就在夺取数学皇冠的过程中起到了关键的作用. 至今,他的成就仍然在全球范围内保持着领先的地位,让全体中国人民感到骄傲,同时,很多人也渴望了解哥德巴赫猜想的真谛.

10.4.1 哥德巴赫猜想的内容

德国数学家哥德巴赫主修法律,他在去欧洲各国的访学中认识了伯努利家族,对数学产生了浓厚的兴趣. 1725年,他当选为俄罗斯彼得堡科学院的院士. 1725年至1740年期间,他担任了该院的会议秘书一职. 1742年,他搬到了莫斯科,并在外交部工作.

1729至1764年,哥德巴赫与著名数学家欧拉有过长时间的书信来往,许多关于数学的问题,都是通过这些书信来进行探讨的. 他们在书信中,提出了有关素数的两大推测,现在的准确说法是:

(1) 每个不小于6的偶数都是两个奇素数之和.
(2) 每个不小于9的奇数都是三个奇素数之和.

这就是著名的哥德巴赫猜想.

为了能直观地理解哥德巴赫猜想,这里举几个例子:

$$6 = 3+3, \quad 8 = 3+5, \quad 10 = 3+7, \quad 12 = 5+7, \quad 14 = 3+11 = 7+7$$
$$16 = 3+13 = 5+11, \quad 18 = 5+13 = 7+11, \quad 20 = 3+17$$

10.4.2 关于哥德巴赫猜想的研究

哥德巴赫猜想从提出到今天有280多年了,这两个猜想一直吸引了许许多多的数学家和数学爱好者们的注意和兴趣,并为此作出了巨大的努力.

哥德巴赫猜想的研究已经开始从几个不同的角度取得了对未来的证明具有重大影响的突破. 1920年,英国的哈代(Hardy)与印度数学家拉马努金(Ramanujan)分别发表了"圆法",挪

> **数学文化**

威的数学家布朗(Brun)发表了"筛法". 1930 年, 苏联的什尼列尔曼(Schnirelman)发表了"密率". 在短短的 50 年内, 哥德巴赫猜想的探索以及相关领域的研究获得了令人震撼的突破, 并且大大促进了数理逻辑以及其他一些数学领域的进步.

迄今为止, 得到的一些最好的结果如下.

(1) 1937 年维诺格拉多夫(Vinogradov)证明了: 任何一个充分大的奇数都可表示为三个奇素数之和, 任何一个偶数可以用不超过四个素数的和表示.

(2) 1966 年, 我国数学家陈景润对"筛法"作了改进, 得出结论: 所有充分大的偶数都可以被表示为一个素数与一个不超过两个素数的乘积之和, 也就是说, 偶数 = (1 + 2). 这是一项卓越的成就. 1978 年, 潘承洞教授、丁夏畦研究员和王元研究员又证明了均值定理, 对"(1 + 2)"的证明作了进一步简化, 研究工作还在继续进行.

10.5　哥尼斯堡七桥问题——拓扑学的起源

10.5.1　走出来的数学文化

许多重要的科学理论都来源于生活中的问题, 这些理论又反过来帮助我们去完成实践, 一个典型的例子就是著名的哥尼斯堡七桥问题(图 10.1).

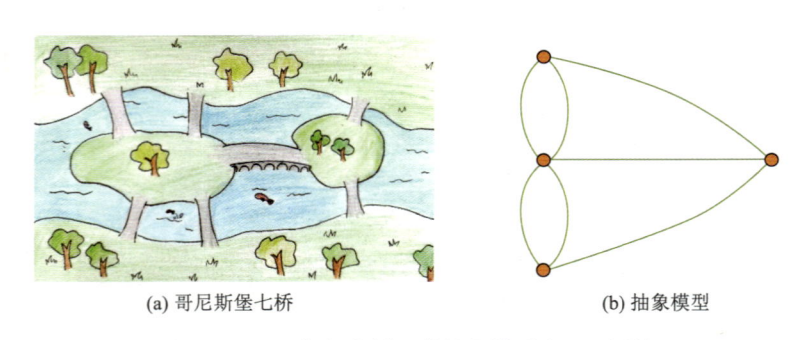

(a) 哥尼斯堡七桥　　　　(b) 抽象模型

图 10.1　哥尼斯堡七桥及其抽象模型(王一尘绘)

在普鲁士哥尼斯堡有一条河流, 河的中央有两座小岛, 七座桥将所有的陆地相连. 人们很好奇, 有没有一种路线可以把七座桥都走遍, 然后回到起点, 但不允许走重复的路. 这个问题困扰了人们很久. 如果沿着所有可能的路线都走一次的话, 走法有几千次, 每种走法都尝试一次的话需要耗费相当长的时间和精力. 欧拉非常巧妙地将问题抽象成点和线构成的简单模型, 类似于我们现在说的一笔画问题, 给出了答案.

欧拉把七桥问题抽象成一个合适的"数学模型", 用点表示陆地, 用线表示连接两块陆地的桥梁, 这样一来, 七座桥的问题, 就转变为数学分支"图论"中的一笔画问题, 即能不能一笔不重复地画出上面的这个图形.

欧拉只用了一个证明, 就概括了几千种不同的走法, 接下来我们可以看到数学的威力.

欧拉认真考察了一笔画图形的结构特征. 他发现, 凡是能用一笔画成的图形, 都有这样一个特点: 每当画一条线进入中间的一个点时, 还必须画一条线离开这个点, 否则, 整个图形就不可能用一笔画出.也就是说,单独考察图中的任何一个点(除起点和终点外),它都应该与偶数条线相连;如果起点与终点重合,那么连这个点也应该与偶数条线相连.在哥尼斯堡七桥问题的几何图中,每个点的连线都是奇数条.因此,欧拉断定:一笔画出这个图形是不可能的.也就是说,不重复地通过七座桥的路线是根本不存在的.

这种对图形的讨论,形成数学中一个应用广泛且有趣的分支,即图论(graph theory).而欧拉解决哥尼斯堡七桥问题的论文,也成为图论中第一篇论文.

欧拉对一笔画图形总结的一些结果如下.

(1) 每一图形之奇点数必为偶数(奇点是指这个点和奇数条线相连).
(2) 一图形若无奇点,则可一笔画完成,且起点与终点相同.
(3) 一图形若恰有两个奇点,则由一奇点出发,可一笔画终止于另一奇点.
(4) 一图形若奇点数超过两个,则无法一笔画完成.

上述(2)与(3)只对连通的图形才成立(图中任两点都可以通过一系列线连起来,这样的图称为连通图).

哥尼斯堡七桥问题在数学史上非常重要,因为欧拉的解答是图论中的第一个定理.今天,图论被广泛应用于众多领域,如化学路径问题、汽车交通流问题以及互联网用户的社交网络问题.图论甚至可以分析疾病的传播途径,此外欧拉只用非常简单的连通性来表示桥梁的连接状况,而不去考虑桥梁长度等细节,是拓扑思想的先驱者.

10.5.2 破解拓扑学世纪之谜——从欧拉到庞加莱

图中什么都可以变,唯独点线之间的位置关系或相互连接的情况不能变.欧拉认为对这类问题的研究,属于一门新的几何学分支,他称之为"位置几何学".但人们通俗地称之为"橡皮几何学",因为古老的橡皮游戏是让游戏者在保持曲面完整和光滑的前提下,将其任意扭转变形伸缩弯曲,想象曲面变形后的样子.例如,一个轮胎和环面能变成球面吗?后来,这门数学分支被正式命名为拓扑学(topology).我们把伸缩扭曲等不发生黏合(即原来不同的两个点变化后成一个点)的变形称为"拓扑变换",这种变换下产生的性质称为"拓扑性质".例如,圆周在拓扑变换中的不变性质就是只有一个环."8"字形和三叶瓣曲线分别有2个环和3个环.又如,球面和轮胎状环面就具有不同的拓扑性质.

欧拉的多面体公式被认为是数学中最漂亮的公式之一,也是最早的拓扑公式之一.

1751年,欧拉发现,凡是具有V个顶点、E条边和F个面的凸多面体都满足方程$V-E+F=2$.这里的多面体必须是凸的,即它不能有凹陷或孔洞,换句话说,连接多面体内部的点的每条线段都必须完全被包含在多面体的内部.例如,正六面体的表面有6个面、12条边和8个顶点,代入欧拉公式,得到$8-12+6=2$.对于十二面体,有$20-30+12=2$.欧拉的纪念邮票上就印有这个著名的公式(图10.2).

图10.2 欧拉纪念邮票

1750年欧拉发现了原始的欧拉公式,1752年发表文章证明了这个公式,不过证明中用了一个错误的假设.1813年数学家安东尼(Antoine)发表了论文证明原始欧拉公式并不总是成立，答案与曲面的"亏格"有关系．修正以后的欧拉公式是 19 世纪和 20 世纪数学界强有力的驱动力．欧拉公式揭开了"多面体的拓扑不变量"的序幕，将"整体不变量"的思想带向了整个数学领域．有意思的是，1639 年，笛卡儿就发现过一个相关的多面体公式，只差几步就可以推导出欧拉公式．

多面体公式后来被推广到网络和图形的研究中，并帮助数学家们将其套用在有孔洞的立体或者更高维度的物体上，研究会出现什么不一样的结果．这个公式还可以帮助计算机专家安排电线路径，协助宇宙学家研究宇宙模型．

19 世纪的最后几年里，法国数学家庞加莱开始系统地研究拓扑学，奠定了这个数学分支的基础．庞加莱 1895 年发表了系列论文《Analysis Situs》引入了基本群和同调群等拓扑学基础性概念，建立了框架性理论，使欧拉公式的内涵得到了极大的延伸．在这一系列论文中，庞加莱还首次发表了庞加莱对偶定理，催生了组合拓扑学，在后来的发展过程中，组合拓扑学又演变成代数拓扑学．

现在，拓扑学已成为一个丰富多彩的数学分支，包括点集拓扑、代数拓扑与几何拓扑．点集拓扑与分析有密切关系，数学的分析性质（如连续性）可以抽象到拓扑空间去研究．几何拓扑主要研究流形几何体，四维以下的称为低维拓扑．代数拓扑学主要用代数研究多面体及其相关的空间对象，主要的代数不变量为同伦群和同调群．近年随着计算机科学、人工智能以及生物学的发展，计算拓扑也得到广泛的应用，因为这些领域中的大量理论需要用组合的方式研究几何体．

21 世纪纯粹数学领域中一个重大突破是庞加莱猜想的证明．庞加莱在 1904 年的论文中提出了如下问题：一个闭的三维几何图形，若其上的每条闭曲线都可以连续收缩到一个点，则从拓扑上来看，这个图形是否一定是球面．"每一个连通的、闭的三维流形，都同胚于三维球面．"这就是著名的庞加莱猜想，整个 20 世纪，许多数学家为之付出了毕生精力．

通常人们认为高维问题比低维问题更难解决，但事实上，1960 年，五维或者更高维的庞加莱猜想率先被美国数学家斯梅尔攻克．斯梅尔 1966 年获得了菲尔兹奖．

1972 年，英国数学家唐纳德森（Donaldson）发现了四维空间具有不同于欧几里得空间的微分结构．同年美国数学家弗里德曼（Freedman）在此基础上证明了四维庞加莱猜想．1986 年，两位科学家获得了菲尔兹奖．

三维的庞加莱猜想，即原始的庞加莱猜想最为复杂．1978 年美国几何学家瑟斯顿（Thurston）提出了"所有几何图形都可以由 8 种基本空间合成"的猜想，这个猜想蕴含了庞加莱猜想．1982 年，他因为这一开创性工作获得菲尔兹奖．

20 世纪 70 年代，偏微分方程放在流形上，形成了一个新的研究领域"几何分析"．该领域通过解流形上的非线性偏微分方程来揭示流形结构信息，后来成为证明庞加莱猜想的重要工具．该领域的代表人物是华人数学家丘成桐．丘成桐的代表性贡献是 1976 年证明了卡拉比（Calabi）猜想．后来，美国数学家哈密顿引进了"里奇流"的概念，在丘成桐、李伟光、朱熹平等华人数学家的成果的基础上，为庞加莱猜想做出了关键贡献．

2002 年到 2003 年，俄罗斯数学家佩雷尔曼（Perelman）连续发表了三篇关于"里奇流"的论文，破解了困扰数学家整整一个世纪的拓扑学之谜．有趣的是，佩雷尔曼的论文很简略，他发表文章后就销声匿迹，使得人们一时无法确定结果的正确性．到 2006 年，朱熹平、曹怀东、田刚和摩根（Morgan）等数学家的长篇论文才先后证明了佩雷尔曼的结果是正确的．2006 年，国际数学联盟授予佩雷尔曼菲尔兹奖，但是他拒绝接受．

庞加莱猜想的解决并没有对拓扑学的研究画上句号,拓扑学领域仍有大量人们难以攻克的难题,其中有些问题的难度远超庞加莱猜想.这些数学问题犹如灯塔照亮了数学前进的道路.在探索这些问题的过程中时常会碰撞出意外的新理论,所以探索的过程与解问题同样重要.

10.5.3　欧拉回路与中国邮递员问题

在哥尼斯堡七桥问题中,当且仅当奇点个数为 0 时,始点和终点重合,形成的一笔画称为欧拉回路.随着时间的推移,图论不断发展,欧拉回路问题也有所拓广,到了 20 世纪,又出现了一个新的问题.

一名邮递员带着要分发的邮件从邮局出发,经过要分发的每个街道,送完邮件后又返回邮局.如何选择投递路线,使邮递员走尽可能少的路程.这个问题是由我国数学家管梅谷先生在 1962 年首次提出的,管梅谷等一批科研人员把物资调运中的图上作业法与一笔画原理科学地结合起来,解决了这类邮递员投邮路线问题,因此它被国际数学界称为"中国邮递员问题",如图 10.3 所示.

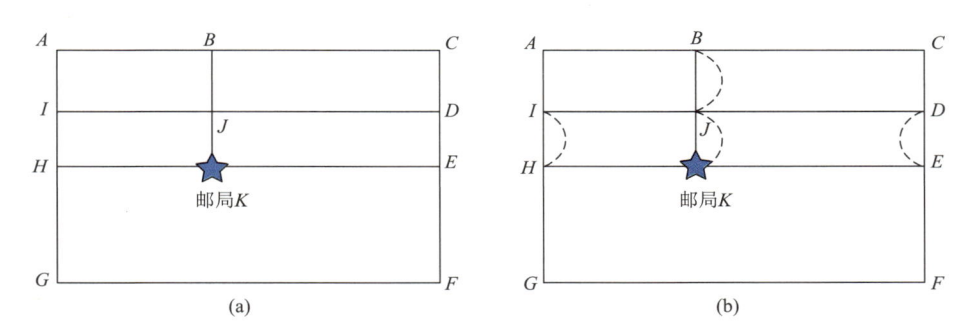

图 10.3　中国邮递员问题模型(池红梅绘)

下面,我们来分析这个问题:由于网络图中奇点有 6 个,根据一笔画原理,此图不存在欧拉回路,必须通过添加弧线(弧线为重复走的路线),将奇点变成偶点,同时考虑添加的弧线长度总和最短才满足要求.

根据以上分析,最短投邮路线如图 10.3(b)所示.

中国邮递员问题的巧妙解决,也使它成为数学知识古为今用的典范.

复习与思考题

1. 试简述哥德巴赫猜想及其解决情况.
2. 试简述费马猜想及其解决情况.
3. 是谁提出了四色问题?解决情况如何?
4. 试简述"七桥问题"及其数学意义.
5. 试简述"中国邮递员问题"及其解决方法.
6. 试列举欧拉在数学中的研究成果.

第 11 章

解析几何和微积分的产生与发展

在人类发展的进程中,数学科学的研究成果对推动社会的变迁起到了关键性的影响. 这其中最为显著的表现是:微积分这一学科的发展不仅催生了第一次工业革命的核心科技——蒸汽机,而且成为 20 世纪初期第二次工业革命的重要基石之一. 这个时期涌现出的众多科学家,如泊松(Poisson)、安培(Ampère)、高斯、麦克斯韦等,运用数学分析的方法构建出一套完整的电磁理论体系,从而奠定了电力设备及现代通信技术的理论基础.

第 11 章知识导图

> 数字文化

11.1 变量数学应运而生

17世纪发生了两件对数学发展而言非常重要的事情：一是解析几何的诞生，通过代数的方法来研究几何学；二是微积分的创立，标志着数学从常量数学走向变量数学。这些都是数学思维方法的重要突破。

常量数学主要用于描述固定不变的图形和常量，是用来描述静态事物的有效工具。但对于描述事物的运动和变化，常量数学无法解释。因此，变量数学应运而生。

11.1.1 变量数学产生的原因

17世纪的欧洲，经济增长迅速，经济的增长主要依靠机器的改进和使用，而这需要科学与技术的进步作为后盾。因此，一个经济增长与科技发展的健康循环诞生了，生产力的进步对数学提出了更高的标准，这使数学的局限性逐渐凸显。

例如，航海行业的进步，实际上也是对数学的一种提升，它为精确测量经纬度提供了新的方法；同时，航海行业也极大地推动了造船行业的发展，这使得造船行业向数学提出了描述船体部分形状、风帆样式以及船体阻抗介质问题的新方案。

煤炭作为主要能源被广泛利用，这导致采矿业成为了那个时代最关键的经济领域，并且也引发了对透镜表面形状的探讨。

随着军事科技持续进步，抛物线运动的重要性愈发凸显，这需要精确地描绘发射物的路径并计算炮弹的距离，特别是在开普勒揭示了行星围绕太阳沿椭圆形轨道运转后，他利用数学方法来定位行星位置等问题。所有这些都是仅使用常量数学无法解答的问题。总而言之，尽管没有明显的现实问题导致变量数学产生，但推动变量数学发展的经济和社会需求确实存在。

11.1.2 数学发展进程中的必然走向

每一个时代的数学进步都紧密地关联到其所产生的变量数学上，首要的是数学观念上的转变。由于科技飞速发展引发了对数学观念及结果的重要调整，经过欧洲文艺复兴之后，欧洲人接纳并深化了古希腊时期的数学观点，他们相信数学是最有效的探索自然科学的方法。

作为一位伟大的科学家和哲学家，伽利略通过运用数学方法来研究物理学中的自由落体现象，从而构建了关于该主题的基本理论框架。不仅如此，他还对整个科学领域产生了深远的影响。此外，开普勒也利用数学手段深入探讨了宇宙中行星运行的规律，建立了行星运动的三大定律。

对于一系列新兴问题，如那些由新发现与新理念所引发的问题，传统的几何学并无足够的能力去解答它们。因此，以满足生产力需求为目的，我们需要用全新的视角和策略来解决问题，构建一门基于动态观测角度的新几何学。

除了数学观的变化之外，17世纪初期的数学在内容上也有了非常大的变化，它为变量数学的产生创造了条件，其中代数学的进步所产生的影响是最大的。例如，自16世纪的中后期起，代数领域展现出两股崭新的成长趋势：一是对数学表达式的抽象化，二是对解题策略与原理的研究深度加深．尤其是前者，是变量数学产生的基石，因其充分体现了数学思维方式的内在转变，从而为其后续以数学手段探讨运动和变化提供了可能．

11.2 笛卡儿与解析几何

11.2.1 笛卡儿及其解析几何思想

1. 笛卡儿传奇的一生

笛卡儿是法国杰出的哲学家、物理学家和数学家，也是生物学的奠基人．作为一位杰出的科学家和学者，他在推动现代数学发展方面发挥了关键作用，因其推广了几何坐标的公理体系，被称为"解析几何之父"．同时，他也成为西方哲学的核心人物之一，引领着近代唯心主义思潮，提倡"普遍质疑"理念．这种深远的影响持续到后来几代欧洲人，并且为其后的"理性主义"哲学提供了坚实的基础．

1596 年 3 月 31 日，笛卡儿出生于法国都兰，双亲是贵族，但出生几天之后，母亲就去世了，医生宣布这个病婴不久也会死亡，可是他活下来了，但是他从来就不是一个健康的孩子，成年后依然体质羸弱．

他在 8 岁时就进入耶稣会的学校，接受了 8 年的古典教育，1612 年前往巴黎，就读于波提耶大学，并于 1616 年取得了法学学位．然而他并不喜欢法律，却喜欢数学和哲学，到了 20 岁还不想安定下来，于是就进入了位于荷兰布列达的一所军事学校．

1618 年 11 月 10 日，发生了一件成为他人生转折的事件，那时他正在驻防布列达，在街上看到一群人聚集在一张告示前面，就请一位旁观者为他翻译告示上的法兰德斯文，才知道那告示是在为一个数学问题公开征集解答．

站在人群中，笛卡儿随口说出那问题简单得很．而那位旁观者原来是荷兰数学家比克曼(Beeckman)，他要笛卡儿立即给出问题的答案，笛卡儿做到了，比克曼也马上发现这位年轻人具有很高的天分，给了他几个很有价值的问题让笛卡儿去求解，并鼓励他继续进行数学研究．两年后，笛卡儿还留在荷兰，在比克曼的指导下研究科学．

尽管如此，笛卡儿并没有停止其漂泊的生活方式．1619 年，他加入了巴伐利亚军队并开始了长达 9 年的旅行生活，其间曾在多个国家服役．在这段旅程中，他从未放弃对于数学与哲学问题的深入研究，同时还充分利用驻扎地的转移机会，结识了来自世界各地的各种科学专家．特别值得一提的是，他曾邂逅一位名叫梅森(Mersenne)的神父，他们曾经就读于同一家耶稣会的学院．这位神父在巴黎皇宫旁边的修道院里组织了一个定期的科学会议，邀请各类科学家参与讨论，直至他离世为止．此后，该研讨会逐渐发展成法国科学院．

梅森神父除了管理这个研讨会之外，还负责欧洲各数学家之间的沟通，这里面包括笛卡儿、伽利略、费马等．每当数学家有了新的数学理念，在尚未公开发表之前，通常由梅森传达给其他数学家．在有些情况下，这种做法会导致关于一个新理论发现先后的争执．例如，费马与笛卡儿之间，以及莱布尼茨与牛顿之间，就发生过这样严重的争执事件．

1628 年，在笛卡儿 32 岁的时候，他决定终止浪迹生活，安定下来，因为荷兰对新颖的思想

数字文化

似乎采取越来越自由的态度,他选择了荷兰,在这里一住就是 20 年. 这期间,他潜心钻研哲学和数学,撰写了许多著作,其中,1628 年至 1630 年,他撰写了第一篇方法论论文《指导心灵的规则》. 他在这个阶段完成了其主要作品《世界系统:光学》,这是有关物理学的手写文稿. 然而十分不幸的是,发生在意大利的一件迫害事件使他退缩,不敢出版该书,唯恐受到天主教的惩罚.

事件的中心人物是同时代的科学家伽利略,伽利略以研究运动及他的多项发明闻名欧洲. 可是,他明显站在哥白尼(Copernicus)这一边,哥白尼主张,地球和所有其他行星都绕着太阳转动,而不像亚里士多德和天主教会的教义所指示的那样,太阳、行星甚至恒星都绕着地球转动. 1632 年,伽利略发表极具争议的论述《关于托勒密与哥白尼两大世界体系的对话》,论证出日心理论的优越性,包括教皇在内的教会领袖,都不认可他的说法,于是他被召去罗马,以异教徒的罪名被审判及定罪. 最后,他被迫撤回日心说,又被处于软禁家中,余生禁止出版著作.

伽利略以异教徒罪名被审判的时候,引起笛卡儿的高度关注,当时,欧洲(当然也包括荷兰)的学术思想被天主教控制,虽然笛卡儿所定居的荷兰比较自由,但是如果他攻击宗教法庭,无疑是不理智的事情,结果他的物理著作直至他死后才发表. 1637 年,笛卡儿发表了他的著作《谈谈方法》,简述了他的机械论的哲学观点和基本研究方法,成为其重要哲学成果之一,作为《谈谈方法》的三个附录《折光学》《气象学》《几何学》是笛卡儿最重要的科学论著,在《几何学》这个附录中,他勾勒出代数式与几何图示相互关联的方法,这个新的方法从此改变了数学的面貌. 笛卡儿将代数与几何结合起来之后,诞生了一个新的数学分支——解析几何.

关于笛卡儿的解析几何思想的最初启蒙,存在着多种传说. 其中一个是,它在梦境中出现,而另一个则与牛顿看到苹果掉落的故事相媲美,说是最初一闪念是看见天花板上一只蜘蛛在蛛网上爬行时出现的. 他坚信,只需了解蜘蛛与两侧墙壁间的距离关系,就能描绘出蜘蛛的行进路径,因此创造了直角坐标系,并以此为基础构建了解析几何.

解析几何学是代数学与几何学的结合,并产生了威力强大的新的数学形式,向全世界敞开了数学的大门,让许多后人进入探讨,继而发现了更高深、影响力最深远的数学——微积分.

在发明解析几何之后的几年时间里,笛卡儿陆续撰写了一些重要著作. 1641 年,他发表了《第一哲学的沉思录》,这本书在哲学界被简称为《沉思录》.

传说当笛卡儿还在军中时,就写出了初稿. 在一次战斗间歇,他的同胞在荷兰的一个面包店休息,大家在喝酒,吵闹不休,笛卡儿为了找一个安静的地方写作,就爬入一座废置不用的大型烤炉中,关起炉门,在里头就着烛光和纸笔,写成了《沉思录》的初稿.

我们引用最多的名句"我思,故我在!"就出自这本书中.

笛卡儿在哲学方面的成就是不可忽视的,他是近代理性主义者,认为对于一切主张,我们应该依照证据所能证实的程度,来决定是否取信,这与他那个时代凡事都要听从权威的做法大相径庭,那时一个人若想要知道真理,只能求教于专家或权威,如亚里士多德或教皇,笛卡儿摒弃传统权威式的真理检验方法,让每一个真理的主张,依据事实和逻辑的支持来决定其"生死",这在那个时代确实是非常新颖的理念.

1644 年,笛卡儿发表了他的《哲学原理》,5 年后,他受瑞典女王克莉丝丁娜的邀请,迁往宫廷,为她讲授哲学和数学.

不幸的是,瑞典宫廷中每天清晨 5 点钟就要开始工作的严格作息,加上北国的冬天更加寒冷，让笛卡儿敏感的体质近乎崩溃. 1650 年 2 月 11 日，笛卡儿在他 54 岁生日之前 7 个星期，因肺炎去世.

2. 几何问题代数化

笛卡儿的《几何学》共 3 卷，主要是围绕希腊几何学中的作图问题而展开讨论的. 他在第一卷中首先阐述了几何作图问题的核心是确定求解线段的长度，这等同于揭示了几何问题在代数上的可能性. 为了具体地架起几何与代数相联系的桥梁，他引入了单位线段的概念，建立了线段与数之间的平行关系，为几何问题代数化打下了基础.

笛卡儿思想的进一步发展，是建立代数与几何的明确而自然的联系，他通过对帕普斯问题的处理，给出了表示他这种思想的具体例子.

如图 11.1 所示，假设有一个平面上的四条已知直线 AB, AD, EF, GH，从点 C 作直线 CB, CD，CF, CH，使得它能同时形成角度 $\angle CBA, \angle CDA, \angle CFE, \angle CHG$. 求满足 $CB \times CF = CD \times CH$ 的点的轨迹.

首先，笛卡儿确立了基本坐标轴及其对应的基本边界，如选择点 A 作为基点，定义 AB 为基线，并测量自点 A 开始沿着该边界的距离 AB 的大小为 x. 然后，通过点 B 创建一条新的直线 BC，形成 $\angle CBA$ 保持不变，记录下 BC 的长度为 y. 因此，所有的直线都会跟 x 与 y 发生关系，使得这个问题最后的解答转变为寻找未知数 x, y 的不定方程的求解问题，而得出的终极答案就是点 C 的运动轨迹方程呈现出一个二次不定方程的形式:

$$y^2 = Ax + Bxy + Cy + Dx^2 \tag{11.1}$$

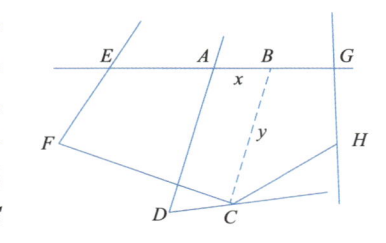

图 11.1　点的轨迹

然后，笛卡儿指出，只要提供一个数值 x，就可以通过这个式 (11.1) 找到对应的数值 y，这样就能用直尺与圆规描绘出线段 BC，进而获得一个坐标点 C. 若选择无限个不同的数值 x，就会产生无数个相对应的结果 y，这会带来无数个点 C. 而所有的这些点 C 形成的轨迹，正是由式 (11.1) 定义的曲线.

如此一来，笛卡儿成功地将两种截然不同的学科——代数和几何结合在一起，并将变量引入数学中，这标志着数学历史上重大的革命性转变. 这个转变使得所有经典几何都受到了代数的控制，并且开创了一片以变量为基础的数学新天地，尤其是加快了微积分的发展进程.

卓越的无产阶级革命领袖恩格斯对笛卡儿做出了高度赞赏："数学中转折点是笛卡儿的变数，有了变数，运动进入了数学，有了变数，辩证法进入了数学，有了变数，微分和积分也就立刻成为必要的了."

11.2.2　费马与解析几何

1. 关于费马

费马是一位来自法国的律师和业余数学家，但他的成就丝毫不逊色于专业的数学家. 费马对数论有着浓厚的兴趣，同时他也为现代微积分的发展做出了重要的贡献，因此被称为"业余数学家的王者".

数 字 文 化

费马是一位知识渊博、见识广泛的学者,同时精通各类语言.他在工作之余喜欢享受宁静的生活,全身心投入研究数学和物理问题中,有时候会用希腊文、拉丁文或西班牙文创作诗歌和词句,并朗诵以消遣时光.

虽然费马近 30 岁才认真研究数学,但他对数论、几何、分析和概率等学科做过深入的研究并做出了重大的发现:他给出了素数的近代定义,并提出了一些重要的命题,被誉为近代数论之父;他同笛卡儿分享创立解析几何的荣誉,被公认为数学分析的先驱之一;他还和帕斯卡同是概率论的开拓者.因此,费马被誉为 17 世纪最伟大的数学家.

费马淡泊名利,始终保持着谦逊的态度,他在其一生中鲜少公开自己的作品,然而他的深邃洞察力却通过与其同期的学者之间的通信和他的一些未公之于众的手稿得以体现.尽管他的追随者多次请求他分享他的研究成果,但他总是予以回绝.其中,尤其值得一提的是他在数论方面的论述从未被正式发布出来,而当费马离世之后,大量的理论仍旧散落在各种文档之中,甚至可能出现在已经翻阅过的书籍边缘或者笔记上,因此无法确定具体的日期.此外,也有部分理论保存在他写给友人的信件当中.最后,由他的长子对所有遗产进行了梳理整合,最终形成了两个版本,分别是 1670 年的初版和 1679 年的再版.初版包含了丢番图的《算术》及其修订和注释.而再版的第二章涵盖了关于抛物线的面积计算方法、最大最小值问题以及重心的问题解决,同时也涉及了曲率半径等问题,这部分的内容日后成为微积分的组成部分之一.除此之外,还收录了一些费马和其他数学家(如笛卡儿)和科学家(如帕斯卡)之间的交流信件,这也是我们今天所知的"费马定理"首次亮相的方式,其中也包含了费马的解析几何思想、关于面积与切线(微积分)的研究,以及他对概率论的创始过程.

2. 费马的解析几何思想

费马的解析几何分析理念是从探讨古希腊几何学起步的,对曲线特性的探索构成了古代希腊几何的重要组成部分.在大量不同类型的曲线特性研究过程中,古希腊数学家阿波罗尼奥斯提出了关于曲线核心认知——轨迹的概念,他认为所有的曲线都可以被视为轨迹,也就是视之为某个特定参照体系下所有点的轨迹.例如,圆就是平面上的那些与某一给定点间距恒定的轨迹,而椭圆则是平面上那些满足两个定点间的距离总和不变的轨迹等.这种定义方式揭示了各种曲线独特的属性,并提供了一种辨识标准,使得人们能够确定任意一个已知的点是否位于该曲线上.

不过,古希腊数学家关于轨迹的定义并没有直接提供曲线统一的研究方法.古希腊几何学中的每一个定理、每一个作图都类似于一件艺术创造,解决的方法彼此不同,这就给解决轨迹问题带来了困难.

费马卓越的地方主要体现在他能够迅速洞察到导致此种困境的关键因素,并坚信唯有借助代数的手段,才可能实现几何学的整合表达与解决问题的一致策略.他在 1629 年发表的《平面和立体轨迹引论》,标志着对数学方法一致性的初次探索正式启动,其起点是研究圆锥曲线的特性,这是由阿波罗尼奥斯所证实的.当平面的切割使得圆锥形成椭圆时,存在这样的公式:

$$PM^2 = k \times HM(a - HM) \tag{11.2}$$

如果把 PM 和 HM 当成坐标的话,那么式(11.2)也就成了一个椭圆方程.应当注意,在这里，阿波罗尼奥斯是把圆锥曲线方程看作几何问题处理，而没有意识到 PM 和 HM 是可变的，而且他所建立的圆锥曲线方程是单向的，不存在研究方程的问题，甚至不考虑运用方程去描绘曲线的可能性，换句话说，在阿波罗尼奥斯时代，没有也不可能有对数学方法统一性的追求及手段，他们已经走向解析几何的入口处，却进不了大门。

费马始终怀着对科学需要和方法论兴趣的冲动，明确宣称要寻求研究有关问题的普遍方法，因此，他直截了当地将阿波罗尼奥斯的结果翻译成代数的形式。例如，他令直径 $PM = y$，$HM = x$，于是，阿波罗尼奥斯所得出的那个椭圆特征关系式(11.2)就变成了 $y^2 = kx(a-x)$，其中，x, y 脱离了单纯的线段意义，被赋予了代数符号的意义，这就是费马所得出的椭圆方程。

费马将他在希腊数学中对曲线特征的研究，通过变量的引用和一贯的方式，成功地将其翻译成了代数语言。这样做不仅使得圆锥曲线摆脱了作为圆锥的附属，并且也使得各种不同的曲线都有了核心思想所在。

费马观点的关键在于，其不但利用变量的使用让曲线的表达方式达到一致的形式——方程式，进而为探索曲线的方式提供了共同基础，同时他还清晰阐述了曲线与方程之间的关系是相互依赖的，也就是借助曲线去理解方程并观察由方程描述的曲线。

11.2.3 解析几何的创立者

现在统一的观点是，笛卡儿与费马共同创立了解析几何，但在历史上有一些争议。

作为解析几何的共同创立者，费马和笛卡儿两个人在个性上的差异很大。费马于 1629 年宣称创立了解析几何，在标题为《平面与立体轨迹导论》的手稿中做了说明，就在笛卡儿发表了他的解析几何著述之前的几个星期，费马把自己那篇手稿寄给了梅森，梅森又寄给其他人，其中也包括笛卡儿，那么到底是谁先创立了解析几何呢？

大多数历史学家归功于笛卡儿，因为他是第一个公开的，可是费马的手稿在那之前就已经传到别人的手中了。

费马率先在坐标系中使用两根相互垂直的轴，并找出了直线、圆及三种圆锥曲线(椭圆、双曲线、抛物线)的方程式。此外，他还发现了许多新曲线，方法是写出一些新的代数方程，然后用坐标轴检查对应的图形。

11.2.4 解析几何理论的主要意义

在解析几何诞生之前，代数学已经独立地取得了成熟的发展。所以，尽管解析几何并不是一项特别重大的突破，但它确实在方法论层面上是一个非常精彩的创新。

笛卡儿设想借助解析几何引入一种全新的策略，然而他所取得的成绩超出了其预期，这种策略不仅能够快速验证曲线的一些特性，并且这一探究问题的途径已经变得相当自动化。这是一种更有效的研究方式，使用符号来表达正数与负数，包括后来用于表示复数的符号，使得我们可以在代数框架下对需要分开讨论的几何情况进行整合处理。例如，在平面几何中，为了证明三条高线相交于同一点，分两种情形考虑交点在三角形外和三角形内；而在运用解析几何的方法论去证实这一点的时候，就不再需要做这样的判断。

解析几何将几何融合到代数的领域之中并构建了一个两者的结合体作为一种新的手段。

> **数字文化**

从这个角度来看,解析几何为解决几何问题提供了更有效的途径. 另外,它还可以为一些基本定义赋予更加形象化的描述方式,从而得到更多的思路,进一步推导出更新的结果(例如,笛卡儿就得到了用圆和抛物线的交点来求三次以及四次方程的实根的著名方法). 拉格朗日曾把这些新的方法写进他的《数学概要》中:"只要代数和几何分道扬镳,它们的进展就缓慢,它们的应用就狭窄. 但当这两门学科结成伴侣时,它们就互相吸取新鲜的活力,快速走向完善."事实上自 17 世纪起,许多重要的发现都是由解析几何产生的,其中最显著的就是微分学和积分学的形成及其后续的发展壮大,这个过程几乎完全依赖了解析几何的研究成果才得以顺利推进下去.

解析几何的主要优势在于它是量化的手段,这种量化方法自古至今一直是科学进步所需的关键因素,尤其是在 17 世纪之后被广泛呼吁. 例如,当开普勒观察到行星围绕太阳以椭圆轨迹运行,或者伽利略发现了投掷出的石头遵循抛物线路径飞行的时候,他们需要对这些椭圆和炮弹的路径做出数学上的计算. 这都需要有足够的数量理论来支持. 对于探索自然界来说,我们可能最先想到的是使用几何学,因为大部分物质都是几何形状,而且运动中的物体通常会形成曲线路径,所以要理解并分析这些现象,就需要用到大量的数字信息. 然而,解析几何可以让人们将图像与路程转化为代数表达式,进而推断出更多的数量关系.

总而言之,解析几何的核心优势在于以代数公式描述几何曲线,并运用代数技巧去探索这些曲线,这开启了一个全新的代数和几何相互融合的时代. 借助坐标系统,我们成功地量化了几何形状的空间构造,进而实现几何和代数的统一. 深入探讨后会发现,这个方法的力量源自它们之间的密切关联程度超出了人们的预期,很多复杂的几何现象都是由解析方式揭示出来的. 这不是单纯的技术层面的问题,而是关于世界的根本理解的问题,因此,解析几何拥有重要的价值,推动着人类对空间图形认知的发展,并将几何学推进到了一个崭新的水平. 几何与代数的完美结合不仅仅为几何学带来了新颖的方法,使得众多棘手的几何难题得以简化解答,更为关键的是,它给几何学的进步赋予了动力,丰富了其内涵,也为代数提供了一种新型的工具,拓展出代数学的一个全新研究方向.

几何与代数的融合不但对传统的几何理论产生了深远的影响并进行了革新,同时还扩展了其研究的范围,深化并且拓展了其思考方式. 此外,这种融合也为代数学带来了全新的活力.

然而,一旦这两个领域相互融合,就能获得新的生命力并且快速走向成熟. 此外,解析几何的发展引入了函数概念至数学中,这是创建微积分所必需的基础,从而加快了微积分的发展速度. 所以,从这一角度来看,解析几何的出现预示着微积分的诞生.

11.3 近代微积分的创立

创建解析几何的过程引入了变量的概念,使得对运动和变化的精确描述得以实现,进而构成了微积分发展的基础. 在古代中国、古希腊以及古印度的学者著作里,我们能看到许多关于使用无限小的步骤来计算特定形状的面积、体积和曲线长度的问题,阿基米德、刘徽以及祖冲之等学者所采用的方法,无疑是对构建通用积分法则的重要前导.

近代微积分的发展始于 17 世纪上半叶,牛顿和莱布尼茨是其主要奠基人.

11.3.1 牛顿与微积分

1. 关于牛顿

牛顿 5 岁时就进入了一所小学就读. 1655 年,他转入了英国的瑟姆中学学习,并在孤寂的环境下茁壮成长. 他在学校的表现相当出色,自小就养成了记录阅读心得的习惯,这使得他在中学时期就展现出了对制作机械模型及实验的才能. 他 17 岁进入了剑桥大学的三一学院继续深造学习——这是他们家族曾就读过的著名高等院校之一.

在进入大学以前,牛顿并未特别关注数学领域. 在大学期间他首先阅读了欧几里得的《几何原本》,认为其内容过于浅显;接着,他开始学习笛卡儿的《几何学》,这让他感到些许困惑. 直到 1665 年即将结束大学生涯的时候,他已经掌握了一般化的二项式定理,这是他首次展现出的创新能力,同时他也创立了他命名的"流数法"(如今被称为微分学). 同样是在这一年,他获得了文学学士学位,并在学校继续深造. 但是,随后因为伦敦爆发瘟疫,导致大学暂停授课,牛顿被迫返回乡村生活长达 18 个月. 在这段时间内,他进一步完善了自己的微积分方法,能够精确地计算出曲线上的任何一点的切线及曲率半径,他对诸多物理现象产生了浓厚的兴趣,进行了他的第一次光学实验,并将自己的万有引力理论的核心观点整理成体系.

在这个阶段,牛顿的两个重要创新——微积分与万有引力定理,都在科学史上产生了深远的影响. 这两项成果中的任意一项都能使他的名字永载史册. 回顾那段充满挑战的岁月,他说道:"当年我正值发明创造能力最强的年华,比以后任何时候更专心致志于数学和哲学(科学)." 1666 年,他完成了一篇关于流数的论文;而在接下来的 3 年内,又写出了另一篇探讨流数的文章. 这种流数方法后来演变成了现代的微积分学. 尽管当时并未公开发布这些论文,但它们已经展示出足够的证据来证明他是首个创立微积分的科学家. 即使是莱布尼茨率先公布了自己的微积分理论,也不能动摇牛顿作为首位发现者的地位.

1667 年,牛顿回到剑桥,不久后成为三一学院的研究员. 1669 年 10 月,由于他在科学领域取得了杰出的成就,他的导师巴罗(Barrow)主动放弃了数学教授的职位,将其转给了牛顿. 从此,牛顿开始了为期 30 年的大学教授生涯.

在这段时间里,牛顿把大量的时间投入自己的研究中,并将他的住所改造为一间精致的实验室,使之可以全天候地用于实验操作. 他在 1672 年发布的一篇文章阐述了他对颜色的理解,引起了一些著名科学家的激烈反对. 然而,当牛顿意识到随后的争议变得无趣时,他决定不再公开任何与科学相关的内容.

除了在数学和万有引力领域取得的杰出成就,他还创造出了第一台真正可以使用的反射式望远镜. 他把这台望远镜赠予皇家学会,该学会很快就选举他为院士,并最终担任皇家学会主席.

尽管他在剑桥大学的三一学院拥有显赫的地位并对英国科学院有重要影响力,但在任教校长达 18 年后,著名天文学家哈雷(Halley)才成功劝导他公开其研究成果——《自然哲学的数学原理》(如今简称《原理》),这是这位伟大学者科研事业中最为杰出的贡献之一.

这部著作中,牛顿详尽地阐述了他关于万有引力的观点,同时也讨论了他所创立的流数术,即微积分的核心概念. 此外,该著作还涵盖了理论力学与流体力学的相关内容,并深入探

> **数 字 文 化**

讨了如何运用开普勒行星运动规律来进行数学计算. 通过这一方式, 可以理解地球、太阳和其他天体的质量分布情况, 也可以解释为什么地球在赤道处会稍显凸起, 甚至能揭示潮汐现象背后的原理. 总而言之, 包括著名的牛顿力学三定律, 万有引力定律及牛顿的微积分成果的重要贡献都在此一览无遗, 这种在一个作品中整合如此多内容的做法实属罕见且令人惊叹. 因此, 当这部巨著横扫全球科学界时, 瞬间便使牛顿跻身科学领域的顶尖位置.

长时间的工作压力及丧母带来的心灵创伤, 使得牛顿患上了精神衰弱症. 1693 年, 牛顿完成了其最后的数学巨作《曲线求积术》, 这是牛顿最为完善的微积分作品. 1696 年, 牛顿从剑桥大学移居至伦敦, 并获聘成为英国铸币工厂的厂长. 1701 年, 他最终离开了剑桥大学的讲坛.

作为对牛顿在铸币厂领导期间所做贡献及对其科学领域的卓越地位的认可, 他在 1705 年被授予骑士称号. 此时的牛顿已经到达了他人生中荣誉的高点, 但他仍然能够创作出具有深远影响力的作品——他于 1704 年完成了著作《光学》. 不过, 随着时间的推移, 他的主要关注点开始转向化学、炼金术和宗教领域. 不幸的是, 他也卷入了与莱布尼茨的一场漫长的且令人沮丧的争议之中. 1727 年, 牛顿因长期受疾病折磨而离世, 享年 85 岁.

2. 牛顿的流数术

虽然微积分的诞生不像解析几何那般充满戏剧色彩, 然而其发展历程却同样充满了历史与智慧的光辉. 正如前面提到的一样, 自古希腊时期的阿基米德到中国古代的刘徽、祖冲之, 再到后来的费马、笛卡儿、巴罗等人都在此领域做出了重要贡献. 然而, 这并非仅仅通过累积各类特殊情况或技巧就能实现的目标. 找到相关的解题方式固然关键, 但在此基础上进一步抽取共通点并将它们普遍化才是更具挑战. 在此之前的几个世纪中, 已经出现了许多成功且具有启发意义的方法, 但遗憾的是, 没有人能在这类方法的基础上构建起真正的微积分理论. 最典型的例子便是求解曲线上的切线问题, 即使有很多人尝试了各种各样的方法来解决这个问题, 却从未有人能够由此推导出导数这一核心概念及其通用规律. 问题的关键在于: "他们并没有看到自己正朝着伟大发现迈进, 反而以为自己在不断接近目标." 只有当牛顿和莱布尼茨开始认识到这个重大发现的重要性并且付诸实践时, 才最终实现了它的诞生.

正如之前提到的, 牛顿是一个科学领域的杰出人物, 他的卓越成果使他在现代自然科学中占据重要地位, 并且他是这个时代的领军者. 他通过在数学、物理学、天文和光学等多个学科上的突破性进展, 引领着这些新兴领域的诞生与发展. 尤其是在数学领域, 他不仅深入研究过数论、高次代数方程、解析几何、数值分析、概率论、曲线分类、变分法等方面的问题, 而且他还独立创建了微积分这一重要的概念. 关于微积分的探索工作, 可以划分为以下几个阶段.

(1) 在流数概念的首次提出阶段, 他以运动学为基础, 引入了流数这个概念, 但并未明确使用流数这个术语. 同时, 他也构建并推导了微积分的基本定理.

(2) 在这个过程中, 引入了变量 x 的无限小的瞬间, 他通过使用 "瞬间" 这个概念, 成功地提出了计算两个变量之间瞬间变化速率的一般策略, 并进一步证实了微积分的核心原理.

(3) 在流数法的建立阶段, 牛顿系统性地应用了第一时期引入的流数理念的成果, 同时也是对第二时期采用静态无穷小方法的进一步发展. 在这个阶段, 牛顿将流数的理论从原本依赖于运动物体速度的解释提升到了一个更为成熟的层次.

(4) 在牛顿确定最初比和最终比的时期, 他决定放弃使用无穷小的方法, 取而代之的是采用极限方法, 即我们熟知的函数增量与自变量增量比的极限方法, 从而成为极限方法的开创者.

牛顿的微积分理论主要展现在如下几部著作中.

(1)《流数简论》. 从 1664 年开始构思微积分的概念后, 到 1665 年夏季直至 1667 年初的这段时期, 牛顿持续深入探索微积分领域并取得了重大进展. 根据他的描述, 1665 年 11 月他第一次提出了"正流数术"(也就是微分方法), 第二年的 5 月则完成了"反流数术"(也就是积分技巧)的研究. 1666 年 10 月, 他把过去两年里的研究成果汇总成在同一篇文章中, 取名为《流数简论》, 虽然并没有公开发布, 但已在好友之间迅速流传开来, 所以它被当作历史上的第一部系统性的微积分文献.

《流数简论》通过物理运动学的背景, 阐述了牛顿的微积分相关内容. 事实上论文是通过速度的概念引入了"流数"(也就是微商, 也称为导数)的概念, 并运用了速度分量在坐标系中研究切线的方法, 推动了流数的产生, 并且提供了它在几何应用中的关键作用. 牛顿把曲线 $f(x,y)=0$ 看作沿 x 轴运动的点 A 和点 B, 把点 A 和点 B 随时间变化的流动速度称为流数. 牛顿创立了使用在字母上方加点的符号来表示流动变化率, 并为此提出了两个重要的问题.

①设有两个物体 x 和 y 之间的关系 $f(x,y)=0$, 求流数 x 和 y 之间的关系.

②已知线段 x 和 $\dfrac{y}{x}$ (即切线斜率)之间的关系, 求 x 和 y 之间的关系.

牛顿的做法是这样的, 首先确定所求面积 A 对横坐标 x 的变化率, 然后利用"反微分"求出面积 A. 这一过程揭示了求面积问题和求切线问题之间的互逆关系, 它们实际上是同一个问题的两个相反的方面.

(2)《运用无穷多项方程的分析学》. 这是牛顿于 1669 年创作并于 1711 年发表的文章. 在这篇文章中, 牛顿对他在前作中的微积分的理念进行了更深层次的拓展和发展, 主要体现在以下四点.

①把变量的无限小增量称为"瞬".

②选择了先除以无穷小再剔除包含无穷小的项.

③在计算过程中采用了二项式展开法, 这使得他的方式能够应用于更多的函数.

④首先考虑了面积的瞬时增量, 然后通过逆运算得出了面积.

牛顿不但提出了计算一个变量对另一个变量的瞬时变化率的一般方式, 还进一步证实了可以通过寻找变化率来得到面积, 从而清晰地阐述了微积分的基本特征.

相较于《流数简论》,《运用无穷多项方程的分析学》在定积分的领域中展现了更进一步的理论发展. 牛顿认为曲线下的面积可以看作无穷多个面积之和, 这与现今的观念是一致的. 为了求某一个子区间上曲线确定的面积即定积分, 牛顿提出的方法是先求出原函数, 再将积分上、下限分别代入原函数从而得到函数值的差. 这就是我们学习的牛顿-莱布尼茨公式, 该公式是莱布尼茨和牛顿各自独立提出的. 采用我们熟知的数学记号, 设 $F(x)$ 是 $f(x)$ 在区间 $[a,b]$ 上的一个原函数, 则

$$\int_a^b f(x)\mathrm{d}x = F(b) - F(a)$$

这个公式的应用使得在实际问题中广泛使用的定积分计算问题变为了寻找原函数的问题, 因此它具有极高的重要性.

可以肯定的是, 至此为止, 牛顿已经构建了相对完整的微积分理论体系, 但他的逻辑架构

> **数 字 文 化**

依然相当宽松. 在计算中对无穷小量, 即瞬 0 的似零非零的处理, 说明牛顿对无穷小量的本质尚未作出明确的规定. 对此, 1734 年, 英国大主教贝克莱对牛顿的微积分进行了强烈的抨击, 并由此导致了第二次数学危机.

(3)《流数法与无穷级数》. 这是牛顿于 1671 年创作, 并于 1736 年发布的微积分学的代表作. 牛顿在之前两部书的基础上, 提出了更加全面的理论:

①引入了独特的概念和符号.

②把瞬时间变化的量, 即以时间为独立变数的函数称为流数, 以字母 v, x, y, z 等表示; 而把流量的变化速度, 即变化率称为流数, 或简称为速度, 记为 $\dot{v}, \dot{x}, \dot{y}, \dot{z}$ 等.

在该书中, 还介绍了强有力的代换积分法(用现代的符号).

设 $u = \varphi(x)$, 则

$$\int f[\varphi(x)]\varphi'(x)\mathrm{d}x = \int f(u)\mathrm{d}u \tag{11.3}$$

数学史上常常称牛顿的微积分为流数法, 他也深刻理解了这种方法的广泛适用性, 并且清晰地阐述道: 流数法不仅能够绘制所有类型的曲线及其对应的切线, 还可用于解答有关曲线的弯曲程度(曲率)、面积、曲线长度及重心等复杂问题. 相比于费马、巴罗等人早期的微积分研究者, 牛顿对这一点的认知更为深入, 因此可以说他是第一个将微积分视为通用且有效计算技巧的人.

(4)《曲线图形求积术》. 这篇文章被认为是牛顿的最杰出之作之一, 它完成于 1691 年至 1693 年间. 在这篇文章里, 牛顿试图通过使用最初比与最终比的概念(或者称为首末比方法)消除无尽的小数值. 而他的另一部重要著作《曲线图形求积术》则是他在微积分领域最为精湛的作品. 在这个过程中, 他摒弃了他之前过于轻视无限小瞬间的态度, 转而强调数学中的任何细微差异都不可忽视: "在数学世界里, 我们不能轻易地忽略掉那些极其微小的一部分, 因为它们是由持续不断的变化所构成的." 基于这个理念, 他提出了"流数"这一新的概念.

尽管牛顿的微积分与现今的微积分在严谨阐述及完整的理论体系上有所不同, 但如《曲线图形求积术》所展示的那样, 他尝试通过研究正数、聚焦于导数的理念并将其建立在极限的基础之上, 这准确无误地体现了微积分发展的大致趋势.

11.3.2 莱布尼茨的微积分思想

1. 关于莱布尼茨

莱布尼茨出生于德国, 是一位闻名于世的哲学家、数学家和自然科学家. 他是 17 世纪的杰出人才, 与牛顿分别独立地发明了微积分. 他出生于莱比锡城, 家庭背景渊源深厚, 其父亲是莱比锡大学的哲学教授. 耳濡目染, 莱布尼茨从小就十分好学. 有人认为, 莱布尼茨可能是最后一个真正的通才, 在他还是个孩子的时候, 就开始自学拉丁文和希腊语, 到了 15 岁, 他进入莱比锡大学深造, 他所涉猎的领域非常广泛, 涵盖了法律、哲学、数学、逻辑学、科学、历史以及神学等各种学问. 莱布尼茨在莱比锡大学广泛阅读了培根、开普勒、伽利略等人的著作. 1663 年, 莱布尼茨获得学士学位.

同年, 莱布尼茨被耶拿大学录取, 并在魏格尔(Weigel)的指导下系统地学习了欧几里得几何. 到了 1664 年, 莱布尼茨获得了哲学硕士学位, 3 年后, 又成功攻读了法学博士学位. 1669 年, 莱布尼茨开始思考自然哲学问题. 1672 年, 莱布尼茨进入外交界, 担任过几个不同的外交职务,

最后定居在汉诺威城邦,外交事务需要他在欧洲到处旅行,他就利用机会接触当时一些伟大的科学家、哲学家和数学家,包括惠更斯(Huygens).

在惠更斯等人的影响下,他在自然科学尤其是数学领域展现出了极大的热情,并正式开始了自己的研究之旅. 1672 年,莱布尼茨以外交官员的身份前往巴黎. 1673 年 4 月,他因其卓越的表现而被提名为英国皇家学会的一名外籍成员. 莱布尼茨滞留巴黎的 4 年时间,是他在数学方面的发明创造的黄金时代.

在此阶段中,他在深入学习并分析包括费马、帕斯卡、笛卡儿及巴罗等人所著之书的过程中撰写了一部约有百余篇章节的《数学笔记》. 尽管这部手稿并未被正式出版发行,然而其内容涵盖了他对未来创立微分学与集合理论的重要构想,他的创新思维方式及其独特的运算模式和他独有的表达公式的方式都已清晰地呈现在这本未公开的手册之中. 这是证明他是现代科学史上最伟大的发现之一的关键证据.

1676 年,莱布尼茨回到了他的祖国——德国,并在汉诺威担当起历史顾问及图书馆馆长的职务. 这使得他在这两个领域产生了大量的作品,其中包括关于地质学严谨理论的研究,这是他第一次尝试去理解化石的形成原因,他还建议用人口动态数据来解决公共健康的问题,他是第一个创建语言科学的人,他也深入地研究心理学的奥秘,并最先提出了"潜意识理论"这一概念. 1684 年,他在《博学学报》发表《求极大值和极小值的新方法》,这篇文章被认为是他在微积分领域的杰出贡献.

在科学方面,莱布尼茨贡献出动能的概念,他既是工程师,又是通讯师,他为银矿的排水设计抽水机,又设计夏宫里面的大花园,所有这些都是莱布尼茨在独立发明微积分之外的成就.

1700 年,莱布尼茨创建了柏林科学院,并担任首届主席. 莱布尼茨去世后,遗留下堆积如山的未发表手稿,其中许多到今天还没有出版.

莱布尼茨和牛顿有许多共同点,有些地方令人惊讶. 他协助他的国家进行钱币改造,监督汉诺威的造印厂;他有一双灵巧的手,亲手制作了一台计算机,它不但能做加减法,还能做乘除法. 他于 1673 年去伦敦旅行时,带了一台计算机到皇家学会表演,事后立即被选为院士. 他在 1713 年被奥地利皇室任命为帝国顾问,同时获得了男爵的头衔,并且受邀协助创建科学院. 此外,他也提议设立圣彼得堡科学院,而这一倡议得到了实施. 他的科学前瞻性和管理才能对欧洲科学进步产生了深远的影响,甚至还曾向中国清朝的康熙皇帝发出成立科学院的建议.

莱布尼茨在中国的学术界备受尊重,他是首位全方位理解东方文化特别是中国文化的西方学者. 他对二进制数有系统性的阐释并将其与中国的八卦相结合. 他强调,中国和欧洲在世界大陆的东西两端,都是人类伟大灿烂文明的聚集地,应该在文化和科技方面相互学习和平等交流,从而为东西方科学文化的传播与交流做出自己的贡献.

莱布尼茨终生未娶,1716 年 11 月 14 日离世,享年 70 岁.

2. 莱布尼茨的微分与积分

莱布尼茨在数学领域的卓越贡献之一便是他独立构建了微积分学,因此与牛顿共享创立微积分学的荣耀.

尽管莱布尼茨的微积分观念不如牛顿细致入微,但他所提出的逻辑框架清晰明了,这是与他们各自的哲学观点密切相关的. 作为一位"英国经验主义者",牛顿对数学的研究充满了实践性的元素;而身为"大陆理性主义者"的莱布尼茨则展现出一种理智的发展轨迹.

数学文化

当莱布尼茨在法国的时候，由于认识并且交谈过著名的科学家、哲学家兼天文学者惠更斯，使得他的研究方向从哲学的领域转向到了科学的研究上. 在这位杰出的学者协助之下，他也阅读了一些当时最先进且重要的书籍，如帕斯卡的一些数学著作，这些著作中包含了很多那个时代数学的前沿知识，如不可分量、特征三角形等，这些都深深吸引了年轻时的莱布尼茨并使其产生了浓厚的兴致. 他很快抓住了其中的本质，提炼出特征三角形两边商的极限的重要概念，并发现它对求切线和求面积的意义.

如图 11.2 所示，如果把 AD 看作是曲线 BDC 的在点 CD 的法线，而不仅仅是像帕斯卡认为的圆的半径，帕斯卡的方法就可以推广，这时只要对任意给定的曲线 BDC 构造无穷小三角形 EFD，过点 D 作曲线的法线 DA，它就成了圆半径的作用，过点 D 作横轴垂线 DK，便得到两个相似三角形.

$\triangle EFD \backsim \triangle AKD$，由此可得 $\dfrac{\mathrm{d}s}{n} = \dfrac{\mathrm{d}x}{y}$ 和 $\dfrac{\mathrm{d}y}{u} = \dfrac{\mathrm{d}x}{y}$，即

$$y\mathrm{d}s = n\mathrm{d}x \quad \text{和} \quad u\mathrm{d}x = y\mathrm{d}y$$

对于这些无穷小量求和，得到

$$\int y\mathrm{d}s = \int n\mathrm{d}x \tag{11.4}$$

$$\int u\mathrm{d}x = \int y\mathrm{d}y \tag{11.5}$$

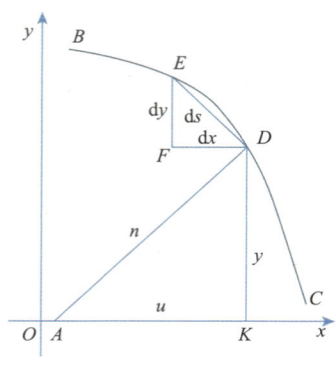

图 11.2 切线与面积

莱布尼茨称式(11.4)左边为"给定的曲线关于 x 轴的矩"，它等于以曲线的法线为纵坐标的曲线下的面积，若把这个"矩"乘以 $2p$，所得的是曲线绕 x 轴旋转而成的旋转体的表面积. 因此

$$A = 2p\int y\mathrm{d}s = 2p\int n\mathrm{d}x$$

而式(11.5)中 $u = y\dfrac{\mathrm{d}y}{\mathrm{d}x}$，所以代入以后，得

$$\int y\dfrac{\mathrm{d}y}{\mathrm{d}x}\mathrm{d}x = \int y\mathrm{d}y \tag{11.6}$$

公式(11.6)清楚地确定了切线问题($\dfrac{\mathrm{d}y}{\mathrm{d}x}$ 由切线给出)和求积问题(计算 $\int y\mathrm{d}y$)的互逆关系，莱布尼茨还发现，适当地建立与特征三角形的相似关系可以进一步解决曲线的求长和求积问题. 例如，t 表示曲线的切线介于 x 轴与长度为 a 的垂线之间的一段长度.

由图 11.3 中两个相似三角形知 $\dfrac{\mathrm{d}s}{t} = \dfrac{\mathrm{d}y}{a}$，即 $a\mathrm{d}s = t\mathrm{d}y$，因此 $\int a\mathrm{d}s = \int t\mathrm{d}y$.

等式表明，求曲线长的问题可以化为一个求积问题——求处于 y 轴和另一条曲线之间的区域的面积. 1673 年，莱布尼茨的微积分思想得到了重要的塑造和进步. 除了之前的一系列发现，他还投入了大量的时间去研究切线这个互逆的问题. 在此期间，莱布尼茨首次在数学史上明确提出了函数的概念，并且发现了泰勒级数.

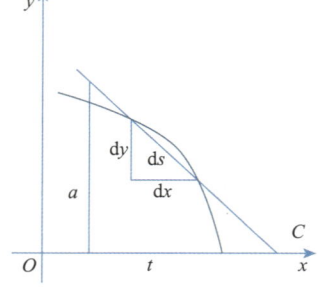

图 11.3 曲线长与求积问题

1673 年以后，莱布尼茨开始其微积分符号化的历程，如用"$\int$"代替"omn"（求和）（积分的本质是无穷小的和，拉丁文中"summa"表示"和"的意思，将"summa"的首字母"s"拉长就是"$\int$"），用"$\dfrac{1}{d}$"表示与"ò"相反的运算的符号，即若 ò $y = z$，则 $\dfrac{z}{d} = y$。不过，莱布尼茨很快发现将 d 放在分母上并无必要，同年 11 月 11 日，他毅然决然地把作为积分逆运算的微分运算符号改成了"d"，这是很关键的一步，因为莱布尼茨的微积分的核心内容就是微分方法，没有微分符号也就不可能有微积分的解析比。

在研究积和商的微分法则时，莱布尼茨虽然通过实际案例的计算，否定了 d(uv) = dudv 和 d$\left(\dfrac{u}{v}\right) = \dfrac{\mathrm{d}u}{\mathrm{d}v}$，但并没有立即找到正确的公式，直到 1677 年，他才得出：

$$\mathrm{d}(uv) = (u + \mathrm{d}u)(v + \mathrm{d}v) - uv = u\mathrm{d}v + v\mathrm{d}u + \mathrm{d}u\mathrm{d}v$$

由于 du 和 dv 都是无穷小，与 udv 和 vdu 相比，dudv 更是无穷小，可以略去不计，得到 d(uv) = udv + vdu。

同样地，在 $\mathrm{d}\left(\dfrac{v}{u}\right) = \dfrac{v + \mathrm{d}v}{u + \mathrm{d}u} - \dfrac{v}{u} = \dfrac{u\mathrm{d}v - v\mathrm{d}u}{u^2 + u\mathrm{d}u}$ 中，由于 udu 与 u^2 相比是无穷小，可略去不计，所以得 $\mathrm{d}\left(\dfrac{v}{u}\right) = \dfrac{u\mathrm{d}v - v\mathrm{d}u}{u^2}$。

莱布尼茨一直采用"$\int$"以及"d"来表示积分和微分，这些符号的易懂性使其逐渐在全球范围内得到广泛应用，并一直沿用至今。

莱布尼茨深刻认识到"$\int$"和"d"的互逆关系，这是他创建微积分的关键因素。事实上，他的整个微积分体系都基于此被誉为微积分基础原理的核心观点。在定积分领域，该原则直接引发了莱布尼茨公式的发展。

总而言之，莱布尼茨成功构建了全面且深入的微分与积分方法，使其成为了牛顿时代另一位重要的微积分发现人。他的学识广博，被视为数学史上的伟大符号家。他还表示："要发明，就要挑选恰当的符号，要做到这一点，就要用含义简明的少量符号来表达和比较忠实地描绘事物的内在本质，从而最大限度地减少人的思维劳动。"

11.3.3 两种微积分的关系

1. 两种微积分的共同点

首先，经过一个世纪的孕育过程后，莱布尼茨和牛顿都是微积分最终的完成者。他们各自独立地给出了微积分的基本定理，并创建了一套具有重要意义的微分积分算法。

其次，他们都把微积分作为一种普遍的方法推广到一般情形。

再次，他们都成功地将微积分从纯几何形式中剥离出来，并在代数的概念基础上构建了微积分。他们运用代数符号和方法，不只是为他们提供了比几何更有效的工具，而且也使得许多不同的几何和物理问题能够用相同的方式进行处理。

最后，牛顿和莱布尼茨将求体积、面积以及其他可以求和的问题都整合到了反微积分中，

数字文化

所以四个重要的概念——求和、最值、切线、速率都可以用反微分和微分来解决.

2. 两种微积分的主要差别

第一，两位数学家在开始他们的微积分研究时采取了不同的方法. 牛顿从一开始就展现出一种整合者的心态，通过深入理解并总结先前的成果，构建了一个清晰定义、准确计算、实用且完整的理论系统. 牛顿非常注重思维的合理性，不断调整其理论的基础观念以确保逻辑上的严谨性. 相比之下，莱布尼茨则是基于快速识别与阐释微积分的核心原则来推进自己的观点，他在深邃见解及高效拓展方面的才能更为突出，而非精确表达或全面系统的逻辑完备性.

第二，牛顿利用 x 和 y 的无穷小增量来求流数（又称为导数），当 x 的增量无限趋近于 0 的时候，就可以得到流数（或导数）就是增量比的极限；而莱布尼茨却是直接用 x 和 y 的无穷小增量（即微分）来得到它们之间的关系，这个区别反映了莱布尼茨的哲学方向和牛顿的物理方向.

第三，牛顿倾向于用无穷级数表示函数，而莱布尼茨更偏爱使用有限的形式.

第四，他们的工作方式也有所不同，牛顿的工作方式主要是凭借经验、具体和慎重，而莱布尼茨则是一个充满想象力、热衷于推广并且大胆行事的人.

第五，牛顿以瞬间的变化速率（也就是导数）为基础构建了他的理论体系，并且从这个起点开始，他利用相反的过程解决了关于求面积与体积的问题；而莱布尼茨则把独立的微分 dx 和 dy 作为基本概念，他认为体积和面积等具有可加性的问题都可以看作是无限个微分的总和，只在实际计算中才用反微分来求这些和.

此外，莱布尼茨和牛顿的微积分理论都缺乏明确且严谨的逻辑基础. 一直到 19 世纪，柯西发展了极限理论，提出了准确的无穷小量的概念，微积分学的逻辑基础才逐渐完善.

3. 优先权之争

牛顿于 1665 年至 1666 年创立了微积分，但是从来没有正式发表，只是把他提出了微积分这样一个结果通知了他的部分朋友.

莱布尼茨于 1675 年将他自己的微积分理论发表出来，以微分法则为基础完成了一篇微积分的论文. 1684 年，他的完整的微分法和积分法先后发表在莱比锡大学的新刊物《学术论文集》上.

直到 1687 年，牛顿才出版了包含了他的流数法理论的《自然哲学原理》，这一切看来都风平浪静，没有产生任何反应. 直到 1708 年，牛津大学教授凯尔（Keill）作为一位局外人，在皇家学会会刊上发表了一篇讨论离心力的文章，在文章中，他认为微积分的首功应属于牛顿，当然他同时也提到了莱布尼茨，但他将莱布尼茨发表在莱比锡大学的新刊物《学术论文集》的那篇文章称为第二.

1711 年，得知此事的莱布尼茨特别愤怒，他写信给皇家学会，要求皇家学会收回那种说法，于是，欧洲大陆和英国之间关于微积分的优先权的论战正式拉开了序幕.

这次纷扰的关键并非在于哪一方获胜或失败，它导致的是两位著名的科学家阵营产生了裂痕：一边是以欧洲为主要阵地的大陆学者，特别是来自伯努利家族的伯努利兄弟，他们支持莱布尼茨；另一边则是坚守着英伦三岛的研究者群体——他们坚决维护牛顿的原则与观点. 这种矛盾不仅体现在言辞上，还表现出激烈且持续的不满情绪，使得双方的关系变得紧张起来. 即使莱布尼茨于 1716 年 11 月 4 日去世了，这场争论也没有平息. 欧洲大陆人士依然坚持莱布尼茨是第一位，而英国人也固执地忠于他们的大师牛顿. 两位数学家的研究成果已被当代学界证实彼此独立完成，并且通过前述对比分析，他们的贡献互补无间，堪称完美结合. 此外，两者的研究领域和方法也各有其独特性. 牛顿更注重物理学的应用，而莱布尼茨则专注于几何理论的研究. 虽然牛顿率先提出微积分的概念，但实际上，莱布尼茨却抢先公布了他对这一领域的探索结果. 特别是在整个过程中，他不仅与众多数学专家交流讨论，还不断寻找最优解法以优化各类计算过程，最终使得数学界采纳了他的微积分表达方式.

需要强调的一点是，虽然存在争议，但这两位专家始终没有质疑对方的专业能力. 据历史记录，1701 年的某一天，在柏林皇宫举行的晚宴上，当国王询问莱布尼茨关于对牛顿的看法时，莱布尼茨回应称："纵观整个历史上的数学领域，牛顿完成了超过一半的工作量."

从长远看，英国人未能摆脱牛顿的影响，未能实现新的数学突破. 在接下来的 200 年中，欧洲大陆成为了数学成就的中心.

复习与思考题

1. 请简述笛卡儿的解析几何思想.
2. 请简述牛顿的微积分思想.
3. 请简述莱布尼茨的微积分思想.
4. 请归纳牛顿和莱布尼茨的微积分思想的相同之处和不同之处.
5. 请谈谈笛卡儿的解析几何思想的理论价值.

第 12 章

中国古典数学文化

萨顿(Sarton)说过:"光明来自东方!毫无疑问,我们最早的科学是来源于东方,作为科学重要分支的数学也是如此."中国作为全球最先出现数学发展的国家之一,其历史可以追溯到超过 2 000 年前的汉朝时期. 据《光明日报》的一篇重要文章所述,位于河南省舞阳县的贾湖遗址的研究揭示出:贾湖人就已经拥有了 100 以上的大致整数观念,并且他们还理解了正整数的奇偶性质及计算规则. 这一发现对于探索中国的计量单位及其与音乐之间的关联具有关键性的意义. 以一位数学家的视角观察,我们能够看到,至少在 8 000 年前,古老的中国已具备了高度发达的数学能力,这是由于确立音律必须依赖数学知识,而非简单地使用数字.

第 12 章知识导图

数 字 文 化

12.1 中国古代数学的辉煌成就

随着私有制和货物交换的兴起，数的理念和形状的理解得到了更深入的发展. 考古学发现表明，中国文明在仰韶文化的阶段展现出了丰富的内涵，而其中重要的构成元素——数学也同样如此. 我们从发掘出的陶瓷上看到，已经有数字 $1, 2, 3, 4$ 的标记出现. 到了原始社会晚期，人们已经开始使用文字来替代最初的结绳计数方式.

中国古代的数学文化博大精深，创造了世界数学史上的多个第一.

早在公元前 2 世纪至公元前 1 世纪，《周髀算经》就提及了使用矩来测度高度、深度、宽度和距离的技术，同时还列出了如直角三角形中斜边是两直角边的平方和（即勾股数）以及通过环矩能画出圆等实例. 这标志着世界历史上首次对勾股定理的研究与探讨，而这一理论直至 5 个世纪后才被古希腊学者毕达哥拉斯所发现.

根据《礼记·内则》一文所述，自西周时期起，贵族家庭的孩子从 9 岁就开始数字及计算技巧的学习. 这些孩子需要接受包括礼仪、音乐、箭术、驾驭、书法与数学等方面的教育，其中"六艺"中的数学已逐渐演变为独立的专业学科.

春秋战国时期，人们便已经学会了灵活运用十进制的算筹记数法，这种方法与现代通用的十进制笔算记数法基本相同，比最早（公元 595 年）见于古印度的十进制数码早了 1 000 多年.

在这个阶段，即封建社会的发展期，中国的经济发展与文化进步都取得了显著的成绩，而这正是在秦汉时代完成的. 这一时代的最大特征就是算术已经成为了独立的专业领域，并且伴随着像《九章算术》这样重要的数学文献的问世.

大约在公元 5 世纪的时候，祖冲之推算出 π 的值介于 3.141 592 6 与 3.141 592 7 之间，这标志着中国最早得到了具有六位有效数字的 π 的精确度极高的近似值，祖冲之同时发现圆周率的"密率"为 355/113，这是一个在 1000 以内能最准确地描述圆周率 π 的最佳分数表达式，这一成果直到 1 000 年后才被德国学者奥托（Otho）发现并公布出来，比祖冲之迟了 1 000 多年.

大约在公元 3 世纪，被誉为"割圆人间细，方盖宇宙精"的刘徽对圆周率进行了系统性的研究并提出了著名的"割圆术"及解决开方无法找到根的问题，同时他也是第一个使用极限理论来解释如何计算楔形体的体积的人. 尽管早在古希腊时期就有人思考过这个概念，但直到公元 17 世纪才开始实际应用它，相较于中国的发现时间至少迟了 1 400 年之久. 而《九章算术》则成为了古代中国数学成就的巅峰代表作.

在中国数学界，公元 11 世纪的中期，有位名叫贾宪的人物首次提出了"增乘开平方法"与"增乘开立方法"，这远早于欧洲同类技术的出现时间——即鲁斐尼-霍纳（Ruffini-Horner）法，其领先的时间长达 770 年之久. 此外，他的著作《开方作法本源》中的图展示了他对二项式定理系数的理解，这一成果甚至先于同样使用该图形的法国数学家帕斯卡 500 多年.

中国南宋的著名数学家秦九韶，于公元 1247 年在《数书九章》中首次提出了高次方程的数值解法. 他在贾宪所创立的"增乘开方法"的基础上进行了完善和推广，创立了高次方程的数值解法，比欧洲使用的解决同样问题的霍纳法早了 800 多年. 萨顿，哈佛大学的科学家，赞誉秦九韶是一位伟大的数学家，他的成就来自那个特定的时代和民族，同时也是所有时代最伟大的数学家之一. 在《数书九章》中，秦九韶还提出了"大衍求一术"，详细、系统地介绍了解决一次同余式组的算法，与现代数学中所使用的方法几乎相同，这也是中国数学史上的一项非凡的成就. 事实上，秦九韶在推广了中国古代数学巨著《孙子算经》中的"物不知数"题的解法时，取得了被称为"中国剩余理论"的这个重要成果. 他在这一方面的研究成果比 18、19 世纪的欧拉和高斯等伟大数学家在这个问题上的系统研究还要早 500 多年.

南北朝时期著名数学家祖冲之和他的儿子祖暅，还有一项重要的研究成果，那就是"等积原理". 他们致力于探索几何体的体积测算方式，并提出了"缘幂势既同，则积不容异"的理论，也就是等积原理. 其主要含义为：当两个具有相同高度的几何物体被水平切割时，它们的截面面积均保持一致，因此这两个几何体的体积也应保持一致. 这种观点领先西欧学者卡瓦列利（Cavalieri）对该原理的认识约 1 100 年左右.

在中国古老的天文学专著中，名为《周髀算经》的作品，被中国古代数学家赵爽详细做了注释，并撰写了一篇注文《勾股圆方图》，具有极高的科技含量和研究意义. 此文中赵爽在讨论二次方程 $x^2 - 2cx + a^2 = 0$ 时，用到的求根公式与我们中学学过的求根公式是基本相同的，赵爽的这一发现，在时间上远早于其他国家，比古印度数学家婆罗摩笈多（公元 628 年）提出的二次方程求根公式要早许多年.

公元 6 世纪，中国的古代天文学家刘焯首次应用"内插法"（现代数学称为"等间距二次内插"）来制定日历. 然而，这一创新性的技术直至 17 世纪末才由英国的科学家牛顿普及，此时已经过去了约 1 100 年的时间.

在春秋战国时期也出现了多种不同的学术思潮，百家争鸣，百花齐放，但并不像古希腊一样采用民主政治，实行的是君王统治制度. 在这个黄金时代，知识分子都有自由表达学术观点的机会，当时的思想家和数学家主要致力于辅佐君王统治臣民和管理国家. 因此，中国古代数学主要以解决实际问题为目标，包括测量土地、发展水利、调度劳动力、计算税收、运输粮食等国家管理的实际需要. 与理论研究相比，这些实用目标使得中国数学更像是一门"管理数学"或者"木匠数学"，其成果一般以官方文书的形式出现. 例如，《数书九章》的内容分成了天时类、大衍类、测望类、田域类、钱谷类、赋役类、军旅类、营建类和市易类九大类别，说明中国数学是为了解决实际问题而存在的，还没有扩展到数学理论研究的层面. 中国古代的数学家大多是数学业余爱好者，他们的工作更多地与天文历书、水利等领域联系在一起. 中国的数学研究始终没有脱离算术的阶段.

正如我们看到的那样，中国古代数学强调实际应用而不注重理论探讨，在具体算法上得到了长足的进步，解方程的开根法、负数的运用、杨辉（贾宪）三角以及祖冲之的圆周率计算、天元术这样的精致计算课题，能而且只能在中国诞生，因为这些具体算法被古希腊文明忽视或忽略掉了. 这种特性与当时的社会环境和社会思潮有着紧密联系——所有科技都必须满足维护并且强化君主制的需求以促进社会的经济发展. 因此，对实际运用于日常生活中的数字问题的研究就成为了重点所在，这也符合其时代背景下的经济状况需要.

在中国古典文化背景下，我们发现了一种独特的几何思想——它主要关注实际应用并依赖实践知识作为基础原则，这种思考模式更注重实效而不是理性分析. 然而，当这一学科被带到欧洲后（由古印度传至阿拉伯再传至西方），它的研究方向发生了转变，开始专注探索证明方法及其背后的原理. 这使得原本偏向操作层面的数学生态系统逐渐演变成了一种纯粹且严谨的形式主义领域. 与此相反的是，中华文明中的早期科学家们更多地担任着观测星辰的天文学者或者负责统计税收的人员角色. 因此，他们的贡献往往局限在对日常生活问题的解

> 数 字 文 化

决上面,缺乏深入探究本质规律的能力. 同时,随着现代科技的发展,需要用更加简洁明晰的方式表达复杂数字之间的联系等概念,这也成为阻挡中国人继续推进此项事业的重要因素之一.

中国古代的数学理念主要集中于计算,这和以古希腊作为典范的西方数学强调证明形成了鲜明的对比. 这两种不同的方法构成了全球数学史上的两个独立系统、两套独特的风格,例如,《九章算术》展示了基于机械化的算法框架,而《几何原本》则揭示了一种基于公理化的逻辑演绎模式. 然而,我们往往忽略了对证明和推理的研究,导致我们在科学探索过程中过分依赖归纳法和抽象思维,缺乏逻辑思考和实践操作,从而无法构建出完善的数学架构,并因此被认为是妨碍中国古代数学进步的重要因素之一. 自元代开始,明算科目已从科考制度中被彻底剔除,只剩下八股文来选拔人才,这种做法严重影响了数学领域的进一步发展.

12.2 《九章算术》简介

《九章算术》是我国最古老的数学著作之一. 在我国现存的古代数学著作中,比《九章算术》更早的是《周髀算经》.

12.2.1 经典数学原著《九章算术》

我国历史上最著名的数学著作——《九章算术》,同古希腊欧几里得《几何原本》一样享有盛誉,它们都是全球范围内卓越的科学文献中的一部分. 这本书闻名遐迩,但是它的作者具体是谁却无从考究. 根据研究推测,该著作可能是在东汉初期完成创作的. 书中包含了丰富多样的理论内容并且涵盖了一系列重要的历史时期内(先秦至西汉)的各种重要成就. 这部作品采用了问答式的形式来展示出一系列关于实际操作方面的事例及相关解答方法,这些事例按照主题划分为方田、粟米、衰分、少广、商功、均输、盈不足、方程及勾股共 9 个类型.

秦始皇建立统一的封建帝国,实现了字体的标准化与计量的规范化,到西汉时,社会的经济及文化得到迅速发展,进而推动数学领域的前进,故对先前已累积下来的丰富数学知识,需要对其进行系统化的整理,形成专门的数学理论体系. 《九章算术》记录的是古人在劳作过程中所提炼出的数学知识,不仅开辟了我国数学发展的路径,也在全球数学史上有其举足轻重的位置,我国的历代数学家们都在为其注解修订和完备上做出了巨大的努力.

《九章算术》属于教材,使用长达千年之久,其涵盖并概括了中华传统数学的重要成果. 例如,它包含关于负数的观念,这个观念出现的时间早于古印度大约 600 年,而西方直到 10 世纪才有对于负数的清晰理解,相比之下,落后约 1 500 年的时间.

书中首次全面阐述了分数的运算,这种全面阐述分数的运算方法在古印度大约要到公元 7 世纪,而在欧洲则更晚.

联立一次方程组的解法最早出现在《九章算术》中,并提出了二元、三元、四元、五元的联立一次方程组的解法. 这种解法与现在通用的消元法基本一致. 在古印度,多元一次方程组的解法最早出现在大约公元 628 年,由数学家婆罗摩笈多在他的著作中提出. 而欧洲使用这种方法的时间则晚了 1 000 多年.

该书中最早提出了最小公倍数的概念,由于分数加、减运算上的需要,《九章算术》中就提出了求分母的最小公倍数的问题. 在西方,到 13 世纪时意大利数学家斐波那契才第一个论述了这一概念,迟了 1 200 多年. 也是在《九章算术》这部名著中,提出了解六个未知数、五个方程的不定方程组的方法,要比西方提出解不定方程组的丢番图大概早 300 多年.

这本书首次阐释了最小公倍数这个概念,它为满足对分子和分母之间关系的理解需求而引入计算过程中. 至于西欧方面则是在大约 13 世纪的时候由斐波那契第一次详细地讨论了这个问题,至少晚了 1 200 多年。

在魏、晋时期,刘徽曾为《九章算术》做过注解(简称为刘徽注). 这一注解被誉为数学领域的一项重要成果. 刘徽注不仅包含丰富的创新观点与发现,它还通过严谨的数学术语阐述了一些数学观念. 对于《九章算术》中的一些论断,刘徽提供了精确的证据支持. 他的证明方式包括综合法、分析法,并且有时候也会结合使用反证法.

祖冲之也曾为《九章算术》做过注释,然而遗憾的是,这些注释已经全部遗失了.

在解读《九章算术》的过程中,虽然李淳风主要参考了祖冲之及其儿子祖暅对体积理论所做出的贡献,但是他其他的解释内容却更接近于刘徽的注解方式,并且比后者的表述更为简洁.

在宋代,杨辉在他的著作《详解九章算法》(1261 年)中详细解释了《九章算术》中 80 道典型问题,并对刘徽、李淳风注文进行了解释. 在清代,李潢在他的著作《九章算术细草图说》中对《九章算术》进行了修订和图形补充,并列出了细草. 1963 年,我国天算史专家钱宝琮对《九章算术》进行了校订,进一步完善了校勘工作,使得《九章算术》的文本更加准确,上下内容更连贯,读起来更方便.

12.2.2 《九章算术》的基本内容

《九章算术》作为一部以问答方式呈现的数学著作,共包含了 246 道题目,按照不同的计算方法进行了分类和归纳,形成了 9 章,每章所含问题的数量并不一致,通常是根据难度递增来安排顺序,以下为各章的标题及其相关信息整理成表格,如表 12.1 所示.

表 12.1 《九章算术》主要内容归纳列表

章名	题数	立术	主要内容
1. 方田	38	21	平面图形的面积计算与分数算法
2. 粟米	46	33	各种比例问题
3. 衰分	20	22	比例分配问题
4. 少广	24	16	开平方、开立方等计算问题
5. 商功	28	24	体积的计算问题
6. 均输	28	28	与运输、纳税有关的加权比例问题

数 字 文 化

续表

章名	题数	立术	主要内容
7. 盈不足	20	17	算术中盈亏问题的解法与比例问题
8. 方程	18	19	多元一次方程的应用问题的解法
9. 勾股	24	19	勾股定理的应用
共计	246	199	

《九章算术》共有题目数量为 246 项，涉及的理论有 199 种之多，根据其各部分可以划分为面积计算(方田)、比例问题(粟米)、分配法则(衰分)、开平方开立方(少广)、体积(商功)等共 9 个部分，这些都是我们所要探讨的重要话题.

1. 算术方面

(1) 分数的四则运算法则. 它包含了对分数四则运算规则(即加、减、乘、除)及其相关概念(如约分和通分)的详细阐述. 其中"约分术"给出了术分子，分为最大公约数(我国古代称最大公约数为"等数")的"更相减损"法，与现在用辗转相减(除)法求最大公约数的方法，有异曲同工之妙.

(2) 比例算法. 《九章算术》中涵盖了许多复杂的数量比例问题，这些问题包括现如今算术领域内的所有相关比例元素，构成了一个完整且独立的体系. 其详细内容被划分为粟米(粮食的代称)、衰分(按比例递减分配的意思)、均输(按人口多少、路途远近、谷物贵贱平均赋税和摊派劳役等)，在这几章里，作者还引入了一种名为"今有术"的计算方法，用以解决各式各样的比例问题. 设有比例关系(比例算法共有四项，其中三项是已知的，另一项是未知的)$a:b=c:x$，求 x，《九章算术》称 a 为"所有率"，b 为"所求率"，c 为"所有数"，x 为"所求数". 具体的计算步骤如下:

$$所求数 = \frac{所有数 \times 所求率}{所有率}$$

即 $x = \dfrac{bc}{a}$，这就是"今有术"的核心思想. 以此为基础，我们可以用"衰分"率处理各种正比、反比分配问题，"衰分"就是按一定级差分配，"均输"则运用比例分配解决粮食运输负担的平均分配.

(3) 盈不足术. "盈不足"方法主要涉及的是关于盈利和亏损的问题及其解决策略，也就是围绕着这类问题的双假设算法.

盈不足中的是指"盈"表示充实或满足的状态，而"不足"则表示空缺或者缺乏的情况. 通过这种充满和空虚相互作用的方式来寻求平衡点，因此被称为盈不足. 这个理论最早出现在《九章算术》之中，其中包含了前四个问题都是关于"一盈一不足"的问题，如第一个问题就是："今有共买物，人出入，盈三；人出七，不足四，问人数，物价各几何. 答曰：七人，物价五十三." 《九章算术》里对解决这类问题的公式的描述转换成现代语境下的二元一次线性方程组的形式为：设人数为 x，物价为 y，每人出钱为 a_1，盈 b_1，每人出钱为 a_2，亏 b_2，依题意有方程

$$y = a_1 x - b_1, \qquad y = a_2 x + b_2$$

由此可解出

$$x = \frac{b_1 + b_2}{a_1 - a_2}, \quad y = \frac{a_1 b_2 + a_2 b_1}{a_1 - a_2}, \quad \frac{y}{x} = \frac{a_1 b_2 + a_2 b_1}{b_1 + b_2}$$

把问题中的具体数值代入公式，就得到上述答案，第三个公式表示每个人应该分摊的钱数．

实际上，对于任何数学问题（不一定是盈亏问题），只要通过假设两个未知量的值，就可以将其转化为盈亏问题来解决．《九章算术》就是通过这种方法解决了许多非盈亏类问题，证明了盈不足术的创造性．在中国古代算法中，盈不足术占据着重要的地位．中世纪阿拉伯数学中将盈不足术称为"契丹算法"，即"中国算法"，并给予了特别的重视．13 世纪意大利数学家斐波那契的《算经》一书中也有章节讲述了"契丹算法"，又称为"双设法"．

2. 代数方面

《九章算术》在数学领域的贡献是全球性的，其显著表现在方程术、正负术和开方术三大领域．

（1）方程术和正负术．其中，方程术特指解决一类线性联立方程组问题，也就是现代语境下的由线性方程组的系数排列而成的长方阵（即今天所指的增广矩阵）．为满足处理这些问题的需求，书里引入了一种被称为正负术的技术方法，并定义了负数的概念，说明正、负以及零之间的加减运算法则，这是全球范围内首次出现关于正负数概念及其加减运算法则的相关描述内容之一．这本书里的方程理论及方法有具体的名称——"遍乘直除算法"，研读《九章算术》中的具体实例就会发现，它实际上是我们目前正在应用于解线性方程组的消元法，西方文献中它被命名为高斯消元法，而在高斯的故乡，这种方法被称为"中国传统算法"．《九章算术》方程术具有很高的历史价值地位，是世界数学史上一颗璀璨的明珠．

（2）开方术．这一概念出现在《九章算术》中的"少广"章中，包括开方术和开立方术两部分内容，提供了关于如何求解正整数和正分数的平方根及立方根的方法．实际上，《九章算术》所述的开方术是一种减根变换法，这是世界历史上最古老的记载之一．其计算过程与现代的基本方法相似．更令人吃惊的是，《九章算术》明确指出可能存在的不尽根的情况："若开之不尽者，为不可开．"同时，它还赋予这些不尽根数一个特定的名称——"面"．同样值得注意的是，我国《九章算术》时代的数学家像处理负数的出现那样，对在开方过程中遇到的无理数能如此平静地接受，这也许是因为引导其发现不尽根算法，让他们能有效地估算出不尽根数的近似值．

3. 几何方面

《九章算术》的"方田"、"商功"和"勾股"三个部分，都涉及大量几何问题的研究与探讨．

（1）"方田"章主要介绍了如何处理平面的几何形状并确定其面积的方法，其中包含了以下内容．

长方形（直田）面积公式：$S = 长 \times 宽$；

等腰三角形（圭田）面积公式：$S = \frac{1}{2} 底 \times 高$；

直角梯形（邪田）面积公式：$S = \frac{上底 + 下底}{2} \times 高$；

等腰梯形（箕田）面积公式：$S = \frac{上底 + 下底}{2} \times 高$；

数 字 文 化

圆(圆田)面积公式：$S = $ 半周长 × 半径 $= \pi r^2$；

优扇形(宛田)面积公式：$S = \dfrac{1}{4}$ 直径 × 周长；

弓形(弧田)面积公式：$S = \dfrac{1}{2}(a \times h + h)$；

圆环(环田)面积公式：$S = \dfrac{2\pi R + 2\pi r}{2} \times (R - r) = \pi(R^2 - r^2)$.

其中直线图形和优扇形的面积公式准确无误；圆和环的面积公式理论上是对的，只是实际计算时取圆周率为 3，误差较大；弧田面积公式是近似的，当中心角较大时误差较大.

(2) "商功"章(即对土方工程相关议题的研究和探讨)详细阐述了一系列以三维问题为主导的各类物体体积测算方法，其中包括以下内容.

底为等腰梯形的直棱柱(城、垣、堤等)体积公式：$V = \dfrac{\text{上广} + \text{下广}}{2} \times \text{高} \times \text{长}$；

正四棱柱(方土保土寿)体积公式：$V = \text{底边}^2 \times \text{高}$；

圆柱(圆土保土寿)体积公式：$V = \dfrac{1}{12} \text{周}^2 \times \text{高}$；

正四棱台(方亭)体积公式：$V = \dfrac{1}{3}(\text{上底边}^2 + \text{上底边} \times \text{下底边} + \text{下底边}^2) \times \text{高}$；

圆台(圆亭)体积公式：$V = \dfrac{1}{36}(\text{上周}^2 + \text{上周} \times \text{下周} + \text{下周}^2) \times \text{高}$；

正四棱锥(方锥)体积公式：$V = \dfrac{1}{3} \text{底边}^2 \times \text{高}$；

正圆锥(圆锥)体积公式：$V = \dfrac{1}{36} \times \text{下周}^2 \times \text{高}$；

上下底面为直角三角形的直三棱标(堑堵)(图 12.1)体积公式：$V = \dfrac{1}{12} abc$；

一侧棱垂直底面的四棱锥(阳马)(图 12.2)体积公式：$V = \dfrac{1}{3} abc$；

有三条相连的棱两两垂直的四面体(鳖臑)(图 12.3)体积公式：$V = \dfrac{1}{6} abc$.

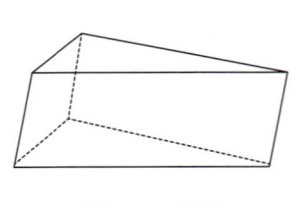

图 12.1　堑堵 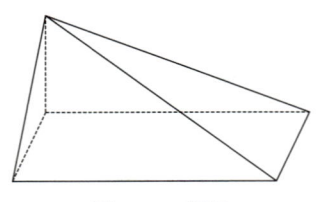　　　　　　图 12.2　阳马 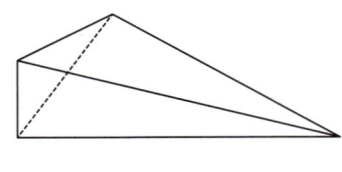　　　　　　图 12.3　鳖臑

4. 在"勾股"章讲述勾股定理的应用

"勾股"章讨论了直角三角形的测量问题，包括其三边互相求解方法以及容圆和容方的解决策略. 此外，还探讨了类似于勾股形的数目等内容.

《九章算术》中所包含的几何题目都具备显著的生活实例基础. 例如，土地测量领域经常会遇到的问题是关于地域范围和大小确定等问题，而在建筑行业里常常需要对土壤量度来做一些基础的工作，这些问题的解决方式就是通过数学的方式去处理它们并得出结论．同时，《九章算术》也提供了许多不同形状物体的命名方法以体现其生活应用场景的存在，如"平面图形"有"方田"（正方形）、"直田"（矩形）、"圭田"（三角形）、"箕田"（梯形）、"圆田"（圆）、"弧田"（弓形）、"环田"（圆形）等；立体图形则有"仓"（长方体）、"方土保土寿"（正方柱）、"土保土寿"（直圆柱）、"方亭"（平截头方锥）、"堑堵"（底面为直角三角形的正柱体）、"阳马"（底面为长方形而有一棱与底面垂直的锥体）、"鳖臑"（底面直角三角形而有一棱与底面垂直的锥体）、"羡除"（三个侧面均为梯形的楔形体）"刍童"（上、下底面都是长方形的棱台）等．

显而易见的是，在计算面积时涉及各种形状如正方形、矩形、三角形、梯形、圆和弓形等，圆和弓形的计算是近似公式，圆周率用"弓"来代替．

尽管立体结构繁复多样，但在《九章算术》中的体积计算题目数量却远远超过了面积计算的题量，如正方体、长方体、正方台、四棱锥、楔形体、圆台等，其涵盖的内容非常广泛，然而当处理与圆或球有关的问题时，因为使用了误差很大的圆周率（即 3），导致结果不够精确．例如："圆田术"给出的圆面积公式 $A = \pi R^2$ 是正确的，但以 3 为圆周率误差过大；"开立圆术"则相当于给出球体积公式 $V = \dfrac{3D^3}{16}$，这种方法明显存在较大的偏差．

值得一提的是，祖冲之读到《九章算术》球的体积，知道这个公式有误，他在《驳议》中写道："至若立圆旧误，张衡述而弗改……此则算氏剧疵也……臣昔以暇日，撰正众谬．"最终，祖冲之与其子祖暅推导出了正确的球体积公式．

12.2.3 《九章算术》的特点及历史地位

1. 《九章算术》的特点

《九章算术》的内容形式一致且构造有序，这主要表现为每个问题的解答都包括三个部分：标题、答案及"术"（解决方法或算法）．所有的问题皆以文本的形式呈现，而答案则明确地列出具体的数值．至于"术"的部分，也就是解决问题的方式及其计算流程，其中包含了普遍性的数学原理、定理和公式．然而，与《几何原本》有所区别的是，《九章算术》里的数学论点被纳入这些解决方案中，它们是从实际问题出发并通过总结得出的．

《九章算术》的架构严密且有条理，形成了一个独立的整体．

（1）根据《九章算术》中算法的顺序，可以观察到以下安排顺序：从正整数和正分数的四则运算到正比例、配分比例、混合比例、开方、体积计算（包括算术运算和几何计算方法）再到使用双假设法解决二元一次方程组、通过矩阵和更换解法解决多元一次方程组、负数以及负数的加减法则，最后到勾股测量术．

从基础到高级，从简单到复杂，前一阶段的算法构成了后续阶段的根基，而后一阶段的算法则是前一阶段算法的进步和扩展，层次明确，关联紧凑，构建出一个相对完整的理论框架．

（2）观察每一章的问题布局，可以发现它们从简单到复杂，互相关联，并且逻辑性强．

算法具有一般性又具有可操作性：《九章算术》虽然采用问题集形式编号，但并不是一本

> 数字文化

习题集，书中的"术"，不是就题论题，而是带有一般性和普遍性的数学方法，即"算术"。

因为当时的计算都是用算筹进行的，所以"算"指算筹，简称"筹"，"算术"是指运筹方法，包括现在所说的算术的、代数的和几何的各种算法。筹算，是人们用于去增、减、变动算筹进行的，所以《九章算术》中的算法，具有明显的可操作性的特点。

2. 《九章算术》的历史地位

作为中国古老的历史遗产之一，《九章算术》是我国的经典计算书籍，其地位如同其他国家的"数论"，在历史上一直受到尊敬且备受推崇。这本书不仅作为中国科学发展的主要指南长达 2 000 年时间，也对世界数学的发展产生了深远的影响。因为它们拥有独特的理念结构及表达方式，所以不同于欧洲的几何学（如欧几里得几何）所倡导的形式化的系统——两者有着截然不同的目标、方法等特点。《九章算术》和《几何原理》（即后来的《几何原本》），二者相互呼应地闪耀光芒，其影响力堪称世界的两个伟大典范，同时还是当今科技进步的重要源头。特别是其中的算法体系，伴随着计算机技术的大规模运用而重要性凸显。

12.3 贾宪三角及其美学价值

元朝时期，我国实现了大统一，社会因此发生了一系列重大变革，大大促进了数学的迅猛发展。国内经济繁荣，海外贸易蓬勃发展，各门科学技术得到广泛发展。在宋代，四大发明中的活字印刷术、火药、指南针得到了完善和广泛的应用，为数学的发展注入了强劲的动力。在这个璀璨的时期，涌现出了许多杰出的数学人才，包括北宋的贾宪、刘益、沈括，南宋的杨辉、秦九韶，以及元代的郭守敬、朱世杰、李治等。其中，最著名的宋元四大家——秦九韶、杨辉、朱世杰和李治在世界数学史上享有崇高的声誉。《宋元算书》就是这一时期出版的，记录了中国古典数学的最高成就，成为世界文化宝库中的重要遗产。

12.3.1 贾宪三角

1. 关于贾宪

贾宪，杰出的数学家，曾经编写《黄帝九章算经细草》。他最杰出的成就包括发明"增乘开方法"和"贾宪三角"，增乘开方法是一种寻找高次幂的正根法，中学数学课程甚至一些大学数学课程里出现的混合除法，它们的本质及步骤都来源于增乘开方法，相比传统的算法，这种方式更加简洁且流程化，因此特别适用于处理开高次方问题，而且处理开高次方问题时的性能非常快速高效。

《黄帝九章算经细草》这本著作大约完成于公元 1050 年，作者就是贾宪。遗憾的是这本书也没有流传下来，但幸运的是它的一些关键内容被保存在另一位作者——也就是我们熟知的数学家杨辉的作品之中。这些重要的成果包括两个部分的内容，一个是贾宪三角，另一个是增乘开方法，这也是由这位杰出的学者发现并推广应用到实际问题中的有效工具之一。

2. 贾宪三角

贾宪三角是贾宪所著《黄帝九章算经细草》一书中的一张表格(图 12.4)，它是由一个二项展开式的系数组成的，这个二项展开式的系数表是用来进行开方运算的. 贾宪在该书中把这张表格称为"开方作法本源图"，并指出该表格中除了第 1 项和第 2 项以外，每一横行中的数都可以用来开方，开平方用到 1, 2, 1 这 3 个数，开立方用到 1, 3, 3, 1 这 4 个数，开 4 次方用到 1, 4, 6, 4, 1 这 5 个数，依次进行.

有意思的是，图 12.4 中每一横行的除㊀以外的每一个数都等于其肩上两个数之和，这就是贾宪三角的作图规则，自然，有了这个规则，只要在表中多添几个㊀，那就可得到扩大的贾宪三角.

贾宪三角是一种由高到低排列的等腰三角形的结构，它展示的是二次多项式所有可能的展开形式中的各项系数的集合. 然而，现在有一些书籍误称其为杨辉三角，这实际上是一个错误. 实际情况是，杨辉所著的《详解九章算法》中包含了这个表格(参见《永乐大典》)，并且明确指出这是贾宪的方法.

贾宪三角和杨辉三角是有区别的.

杨辉三角是一种由数字组成的三角形数表，其常见的形态如图 12.5 所示.

杨辉三角的核心特性在于：它的两个斜边是由数 1 构成的，而其余的数则等同于它肩上的两个数的之和.

贾宪三角和杨辉三角之间存在差异，只需将杨辉三角顺时针旋转 $45°$，便得到贾宪三角，如图 12.6 所示.

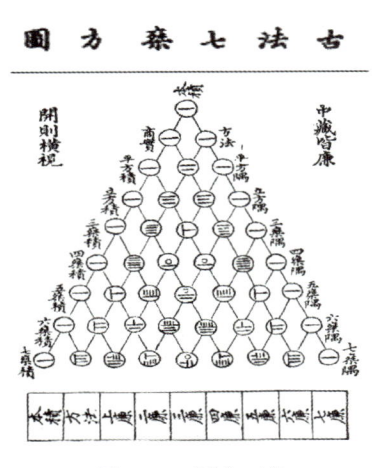

图 12.4 贾宪三角

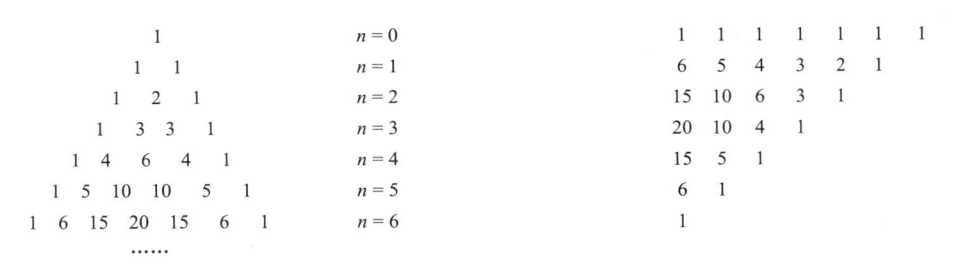

```
            1                    n = 0        1  1  1  1  1  1
          1   1                  n = 1        6  5  4  3  2  1
        1   2   1                n = 2       15 10  6  3  1
      1   3   3   1              n = 3       20 10  4  1
    1   4   6   4   1            n = 4       15  5  1
  1   5  10  10   5   1          n = 5        6  1
1   6  15  20  15   6   1        n = 6        1
            ……
```

图 12.5 杨辉三角   图 12.6 杨辉三角顺时针旋转 $45°$

在贾宪的时代，已经有人成功应用了传统的开方技术来解决开更高次方的问题，称为"立成释锁法". 这一名称巧妙地用解锁的过程来描述开方的操作，而"立成"则代表着我国古代数学家经常使用的各种计算常用数值的数据表格. 所以，"立成释锁法"实际上是一种利用数据表格进行开方处理的技术，该数据表格即被称为贾宪三角，这也是为何贾宪会把它命名为"开方作法本源"的原因.

这个图下方包含五个短语：左斜乃积数，右斜乃隅算，中藏者皆廉，以廉乘商方，命实而

数字文化

除之. 第一、二、三行阐述了贾宪三角的构造: 外部两侧斜线的数字分别代表着展开式里的积和隅算 ($n = 0, 1, 2, 3, \cdots$) 的系数, 位于中心的是 2; 3, 3; 4, 6, 4; …这些数则是展开式的各廉, 最后一行则描述了这些系数如何被用于立成释锁法中.

直至 15 世纪末期, 只有来自中东地区的学者——阿尔·卡西首次通过使用直角三角形来表达同样意义的三角形. 而到了 1527 年时, 德国人阿皮亚纳斯 (Apianus) 在他编写的算术书的封面上亦展示出该种多层级式的二项式系数表. 此外, 16 至 17 世纪, 众多欧洲地区的数学家都曾经提及或创建类似于贾宪的三角形, 特别值得一提的是法国籍科学家帕斯卡对这一领域的贡献尤为突出, 他提出的这类二项式系数表被称作"帕斯卡三角", 而这已是 600 年后的事了. 相较之下, 即使是在和中国古代著名学者的研究成果比较起来看的话也是相当落伍的, 时间差距约 400 余年.

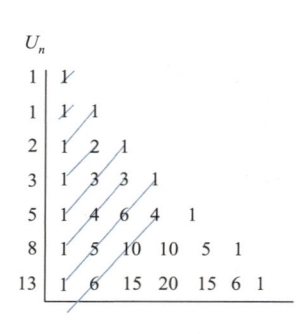

图 12.7 斐波那契数列

3. 贾宪三角与斐波那契数列

贾宪三角与历史上许多著名数列有关.

斐波那契数列前后两项之比的极限是 0.618, $\lim\limits_{n \to \infty} \dfrac{U_n}{U_{n-1}} = 0.618$.

将贾宪三角改写为斐波那契数列, 如图 12.7 所示.

再让它沿图中斜线(虚线)相加之和记到左端, 它们分别是 1, 1, 2, 3, 5, 8, $\cdots$, 此即为斐波那契数列.

4. 贾宪三角与牛顿二项式定理

伟大的英国物理学家和数学家牛顿, 其著名的二项式定理与贾宪三角有着密切的联系. 牛顿二项定理是指公式:

$$(a+b)^n = C_n^0 a^n + C_n^1 a^{n-1} b + C_n^2 a^{n-2} b^2 + \cdots + C_n^k a^{n-k} b^k + \cdots + C_n^n b^n = \sum_{k=0}^{n} C_n^k a^{n-k} b^k$$

其中 C_n^k 指从 n 个东西中任意取出 k 个的组合数, $C_n^k = \dfrac{n!}{k!(n-k)!}$, 约定 $0! = 1$. 注意到 $C_0^0 = 1$, $C_1^0 = 1$, $C_n^0 = 1$, $C_n^1 = n$, $C_n^k = C_n^{n-k}$, 很容易得到用组合数表示的贾宪三角(图 12.8).

可见贾宪三角中的元素正是牛顿二项展开式中各项系数按相应顺序构成的.

图 12.8 用组合数表示的贾宪三角

12.3.2 贾宪三角的数学美

关于贾宪三角, 有许多优秀的性质可以欣赏.

1. 对称性

如图 12.8 所示, 从顶点 C_0^0 作此等腰三角线的中线, 可以看出贾宪三角中的数关于此中线对称, 即 $C_n^k = C_n^{n-k}$, 且每一行的数都是由小变大到对称轴线后再由大变小, 呈单峰性, 这便说明牛顿二项式定理的系数具有单峰.

2. 递归性

除 1 之外，每一行的数都等于该数的肩上两数之和，即 $C_n^k + C_n^{k-1} = C_{n+1}^k$.

第 n 行各数之和等于 $2n$，即 $C_n^0 + C_n^1 + C_n^2 + \cdots + C_n^n = 2^n$，事实上，在牛顿二项式定理中令 $a=b=1$，即得这一结果.

在牛顿二项式定理中，令 $a=1, b=-1$，则得
$$C_n^0 - C_n^1 + C_n^2 - C_n^3 + \cdots + (-1)^n C_n^n = 0$$

这说明贾宪三角中从第 2 行起，任一行的数从左数起，奇数位上数字之和等于偶数位上数字之和.

3. 网格游戏

图 12.9 是由横竖各五线构成的 4×4 方格网，一棋子从点 A 出发，沿网格线由左向右，或由上至下运动，到达点 B，试问有多少种不同的走法？

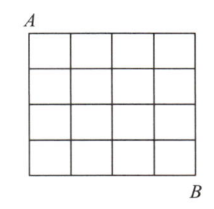

图 12.9　4×4 方格网

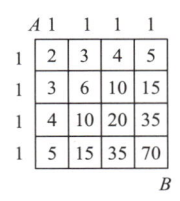

图 12.10　棋子走法

由图 12.10 网格中数说明棋子到达该网格点的走法易见，从点 A 出发到达点 B 有 70 种走法. 仔细观察网格中数，看看与贾宪三角有没有联系？

12.4　"算经十书"的文化内涵

"算经十书"作为对我国古代数学典籍中唐代以前的十部数学经典著作的统称，其名称因历史上的遗失、补充和再现等问题而有所变化，各时期的具体含义也存在差异.

虽然的大唐时代被誉为封建社会的顶峰，但令人遗憾的是，这个阶段并未涌现出杰出的数学家，相比之下，其数学成就甚至不如之前的魏、晋、南北朝等朝代，更无法与之后的宋元时代匹敌. 然而，在这个历史阶段中，我们看到了两个重要的发展：一是建立了系统的数学教育体系，二是对大量数学文献进行了系统化的编纂. 这些举措对推动我国数学领域的发展具有深远的意义.

例如，大约在公元 7 世纪初期，隋朝首次在国子监内设置"算学"学科，并且配备有教授和助理教师等职位，这标志着中国封建社会高等教育中的数学专门课程的起始阶段. 到了唐朝时期，这一制度被继续执行，同时还加强了在科举选拔过程中加入数学科目，被称为"明算科"，通过该项考核的考生也有机会担任公职，但其最高级别仅为最初级的官员职务.

约始于唐代初年，杰出数学家李淳风整理并校注了前朝 10 种计算书籍，他编撰完成的这

数字文化

些著作并在其后的 600 多年里被用作国子监明算科的标准数学教材,被称为"算经十书",包括《周髀算经》《九章算术》《海岛算经》《孙子算经》《五曹算经》《夏侯阳算经》《张丘建算经》《缀术》《五经算术》《缉古算经》. 其中尤其重要的是《周髀算经》《九章算术》《缀术》《孙子算经》《张丘建算经》《缉古算经》,其中包含了一些重要的数学成就和一些著名的数学问题. 这些都是我们人类历史上最为宝贵的文化遗产.

12.4.1 《孙子算经》与中国剩余定理

《孙子算经》作为一部被历代学者推崇的经典数学著作,其魅力源于其中的题目富有挑战性和解答方式的高明之处,例如那道广为人知的"雉兔同笼"难题:"今有雉兔同笼,上有三十五头,下有九十四足,问雉兔各几何?"书中给出的算法过程是:

$$\begin{pmatrix} 头 35 \\ 足 94 \end{pmatrix} \xrightarrow{\text{半其足}} \begin{pmatrix} 头 35 \\ 半足 47 \end{pmatrix} \xrightarrow{\text{以下减上}} \begin{pmatrix} 35 \\ 12 \end{pmatrix} \xrightarrow{\text{以上减下}} \begin{pmatrix} 23 \\ 12 \end{pmatrix} \begin{matrix} 雉数 \\ 兔数 \end{matrix}$$

这种解法精妙绝伦,可是算法程序却极为简单,非常有特色.

1. "物不知其数"问题

《孙子算经》中另一个重要问题是举世闻名的"孙子定理",该定理载于《孙子算经》卷下第 26 题,全文是:"今有物不知其数,三三数之剩二,五五数之剩三,七七数之剩二,问物几何?"术曰:三三数之剩二,置一百四十,五五数之剩三,置六十三,七七数之剩二,置三十,并之,得二百三十三,以二百一十减之,即得. 凡三三数之剩一,则置七十,五五数之剩一,则置二十一,七七数之剩一,则置十五,即得.

用现代设未知数列方程的方法来求解,那么它就相当于求解三个不定方程

$$N = 3x + 2, \quad N = 5y + 3, \quad N = 7z + 2$$

的整数解. 在数论中,相当于求解一次同余式组:

$$N \equiv 2(\bmod 3) \equiv 3(\bmod 5) \equiv 2(\bmod 7)$$

求最小数 N.

《孙子算经》不仅给出了这道题的答数是 23,而且还给出了它的一个非常巧妙的解法,这个解法用算式表示为

$$N = 70 \times 2 + 21 \times 3 + 15 \times 2 - 2 \times 105$$

《孙子算经》的创作时间大约在公元 4 至 5 世纪,后来的数学家将这个解法改编为一首歌诀,例如宋代的一本笔记中记载了这样的歌诀:"三岁孩儿七十稀,五留廿一事尤奇,七度上元重相会,寒食清明便可知."上元节是指农历正月十五,古时称之为元宵节,用来暗指 15 这个数,历书上记载"冬至后 106 天是清明节",所以前一天可以称为寒食节,其中的"寒食"可以用来暗示 105 这个数. 这四句诗就是上述的解题方法. 16 世纪,程大位所著的《算法统宗》用另一首歌诀的形式诠释了这个解法:"三人同行七十稀,五树梅花廿一支,七子团圆正半月,除百零五便得知".

用现代话来说就是:一个数用 3 除,除得的余数乘 70;用 5 除,除得的余数乘 21;用 7 除,除得的余数乘 15,最后把这些乘积加起来再减去 105 的倍数就知道这个数是多少.

实际上，对于这个《孙子算经》中的问题，其解答可以有很多种形式，如 128, 151 等，但最小的是 23. 这些数是如何得出的呢？这个问题在《孙子算经》里的计算方法为
$$70\times 2 + 21\times 3 + 15\times 2 = 233$$
相当于
$$X = 70\times 2 + 21\times 3 + 15\times 2 = 233 = 23 \pmod{105}$$
$$233 - 105 - 105 = 23$$
所以这些物品最少是 23 个.

2. 算法分析

下面简单分析上述算法：因为设该数为 N（满足条件的最小正整数），
N 被 5, 7 整除，而被 3 除余 1 的最小正整数是 70；
N 被 3, 7 整除，而被 5 除余 1 的最小正整数是 21；
N 被 3, 5 整除，而被 7 除余 1 的最小正整数是 15.
所以，这三个数的和为 $70\times 2 + 21\times 3 + 15\times 2$，必然具有被 3 除余 2、被 5 除余 3、被 7 除余 2 的性质.

因为
被 3, 5 整除，而被 7 除余 1 的最小正整数是 15；
被 3, 7 整除，而被 5 除余 1 的最小正整数是 21；
被 5, 7 整除，而被 3 除余 1 的最小正整数是 70；
所以
被 3, 5 整除，而被 7 除余 2 的最小正整数是 $15\times 2 = 30$；
被 3, 7 整除，而被 5 除余 3 的最小正整数是 $21\times 3 = 63$；
被 5, 7 整除，而被 3 除余 2 的最小正整数是 $70\times 2 = 140$.

虽然这个和数 $70\times 2 + 21\times 3 + 15\times 2$ 具有被 3 除余 2、被 5 除余 3、被 7 除余 2 的性质，但所得结果 233（30 + 63 + 140 = 233）不一定是满足上述性质的最小正整数，故从它中减去 3, 5, 7 的最小公倍数 105 的若干倍，直到差小于 105 为止，即 $233 - 105 - 105 = 23$，所以 23 就是被 3 除余 2、被 5 除余 3、被 7 除余 2 的最小正整数.

事实上，程大位提出的这四句歌诀是在特定环境下阐述了一个关于解决同余式组解的定理. 而在 1247 年的《数书九章》中，秦九韶详细且全面地描述了解决一次同余方程组的一般方法.

《孙子算经》提供了这种问题的通用解决方法，其简洁和便利程度令人惊叹，展现了卓越的计算思维方式并对其中的数字理论与线性方程产生深远的影响力，在中国被命名为"孙子定理"，在国际上则被称为"中国剩余定理（Chinese Remainder Theorem）". 这无疑是我国对全世界数学领域非常重要的贡献.

我国古代数学的体系有一种突出的特征：所有的问题都基于实际应用的需要，因此通常会用具体数值来表达普遍规则. 勾股定理就是一个例子，而这里提到的孙子定理也同样如此，以下是对孙子定理的一种通俗表述.

3. 中国剩余定理

直至 18 世纪初期，欧洲才由瑞士数学家欧拉和法国数学家拉格朗日共同展开了针对同余

> **数字文化**

式的深入探索, 而后至 1801 年时, 来自德国的数学家高斯则首次清晰阐述了解决一次同余式组的一般原理. 当《孙子算经》中的"物不知其数"问题解法于 1852 年被英国传教士伟烈亚力(Alexander Wylie)指出孙子的解法完全符合高斯的求解定理, 从而在西方数学著作中就将一次同余式组的求解定理称为"中国剩余定理".

中国剩余定理: 设 $n > 2$, $m_1, m_2, \cdots, m_n$ 是两两互素的正整数, 令
$$m_1 m_2 \cdots m_n = M_1 m_1 = M_2 m_2 = \cdots = M_n m_n$$
则同余组
$$x \equiv c_1 (\mod\ m_1)$$
$$x \equiv c_2 (\mod\ m_2)$$
$$\cdots\cdots$$
$$x \equiv c_n (\mod\ m_n)$$
有唯一正整数解, 且解为
$$x \equiv M_1 \alpha_1 c_1 + M_2 \alpha_2 c_2 + \cdots + M_n \alpha_n c_n (\mod\ M)$$
其中 $M_k \alpha_k \equiv 1(\mod\ m_k)$, $k = 1, 2, \cdots, n$.

中国剩余定理不仅具有自身的价值, 还拥有众多实用的功能. 据说, 当汉朝的开国皇帝刘邦向韩信询问他指挥军队的人数时, 韩信回答道: 如果每一列 11 人则多出 2 人, 而如果每一个列 13 人, 则少 1 人, 每一列 14 个人, 则多出 3 人. 但刘邦对此感到非常困惑且无法理解这些数字. 这就是广为人知的"韩信点兵"的故事, 你能否协助刘邦计算出韩信最起码带领了多少名士兵呢?

12.4.2 《张丘建算经》与"百鸡问题"

与《孙子算经》处于同一时期的另外一部重要数学著作是《张丘建算经》, 该书的卷下第 38 题展示了世界著名的"百鸡问题", 这实际是一道多元一次不定方程寻找整数解的问题, 它开启了中国古代对不定方程的研究之路, 这种影响力延续到了 19 世纪.

1. 不定方程

不定方程是指方程的个数比未知数的个数要少, 同时其中的系数和解都是整数的方程形式.

在公元 2 世纪中期, 古希腊数学家丢番图对不定方程进行了深入且广泛的探讨, 这一发现对后人产生了重大影响. 因此, 我们通常将不定方程称为丢番图方程.

在我国古代, 对不定方程的研究也颇为深入, 例如, 商高方程 $x^2 + y^2 = z^2$ 的一组特解 $x = 3, y = 4, z = 5$, 即为勾股数.

南北朝时期的学者张丘建对不定方程做了深入的研究. 他的著作《张丘建算经》大概是在公元 466 至公元 484 年间完成的, 现在流传下来的版本中共有 92 个题目, 涵盖了许多现实生活中的难题, 如解决不定方程等问题的方法. 这本书中包含的世界著名的百鸡问题就是其中的例子之一.

多元一次不定方程是指整系数方程

$$a_1x_1 + a_2x_2 + \cdots + a_nx_n = b \tag{12.1}$$

其中 $a_1, a_2, \cdots, a_n, b$ 都是整数，$n \geqslant 2$. 不失一般性，不妨设 a_i 不全为 0，可以证明：方程(12.1)有解的充要条件是 $(a_1, a_2, \cdots, a_n) \mid b$.

假若方程(12.1)有解，则按下列方法求其解：

先顺次求出 $(d_1, a_2) = d_2$，$(d_2, a_3) = d_3$，……，$(d_{n-1}, a_n) = d$，则 $d_n = (a_1, a_2, \cdots, a_n) = d$，作方程组

$$\begin{cases} a_1x_1 + a_2x_2 = d_2t_2 \\ d_2t_2 + a_3x_3 = d_3t_3 \\ \cdots\cdots \\ d_{n-2}t_{n-2} + a_{n-1}x_{n-1} = d_{n-1}t_{n-1} \\ d_{n-1}t_{n-1} + a_nx_n = b \end{cases} \tag{12.2}$$

首先按下述方法求其解，求出最后一个方程的解：

$$\begin{cases} t_{n-1} = x_0 + \dfrac{a_n}{d}t \\ x_n = y_0 - \dfrac{d_{n-1}}{d}t \end{cases} \tag{12.3}$$

其中 x_0, y_0 为方程组(12.2)的最后一个方程的特解，t 为任意整数，即式(12.3)为方程组(12.2)最后一个方程的全部解；然后把 t_{n-1} 的每个值代入式(12.3)求出它的一切整数解. 以此类推，可求出方程(12.1)的全部解.

2. 百鸡问题

百鸡问题出自中国古代的数学著作——《张丘建算经》卷下的最后一个题目，其内容如下所述："鸡翁一，值钱五，鸡母一，值钱三，鸡雏三，值钱一，百钱买百鸡，问鸡翁、母、雏各几何？"

这是一个不定方程，如果我们用 x, y, z 分别表示鸡翁、鸡母、鸡雏的数量，就能得出下面的方程组：

$$\begin{cases} 5x + 3y + \dfrac{z}{3} = 100 \\ x + y + z = 100 \end{cases} \tag{12.4}$$

张丘建给出了三组解：

$$\begin{cases} x_1 = 4, \quad y_1 = 18, \ z_1 = 78 \\ x_2 = 8, \quad y_2 = 11, \ z_2 = 81 \\ x_3 = 12, \ y_3 = 4, \quad z_3 = 84 \end{cases} \tag{12.5}$$

若用上面的解法，消去 z 得

$$7x + 4y = 100 \tag{12.6}$$

此为一个二元一次不定方程，因 $(7,4) = 1$，故方程有解. 因 $7 \times (-1) + 4 \times 2 = 1$ 两边同乘以 100 得

$$7 \times (-100) + 4 \times 200 = 100$$

故 $x_0 = -100, y_0 = 200$，由式(12.3)和式(12.6)，全部解为

数字文化

$$\begin{cases} x = x_0 - bt = -100 - 4t \\ y = y_0 + at = 200 + 7t \end{cases} t \in \mathbb{Z}$$

在原问题中 $x > 0, y > 0 \Rightarrow -\dfrac{200}{7} \leqslant t \leqslant -25$，故 $t = -28, -27, -26, -25$，又雏鸡数 $z = 100 - x - y = -3t$，可得

$$\begin{cases} x = 12 \\ y = 4 \\ z = 84 \end{cases} \begin{cases} x = 8 \\ y = 11 \\ z = 81 \end{cases} \begin{cases} x = 4 \\ y = 18 \\ z = 78 \end{cases}$$

这刚好就是张丘建的答案，因此，数学史上给出一题多解的第一人就是张丘建.

下面看一个类似的题目——"百牛问题".

据传清代嘉庆皇帝仿百鸡问题编了一道百牛问题：有银百两，买牛百头，大牛每头十两，小牛每头五两，牛犊每头半两，问买的一百头牛中大牛、小牛、牛犊各几头？

嘉庆帝和大臣均未解出，却被他的儿子凑了出来，请你帮助算一算.

事实上，设大牛、小牛、牛犊各买 x, y, z 头，则得方程组

$$\begin{cases} x + y + z = 100 \\ 10x + 5y + \dfrac{1}{2}z = 100 \end{cases} \Rightarrow \begin{cases} x + y + z = 100 \\ 20x + 10y + z = 200 \end{cases}$$

设 $x = 1 - 9u$，$19x + 9y = 100$，解之得，$y = 9 + 19u \Rightarrow z = 90 - 10u$.

依题意可得 $x > 0, y > 0, z > 0$，故 $x = 1, y = 9, z = 90$ 即为所求.

我国古代数学文明历史悠久且内涵丰厚，其资源无穷无尽，它引领着全球科学的发展超过了几千年的时间并产生了重要的影响，这让我们感到无比的光荣和满足感. 然而不幸的是，从元代末年开始，我们的传统数学文化就开始慢慢走向没落——这是由多种因素共同造成的，首先就是筹算系统本身存在的限制问题（如珠算）；其次则是由于王权交替和社会体制长期停滞所导致的消极的社会环境对创新发展的抑制作用；再有就是在中后期被取消掉"明算科"之后只剩下应试教育这一条道路可走的情况，使得学者失去了继续深造的机会，也让他们独立思考数学的行为受到了压制. 此外还有一些来自外界的影响，如西欧传入的几种新的运算方法及推理方式等都被有意或无意间给阻挠了传播. 所以，到了 16 至 17 世纪的时候西方近代数学已经全面开花结果之际，我国却显得更加跟不上时代步伐了. 在我们生活的每一个角落都需要数学的今天，我们都在努力前行，新的时代，相信我国仍将成为数学大国.

复习与思考题

1. 请简要概述《九章算术》的特点.
2. 请谈谈《九章算术》在世界数学史的地位.
3. 请举例说明贾宪三角和数列的关系.
4. 请归纳贾宪三角的美学意义.
5. 请简述中国传统数学文化的特点.
6. 请查阅文献，列出近代中国十位数学家的姓名以及他们的主要工作.

第 13 章

分形艺术欣赏

分形被誉为数学与自然的"共同契约",其递归迭代的数学本质揭示了自然界形态生成的底层法则.从微观的分子结构到宏观的宇宙星系,分形无处不在.雪花的分形结构使其在微观层面上展现出惊人的对称性和复杂性;海岸线的分形特征使其长度随着测量尺度的变化而变化,展现出"无限细节"的特性.甚至在生物体内,分形也扮演着重要角色:神经元的分形分支结构优化了信息传递的效率,而血管的分形网络则确保了养分的有效输送.从科学研究到艺术创作,分形正在不断揭示自然界和人类社会的隐藏规律.

第 13 章知识导图

> 数字文化

13.1 从数学怪物谈起

13.1.1 科赫曲线

科赫曲线是瑞典数学家科赫(Koch)于1904年在其论文《关于一类连续且无处可微的初等几何曲线》中首次提出,它的构造可以分为以下几步:首先,取一条长度为L的直线段(通常设$L=1$). 然后,将线段三等分,移除中间段,并用两条等长线段(其长度为原中间线段长度)构成的等边三角形"凸起"替代. 这样,整个线条的长度变成了原来的4/3. 接着,对每一段新生成的线段重复刚刚的操作,无限次迭代后极限状态下的几何图形即为科赫曲线(图13.1). 将三条这样的曲线头尾相接组成一个封闭图形(图13.2)时,一个酷似雪花的图形出现了!这个独特的图形称为科赫雪花,它竟然以无限长的边界围住了一块有限的面积,引起了人们的极大兴趣.

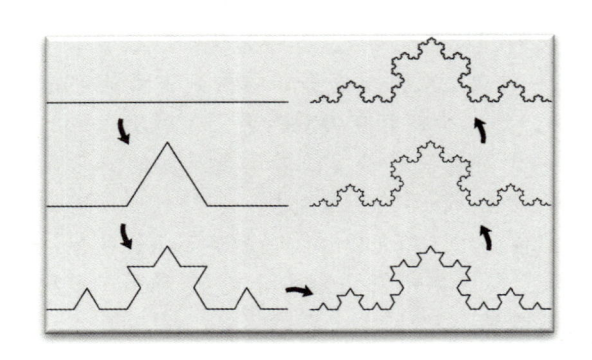

图 13.1 图形迭代过程   图 13.2 封闭图形

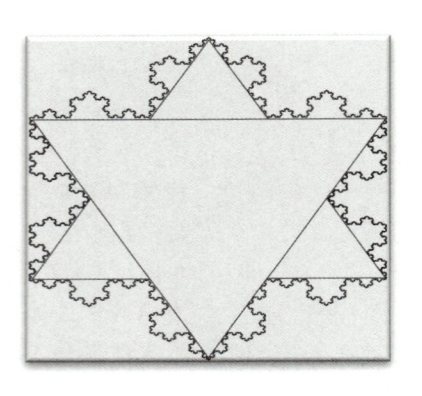

13.1.2 康托尔集合

第一步,将闭区间[0,1]均分为3段,去掉中间1/3,即去掉开区间(1/3, 2/3),剩下2个闭区间[0, 1/3]和[2/3, 1].

第二步,将剩下的2个闭区间各自均分为3段,同样去掉中间1/3的开区间(1/9, 2/9)和(7/9, 8/9),这次剩下4个闭区间[0, 1/9],[2/9, 1/3],[2/3, 7/9]和[8/9, 1].

第三步,重复上述操作,删除每一小闭区间中间的1/3.

不断重复上述操作,一直到第N步.

无限操作下去,把上述操作最后剩下的点组成的集合称为康托尔集合. 康托尔集作为数学史上的里程碑式构造,其开创性意义不仅在于首次揭示完备、无处稠密且测度为零的奇异集合存在性,更在分形几何与混沌理论中焕发新生,成为连接经典分析与非线性科学的数学桥梁.

图 13.3 是康托尔三分集的生成过程. 每次去掉线段中间的1/3,最后剩下的就是康托尔集,此图中只表示了前3个阶段,为了显示方便,无宽度的[0,1]线段在这里故意用一矩形框表示.

图 13.3 康托尔三分集生成过程

13.1.3 希尔伯特曲线

如果问什么是曲线? 你也许会说, 直观地看, 有长无宽的线叫曲线. 但这不是定义, 细分析起来这种说法甚至是矛盾的, 数学家确实找到了奇特的曲线, 它们能够充满平面, 即这样的曲线是有面积的. 佩亚诺曲线就是一个典型的例子.

意大利数学家佩亚诺 1890 年构造了一种奇怪的曲线, 它能够通过正方形内的所有点, 此曲线的这种性质很令数学界吃惊. 如果这是可能的, 那么曲线与平面如何区分? 于是当时数学界十分关注这件事. 次年(即 1891 年), 希尔伯特也构造了一种曲线, 它比佩亚诺曲线简单, 但性质是相同的. 这类曲线现在统称为佩亚诺曲线, 它们的特点是: ①能够填充空间; ②十分曲折, 连续但不可导; ③具有自相似性.

例如, 取一个正方形并且把它分出 9 个相等的小正方形, 然后从左下角的正方形开始至右上角的正方形结束, 依次把小正方形的中心用线段连接起来; 然后把每个小正方形分成 9 个相等的正方形, 用上述方式把其中中心连接起来……将这种操作手续无限进行下去, 最终得到的极限情况的曲线就可以填满整个平面.

13.1.4 谢尔宾斯基地毯

波兰著名数学家谢尔宾斯基(Sierpinski)在 1915 年至 1916 年间, 构造了几个数学怪物的典型例子, 如"谢尔宾斯基地毯""谢尔宾斯基三角""谢尔宾斯基金字塔".

第一步, 取一个大的正三角形, 即等边三角形, 连接各边的中点, 得到 4 个完全相同的小正三角形, 挖掉中间的 1 个.

第二步将剩下的三个小正三角形按照上述办法各自取中点、各自分出 4 个小正三角形, 去掉中间的 1 个小正三角形.

依此类推, 不断划分出小的正三角形, 同时去掉中间的 1 个小正三角形, 这就是谢尔宾斯基三角形的生成过程.

直观上可以想象, 最后得到的极限图形面积为零, 设初始三角形面积为 S, 则第一步完成后去掉的面积为 $\frac{1}{4}S$, 第二步完成后去掉的面积为 $\frac{1}{4}S + 3 \times \left(\frac{1}{4}\right)^2 S$, 第三步完成后总共去掉的面积为 $\frac{1}{4}S + 3 \times \left(\frac{1}{4}\right)^2 S + 3^2 \times \left(\frac{1}{4}\right)^3 S$, 第 n 步完成后去掉的总面积为

$$S_n = \frac{S}{4} \times \left[1 + \frac{3}{4} + \cdots + \left(\frac{3}{4}\right)^{n-1}\right] = S \times \left[1 - \left(\frac{3}{4}\right)^n\right]$$

显然, 当 $n \to \infty$ 时, $S_n \to S$, 即剩下的面积为零.[读者朋友最好拿一张纸, 亲自试一试挖取三角形的过程, 挖掉的部分涂黑, 用不了几步, 就会发现差不多一片黑了(图 13.4)].

图 13.4 谢尔宾斯基三角形

数学文化

在挖取三角形的过程中，我们发现，每一步骤构造出的小三角形与整个三角形是相似的，特别是当步数 n 较大时，相似性更明显，有无穷多个相似，每一小三角形与任何其他三角形也都是相似的.

进一步，我们可以进行思维的拓展.

上面是以正三角形说明的，换成一般的三角形甚至非三角形可以吗？也是可以的，如果最初选一个三角形，每次也取中点，去掉中间一个小三角形，最后得到的结论完全一样，若开始时取一个正方形，将它 9 等分，去掉中间一个小正方形，以此下去得到图 13.5.

以上都是在二维平面上操作，增加一维可以吗？当然可以，其实数学家就是这样想问题的：不断推广，力求得到更具一般性、更普适的结论(图 13.6).

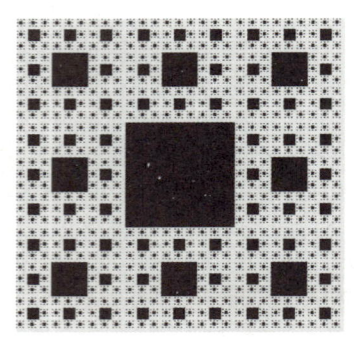

图 13.5　谢尔宾斯基四方垫片　　　图 13.6　谢尔宾斯基海绵

13.2　分形几何学

自古以来，人们研究了规则图形，如三角形、四边形、圆等，这是欧几里得几何、解析几何和微积分研究的主要图形，而由数学家芒德布罗创建的"分形几何"，研究的是自然界中最常见的、不规则的、不稳定的、变化莫测的现象.

欧几里得几何体系自形成以来，作为人类的公理化数学系统，在文明史中始终占据基础性地位．其核心范式——基于五公设构建的平直空间与刚性变换规则——本质上是对宏观连续平滑空间中点、线、面关系的理想化抽象．这种几何范式与牛顿经典力学体系形成认知论层面的深度耦合，但需特别指出的是，随着 20 世纪非线性科学的革命性突破，经典欧氏几何的局限性在多个研究领域凸显，如植物生长、晶体准晶相变等复杂形态的科学描述等．现代几何学发展揭示，几何本质上是人类对空间关系的可计算建模，其形态演化与观测尺度密切相关．

13.2.1　英国的海岸线有多长

1967 年，芒德布罗提出了"英国的海岸线有多长"的问题，这好像极其简单，因为长度依赖于测量单位，以 1 km 为单位测量海岸线，得到的近似长度将短于 1 km 的迂回曲折都忽略掉了；若以 1 m 为单位测量，则能测出被忽略掉的迂回曲折，长度将变大；测量单位进一步变小，测得的长度将愈来愈大. 这些愈来愈大的长度将趋近于一个确定值，这个极限值就是海岸线的长度.

问题似乎解决了，但芒德布罗发现：当测量单位变小时，所得的长度是无限增大的. 他认为海岸线的长度是不确定的，或者说，在一定意义上海岸线是无限长的, 为什么？答案也许在于海岸线的极不规则和极不光滑. 我们知道，经典几何研究规则图形，平面解析几何研究一次和二次曲线，微分几何研究光滑的曲线和曲面，传统上将自然界大量存在的不规则形体规则化再进行处理，我们将海岸线折线化，得出一个有意义的长度.

可贵的是芒德布罗突破了这一点，长度也许已不能正确概括海岸线这类不规则图形的特征，海岸线虽然很复杂，却有一个重要的性质——自相似性，从不同比例尺的地形图上，我们可以看出海岸线的形状大体相同，其曲折、复杂程度是相似的. 换言之，海岸线的任一小部分都包含与整体相同的相似的细节，要定量地分析像海岸线这样的图形，引入分形维数也许是必要的. 经典维数都是整数：点是零维，线是一维，面是二维，体是三维，而分形维数可以取分数，简称分维.

13.2.2 欧几里得几何的局限性

"英国的海岸线到底有多长"——用折线段拟合任意不规则的连续曲线是否一定有效？

这个问题的提出实际上是对以欧几里得几何为核心的传统几何的挑战，此外，在湍流的研究、自然画面的描述等方面，人们发现传统几何依然是无能为力的，人类认识领域的开拓呼唤产生一种新的能够更好地描述自然图形的几何学——不妨称为自然几何.

13.2.3 分形几何的产生

数学家在深入研究数学时讨论了一类很特殊的集合(图形)，如康托尔集、佩亚诺曲线、科赫曲线等，这些在连续概念下的"病态"集合往往是以反例的形式出现在不同场合的，当时它们多被用于讨论定理条件的强弱性，其更深一层意义并没有被大多数人所认识.

1973 年，芒德布罗在法兰西学院讲课时，首次提出了分维和分形几何的设想. 1975 年，芒德布罗引入了分形(fractal)这一概念. 从字面意义上讲，fractal 是碎块、碎片的意思，然而这并不能概括芒德布罗的分形概念，尽管目前还没有一个让各方都满意的分形定义，但在数学上大家都认为分形有以下几个特点.

(1) 分形集都具有任意小尺度下的比例细节，或者说它具有无限精细的结构.

(2) 分形集具有某种自相似形式，可能是近似的自相似或者统计的自相似.

(3) 一般，分形集的分形维数，严格大于它相应的拓扑维数.

(4) 在大多数令人感兴趣的情形下，分形集由非常简单的方法定义，可能以变换的迭代产生等.

第(1)和第(2)两项说明分形在结构上的内在规律性，自相似性是分形的灵魂，它使得分形的任何一个片段都包含了整个分形的信息. 第(3)项说明分形的复杂性. 第(4)项则说明分形的生成机制，科赫曲线处处连续，但处处不可导，其长度为无穷大，以欧几里得几何的眼光来看，这种曲线是病态的，是被打入另类的，从逼近过程中每一条曲线的形态可以看出分形四条性质的种种表现，以分形的观念来考察前面提到的"病态"曲线，可以看出它们不过是各种分形.

实际上，对于什么是分形，到目前为止还不能给出一个确切的定义，正如生物学中对"生

数字文化

命"也没有严格明确的定义一样,人们通常是列出生命体的一系列特性来加以说明,对分形的定义也可同样处理.

13.3 趣谈分形艺术

13.3.1 分形是一门科学也是一门艺术

分形图形是一门艺术,把不同大小的科赫雪花拼接起来可以得到很多美丽的图形.一位数学家曾说:"你要问我什么是形式上最美丽的数学,我会沉思良久,然后告诉你'我不知道'.如果你非要一个答案的话,我想我会说是分形几何."

1. 分形算法在计算机图形学中的奠基性突破

美国计算机图形学先驱卡彭特(Carpenter)在波音公司任职期间,首次将分形几何理论引入计算机图形生成领域,成功解决了当时飞行模拟器中山脉建模的拓扑学难题.面对传统多边形建模方法在数据量与硬件性能之间的根本性矛盾,卡彭特受芒德布罗著作启发,开创性地提出基于递归细分的分形地形生成算法.该算法以初始三角形为基底,通过四叉树结构进行迭代细分,每次迭代引入随机高度扰动参数,最终生成具有统计自相似性的三维地形网格.这项突破标志着分形几何从纯数学理论向工程应用的范式转换,其成果在学术会议上发表后引发计算机图形学界震动.

2. 分形算法对电影工业的技术革命

卡彭特加入工业光魔期间,将分形算法成功应用于电影《星际迷航Ⅱ:可汗之怒》的"创世星"特效制作.该场景首次采用确定性分形算法结合噪声函数,实现了当时革命性的动态地形演变可视化.相比传统多边形建模,分形算法将地形数据量进行了大幅压缩,同时保持视觉的连续性.这项技术突破为《阿凡达》等影片的数字化自然场景奠定了算法基础,并推动GPU硬件加速架构的早期发展.

3. 分形美学的跨学科渗透与形式化表达

在电影叙事层面,分形概念已超越视觉特效范畴,发展为新型的元叙事工具.《盗梦空间》通过嵌套式梦境结构实现叙事层的自相似迭代,其故事复杂度随层级数呈指数增长,这种架构与芒德布罗集合的复迭代过程存在形式同构.比如《奇异博士》,里面的大量画面其设计思想都源于分形.在服装设计领域,巴黎高定时装周曾发布的"分形"婚纱系列,采用迭代算法生成礼服纹样,通过设定生成规则实现参数化设计,纹理结构展现出精确可控的混沌美感.这些跨领域应用说明,分形既是描述复杂系统的数学工具,也是连接科学与艺术的形式语言.

13.3.2 分形几何的应用

分形模式普遍存在于自然系统.从蜿蜒的河流到繁复的树枝,从粗糙的山脉到细腻的雪花,分形无处不在. 这些自然现象中的分形结构, 是美的展现, 更是自然界高效运作的秘密. 例如, 树木的分枝结构优化了光合作用的效率, 而人体的血管网络则通过分形模式确保了血液的高效输送. 分形, 是自然界的一种智慧, 它教会我们如何以最少的资源达到最大的效果.

数学家与植物学家致力于用数学的方法来研究植物的生长和形态结构, 但由于所用数学方法大多属于对植物整体及各器官的解析或统计描述, 难以反映植物形态结构在整个生长过程中的特点, 因而具有局限性. 分形理论及方法成为根系结构研究上有效的手段, 这不仅体现在分形维数是根系长度、体积、重量定量分析的基础, 而且还体现在分形几何为根系形态的描述提供了许多有意义的概念和参数.

植物根系, 如冬小麦根系、马尾松根系在不同发育阶段、不同水分环境具有不同的分形特征. 其中分形维数反映了植物根系在时间、土壤深度和环境影响下发育程度的差异. 同时, 根系结构与分形维数的关系密切, 根系结构径级含量分布的分形维数不仅能够表征根系结构特征, 而且能反映植物的生长状况.

水果的外部颜色是衡量水果品质的一个重要指标. 不少学者用分形思想来精确描述色度点的空间分布, 把各色度点在水果表面的分布在统计意义上看成一个分形结构, 用分形维数大小来描述色度点的空间分布.

在工程技术领域, 分形的应用同样令人瞩目. 分形天线, 一种利用分形几何设计的天线, 以其小巧的尺寸和优异的性能, 在移动通信和卫星通信中大放异彩. 分形图像压缩技术, 通过模仿自然界的分形模式, 能够高效地压缩和存储图像数据, 极大地节省了存储空间和传输带宽. 此外, 分形理论还在金融市场分析、生物医学成像等领域展现出巨大的潜力, 成为推动科技进步的重要力量.

13.3.3 分形路漫漫

卫星眼中的山川脉络、医疗仪器捕捉的脑电波纹都显露出隐藏的数学密码, 更赋予神经网络 "窥一斑而知全豹" 的智慧: 当卷积神经网络遇见分形维度筛选器, 识别精度大幅提升; 当图神经网络注入分形聚类算法, 社交网络的隐秘关联便无所遁形.

从陶器纹样到量子芯片, 从结绳记事到星际测绘, 人类始终在用数学解读造物主的诗篇. 当蛋白质在分形方程中舒展成生命的模样, 我们终于懂得: 最精妙的科技突破, 不过是把大自然写了亿万年的分形情书, 轻轻翻开了新的一页.

数学从来不是书本里的冰冷公式, 它是先民用骨笛吹奏的等比数列, 是母亲教孩子对折纸张时传递的对称哲学. 当我们用分形算法重现喜马拉雅山脉的褶皱, 用拓扑学解开 DNA 链的扭结, 这既是理性的胜利, 更是人类与万物共舞的浪漫证明——那些在沙地上画圆的孩童, 在青铜器上铸纹的匠人, 在硅片上蚀刻电路的工程师, 原来都在续写着同一部文明史诗: 关于人类如何用数学的眼睛, 发现世界本就是首未写完的长诗.

复习与思考题

1. "分形"是哪位科学家观察什么现象时提出的?

数字文化

2. 请给出一个周长为无穷而面积有限的图形.
3. 请阐述欧几里得几何的局限性.
4. 请给出分形的三个典型特征, 并举例说明.
5. 请给出科赫雪花的迭代规律.
6. 从正方体出发, 如何构造谢尔宾斯基海绵?
7. 为什么要研究分形?
8. 分形在许多科学技术部门具有广阔的应用前景, 试举出五个不同的领域.

参 考 文 献

鲍尔加尔斯基, 1984. 数学简史[M]. 潘德松, 沈金钊, 译. 上海: 知识出版社.
程民德, 2002. 中国现代数学家传. 第五卷[M]. 南京: 江苏教育出版社.
邓东皋, 孙小礼, 张祖贵, 1990. 数学与文化[M]. 北京: 北京大学出版社.
邓泽清, 邹庭荣, 2015. 大学数学: 线性代数及其应用[M]. 3版. 北京: 高等教育出版社.
弗拉第米尔·塔西奇, 2005. 后现代思想的数学根源[M]. 蔡仲, 戴建平, 译. 上海: 复旦大学出版社.
高源, 1995. 奇妙的幻方[M]. 西安: 陕西师范大学出版社.
顾沛, 2008. 数学文化[M]. 北京: 高等教育出版社.
韩雪涛, 2016. 数学悖论与三次数学危机[M]. 北京: 人民邮电出版社.
胡作玄, 邓明立, 2006. 大有可为的数学[M]. 石家庄: 河北教育出版社.
霍华德·伊夫斯, 2009. 数学史概论[M]. 欧阳绛, 译. 哈尔滨: 哈尔滨工业大学出版社.
蒋声, 蒋文蓓, 2008. 数学与美术[M]. 上海: 上海教育出版社.
蒋声, 蒋文蓓, 刘浩, 2004. 数学与建筑[M]. 上海: 上海教育出版社.
卡尔·B. 博耶, 2012. 数学史[M]. 秦传安, 译. 北京: 中央编译出版社.
克莱因, 1981. 古今数学思想. 第四册[M]. 上海: 上海科学技术出版社.
克莱因, 2004. 西方文化中的数学[M]. 张祖贵, 译. 上海: 复旦大学出版社.
李大潜, 2008. 数学文化小丛书. 第一辑[M]. 北京: 高等教育出版社.
李文林, 2000. 数学史教程[M]. 北京: 高等教育出版社.
李文林, 2002. 数学史概论[M]. 2版. 北京: 高等教育出版社.
李心灿, 高隆昌, 邹建成, 等, 2020. 当代数学精英: 菲尔兹奖得主及其建树与见解[M]. 3版. 上海: 上海科技教育出版社.
梁进, 2022. 音乐和数学: 谜一般的关系[M]. 上海: 上海科学技术出版社.
牛顿, 2018. 自然哲学之数学原理[M]. 王克迪, 译. 北京: 北京大学出版社.
欧几里得, 2010. 几何原本: 全译插图本[M]. 修订版. 燕晓东, 译. 南京: 江苏人民出版社.
欧阳维诚, 2002. 唐诗与数学[M]. 长沙: 湖南教育出版社.
丘成桐, 杨乐, 季理真, 2010. 数学与人文[M]. 北京: 高等教育出版社.
沈婧芳, 陈秋剑, 文凤春, 2021. 数学秘境追踪[M]. 武汉: 湖北科学技术出版社.
沈康身, 2004. 数学的魅力[M]. 上海: 上海辞书出版社.
瓦罗别耶夫, 2010. 斐波那契数列[M]. 周春荔, 译. 哈尔滨: 哈尔滨工业大学出版社.
汪浩, 2008. 数学与军事[M]. 大连: 大连理工大学出版社.
汪晓勤, 2013. 数学文化透视[M]. 上海: 上海科学技术出版社.
文凤春, 2017. 大学文科高等数学[M]. 2版. 北京: 科学出版社.
吴振奎, 吴旻, 2011. 数学中的美[M]. 哈尔滨: 哈尔滨工业大学出版社.
西奥妮·帕帕斯, 2008. 数学的奇妙[M]. 陈以鸿, 译. 上海: 上海科技教育出版社.
西蒙·辛格 2022. 费马大定理: 一个困惑了世间智者358年的谜[M]. 2版. 薛密, 译. 桂林: 广西师范大学出版社, .
谢明初, 熊梦玲, 孔文元, 2021. 数字与绘画[M]. 上海: 华东师范大学出版社.

熊梦玲，孔文元，2021. 数学与绘画[M]. 上海：华东师范大学出版社.
亚历山大洛夫 A D, 2001. 数学：它的内容、方法和意义.第二卷[M]. 秦元勋，王光寅，等，译. 北京：科学出版社.
易南轩，2015. 数学美拾趣[M]. 6 版.北京：科学出版社.
袁小明，胡炳生，周焕山，1992. 数学思想发展简史[M]. 北京：高等教育出版社.
约翰·德比希尔，2021. 代数的历史：人类对未知量的不舍追踪[M]. 2 版. 张浩，译. 北京：人民邮电出版社，2021.
张楚廷，2000. 数学文化[M]. 北京：高等教育出版社.
张奠宙，王善平，2013. 数学文化教程[M]. 北京：高等教育出版社.
张奠宙，王善平，2013. 数学文化教程[M]. 北京：高等教育出版社.
张奠宙，赵斌，1984. 二十世纪数学史话[M]. 北京：知识出版社.
张顺燕，2012. 数学的美与理[M]. 2 版. 北京：北京大学出版社.
郑毓信，王宪昌，蔡仲，2000. 数学文化学[M]. 成都：四川教育出版社.
邹庭荣，沈婧芳，汪仲文，2016. 数学文化赏析[M]. 3 版. 武汉：武汉大学出版社.
LIVIO M, 2010. 数学沉思录：古今数学思想的发展与演变[M]. 黄征，译. 北京：人民邮电出版社.